基于Docker的Redis入门与实战

金 华 胡书敏 编著

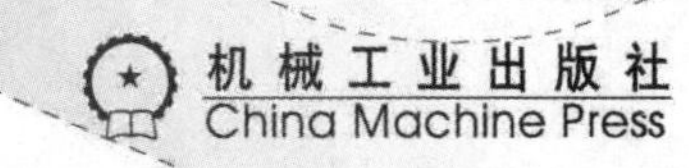

图书在版编目（CIP）数据

基于Docker的Redis入门与实战/金华，胡书敏编著. –北京：机械工业出版社，2021.6

ISBN 978-7-111-68458-9

Ⅰ. ①基… Ⅱ. ①金… ②胡… Ⅲ. ①数据库–基本知识 Ⅳ. ①TP311.138

中国版本图书馆CIP数据核字（2021）第116125号

本书围绕高并发大数据的项目需求，全面讲述分布式缓存组件 Redis 的基本语法、核心技术和具体应用。

本书分为 13 章，第 1~7 章主要介绍 Redis 入门知识、Redis 基本数据类型、Redis 常用命令、Redis 服务器和客户端实践技巧、Redis 数据库操作技巧、Redis AOF 和 RDB 持久化操作技巧、Redis 集群的搭建方式，第 8~11 章主要介绍 Redis 同 MySQL 和 MyCAT 集群的整合技巧、Redis 同 lua 的整合技巧等，第 12 和 13 章主要介绍 Redis、Spring Boot 和 Spring Cloud 如何构建微服务应用。

如果你想快速了解企业级 Redis 的实战技能，那么本书是不错的选择。本书还附带相关代码和视频，视频里包含所有案例的配置和运行方式，建议大家在观看视频、运行代码的基础上阅读本书，以便快速上手 Redis，并在项目中用 Redis 解决实际问题。

基于 Docker 的 Redis 入门与实战

出版发行：机械工业出版社（北京市西城区百万庄大街 22 号 邮政编码：100037）

责任编辑：迟振春　　责任校对：周晓娟

印　刷：中国电影出版社印刷厂　　版　次：2021 年 8 月第 1 版第 1 次印刷

开　本：188mm × 260mm 1/16　　印　张：17.5

书　号：ISBN 978-7-111-68458-9　　定　价：79.00 元

客服电话：（010）88361066 88379833 68326294　　投稿热线：（010）88379604

华章网站：www.hzbook.com　　读者信箱：hzit@hzbook.com

前　　言

“高并发大数据”已经成为当前软件项目的普遍需求，而 Redis 组件在该类项目中扮演了越来越重要的角色，对这一点广大程序员应当深有体会：哪怕是软件专业的毕业生，在面试时多少也会被问及这方面的问题。掌握 Redis 及其在项目中的使用成为 Java 程序员的重要技能。

在学习 Redis 时，读者首先会遇到搭建环境的问题。项目里 Redis 以及 Redis 集群一般是部署在 Linux 系统上的，和 Redis 整合的其他数据库组件（比如 MySQL 集群和 MyCAT 分库分表组件）一般也是安装部署在 Linux 系统上，但是读者学习所用的计算机大多是 Windows 系统。对此，本书首先在 Windows 系统上安装 Docker，模拟 Linux 环境，并在 Docker 容器里搭建 Redis 等组件的开发运行环境，让读者“边敲代码边学习”，以便真正学会 Redis 及开发技能。

在解决环境问题后，就会面临“学什么”的问题。对此，本书针对大多数项目对 Redis 的普遍需求，首先通过案例介绍“Redis 数据结构”和“Redis 常用命令”等基本技能，随后围绕“高并发大数据”的需求讲述基于“Redis 集群+MySQL 集群+MyCAT 分库分表组件”的数据库层面应对高并发请求的解决方案。

虽然说这些技术点看上去很高深，而且读者有可能是第一次接触，但是在本书里会给出搭建环境和运行代码的详细步骤，范例通俗易懂，所以读者不必担心。

在实际项目里，Redis 等数据库组件一般是同 Spring Boot 微服务组件整合使用的，所以本书以“秒杀”等案例详细给出 Redis 同 Spring Boot 以及 Eureka、Ribbon 等 Spring Cloud 全家桶组件整合的相关技巧。这样大家在看完本书以后不仅能掌握 Redis 本身的相关技能，还能站在微服务架构的高度上掌握在 Spring 微服务系统里整合使用 Redis 的技能。

本书涉及的源代码和视频教学文件可以从华章网站（www.hzbook.com）下载（搜索到本书以后单击“资料下载”按钮，即可在本书页面上的“扩展资源”模块找到配套资源下载链接）。若下载有问题，请发送电子邮件到 booksaga@126.com，邮件主题为“基于 Docker 的 Redis 入门与实战”。

本书在编写过程中得到了夏非彼和王金柱两位老师的大力支持，在此表示感谢。

虽然编者在写这本书的时候处处留意，字字斟酌，但是限于水平，疏漏之处在所难免，恳请相关技术专家和读者不吝指正。

编　者

2021 年 6 月

目　　录

第 1 章

构建 Redis 开发环境

Redis（Remote Dictionary Server）是由 Salvatore Sanfilippo 开发的 key-value（键值对）存储系统。在很多项目里都能看到 Redis 组件，可以这样说：如果不掌握 Redis 技能，就无法从事比较高级的编程工作。一些公司在招聘开发人员时，会把“掌握 Redis 相关技能”作为必要条件。

在深入了解 Redis 技能前，需要知道 Redis 是什么、能用在哪些场景，以及如何安装开发环境。所以，本章除了给出 Redis 的基本介绍以外，还将给出 Docker+Redis 开发环境的详细安装步骤。

1.1 Redis 概述

Redis 属于 NoSQL 数据库，进一步讲，Redis 是基于键值对存储的 NoSQL 数据库。在实际项目里，把 Redis 用在合适的场景里不仅能够提升系统的性能，还能应对高并发的场景，但是，如果用错场景，那么 Redis 甚至会拖累系统。所以，很有必要在开发前明确 Redis 有哪些特性、适用于哪些场景。

1.1.1 对比传统数据库与 NoSQL 数据库

传统数据库也叫关系型数据库，比如 MySQL、Oracle 以及 SQL Server 都属于这种类型，它们一般以“表”的形式来存放数据，而表结构具有严格的数据模式约束，比如每个表都有固定的字段，每个字段都有固定的类型，并且在常规情况下表里的数据是存储在硬盘上的。

比较常见的 NoSQL 数据库是 Redis 和 MongoDB。NoSQL 数据库的数据通常是存储在内存中的，当然同时也支持持久化到磁盘的操作，所以性能上会有些优势。NoSQL 使用比较简单的数据结构来保存数据，比如 Redis 用的就是键值对。

在实际项目里，传统数据库和 NoSQL 数据库没有优劣之分，它们各自有属于自己的使用场景，比如传统的关系型数据库更适用于存储大规模的数据，NoSQL 数据库更适用于“数据量小但对性能有一定要求”的场景。

在一些高并发的项目里，一般会整合性地使用，比如让 MySQL 整合 Redis，所以本书除了着重讲述 Redis 技能外，还将给出 Redis 同传统数据库整合的实战技能。

1.1.2 Redis 的特点

根据业内的项目实践经验，Redis 主要具有如下优点：

（1）由于数据是存储在内存中的，因此查找数据的速度比较快。
（2）支持的数据类型比较多，比如支持字符串、列表和哈希表等。
（3）可以支持事务，同时支持数据的持久化，即能把内存中的数据存入硬盘。

不过，Redis 也有一些缺点：

（1）Redis 难以支持在线扩容，尤其是在集群场景里，当存储容量达到上限后，在线扩容会非常困难。
（2）Redis 是基于内存的，如果短时间内存入大量数据，可能会导致内存问题，比如会出现 OOM（内存溢出）异常。
（3）Redis 工作时是基于单线程的，所以无法充分利用多核机器里的 CPU。

在项目里，基于 Redis 的优缺点，一般会将它用在缓存、秒杀、计数器和排行榜等和性能密切相关的场景里。

1.1.3 Redis 更适合以分布式集群的方式提供服务

在一些并发量不高且实时交互性不强的项目里，单机版的 Redis 确实能满足大部分缓存需求，不过在一些并发量高的电商类项目里，Redis 一般会以“集群”的方式提供缓存等服务。比如，图 1.1 所示的基于主从复制的集群不仅能避免因单点失效而带来的服务不可用，还能实现读写分离，以提升 Redis 系统的并发量；图 1.2 所示的基于 Cluster（槽）的集群则能有效地扩展 Redis 缓存的容量，应对高并发场景下的缓存需求。

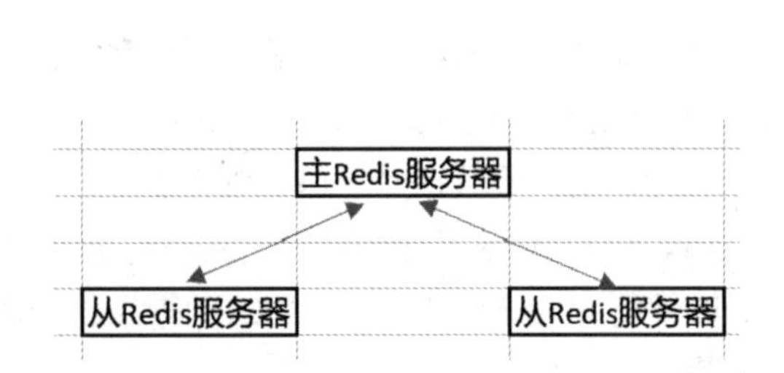

图 1.1 基于主从复制的 Redis 集群示意图

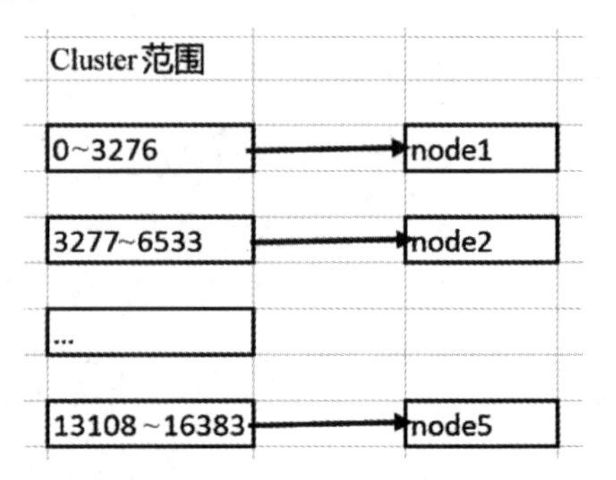

图 1.2 基于 Cluster 的 Redis 集群示意图

本书首先会给出单机版的 Redis 知识和操作要点，随后会在此基础上给出集群相关的操作要点。建议读者在学习 Redis 的过程中，着重关注 Redis 集群相关的分布式开发技能。

1.2　了解必要的 Docker 技能

在大多数项目里，Redis 是部署在 Linux 环境里的，而读者学习所用的机器一般是 Windows 操作系统，虽然 Redis 也有支持 Windows 的版本，但是本书希望尽量模拟真实的项目开发环境。

为了让大家在 Windows 机器上也能掌握基于 Linux 的 Redis 开发和实践技能，本书将在 Windows 操作系统上搭建 Docker 容器，然后在 Docker 容器中部署 Linux 环境，并在其中搭建 Redis，后继章节里还会搭建基于 Docker 容器的 Redis 集群。本节首先给出 Docker 的安装步骤和相关操作要点。

1.2.1　Docker 容器、镜像和仓库

在 Docker 里，容器、镜像和仓库是三个比较重要的概念。其中，镜像（image）是一个静态的概念，比如可以把一个最小化的 Linux 操作系统打包成一个镜像再传入仓库，也可以先在 Linux 上安装 Redis，再把整合这两者的二进制流打包成一个镜像。

在本机安装好 Docker 后，本地操作系统、Docker 以及容器的相互关系如图 1.3 所示。其中，底层是本机操作系统，比如 Windows，之上是能运行容器的 Docker。

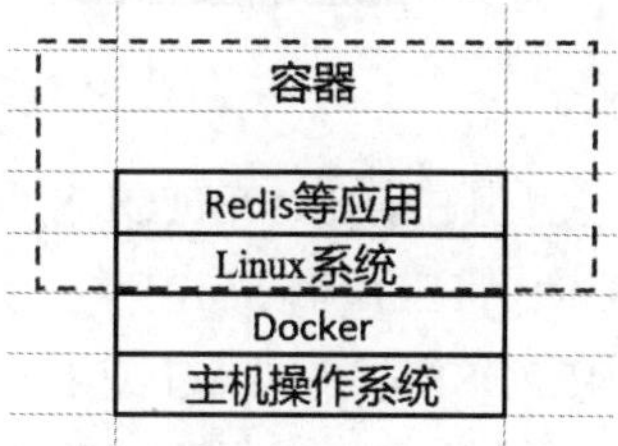

图 1.3　操作系统、Docker 和容器的关系图

在实际项目里，用 Docker 命令从仓库中下载镜像，比如 Linux+Redis 镜像，然后通过命令启动镜像，这样就可以使用镜像里的 Redis 等应用了。在给出具体的操作演示前，我们先总结一下 Docker 的相关概念。

- 仓库其实是一个代码中心，可以设置在本地，也可以设置在远端，它能够存储镜像。在本书中，一般是从默认的远端仓库下载镜像。
- 镜像是静态的，有些类似于Java里的类，而容器是镜像运行时的实体，也可以理解成由类实例化而成的对象。通过Docker加容器的方式，可以快速地在Windows平台上搭建基于Linux的Redis环境。
- 在开发应用意义上的Docker时一般包含Docker软件和Docker命令。在后文里，不仅会给出下载安装Docker的步骤，还会讲述平时项目里经常用到的下载镜像和启动容器等的Docker命令。通过此类命令，大家能对Redis进行必要的开发、配置和部署动作。

1.2.2　在 Windows 上安装 Docker

可以到官网 www.docker.com 上去下载对应于 Windows 的 Docker 安装程序，下载完成后按步骤操作即可完成安装。完成后，可在任务栏里看到如图 1.4 所示的图标，将鼠标指针移上去后能看到类似于“Docker 正在运行”的提示。

图 1.4　安装好 Docker 后能看到的图标

进入命令窗口，输入 docker version 命令，如果能正确地看到输出的版本信息，就说明 Docker 已经在本地安装成功。

1.2.3　Docker 镜像相关的命令

这里将给出比较常用的 Docker 命令。打开命令行窗口，首先运行 docker images 来看一下本机当前有哪些镜像。由于此时刚安装好 Docker，还没有下载镜像，因此本地没有任何镜像。

可以通过 docker pull 命令来下载镜像，比如可以用 docker pull ubuntu:latest 去默认的远端 Docker 仓库下载最新的 ubuntu 镜像，而 ubuntu 是基于 Debian 的 Linux 操作系统的，其中 pull 命令后的 ubuntu:latest 表示下载最新版本的 ubuntu。下载完成后，运行 docker images 命令，就能看到如图 1.5 所示的效果。

c:\work>docker images
REPOSITORY TAG IMAGE ID CREATED SIZE
ubuntu latest 1d622ef86b13 2 weeks ago 73.9MB

图 1.5　含 ubuntu 镜像的效果图

其中，REPOSITORY 和 TAG 字段分别表示镜像的名字和标签，IMAGE ID 表示镜像的 ID，CREATED 和 SIZE 分别表示该镜像的创建时间和大小。一般来说，可以通过 REPOSITORY:TAG 或 IMAGE ID 唯一标识某个镜像。

docker rmi 命令能删除本地镜像，具体语法是 docker rmi 镜像名:标签，或者 docker rmi 镜像 ID，比如利用 docker rmi ubuntu:latest 或 docker rmi 1d622ef86b13 可以删除刚下载的 ubuntu:latest 镜像。

1.2.4　Docker 容器相关的命令

前文已经提到，镜像和容器类似于类和对象的关系，通过实例化类能得到对象，通过 run 命令能运行镜像生成容器。比如通过前文的 docker pull 命令下载好 ubuntu 镜像后就可以通过如下的 run 命令来启动该镜像：

```
docker run -it ubuntu:latest /bin/bash
```

其中，ubuntu:latest 指定待运行的镜像，-it 表示终端交互式操作，/bin/bash 表示容器启动后需要执行的命令，这里是启动 shell。运行上述命令后就能在该容器里运行基于 Linux 的命令，比如 ls 或 pwd，运行完命令后可以通过 exit 从容器交互窗口里退出来。相关的操作效果如图 1.6 所示。

通过 docker ps 命令能看到当前所有的容器，如果要展示所有的容器，可以加入-a 参数。运行 docker ps -a 后，能看到如图 1.7 所示的结果。

```
c:\work>docker run -it ubuntu:latest /bin/bash
root@bc8d0ea9a1a3:/# ls
bin  boot  dev  etc  home  lib  lib32  lib64  libx32  media
root@bc8d0ea9a1a3:/# pwd
/
root@bc8d0ea9a1a3:/# exit
exit

c:\work>
```

图 1.6　docker run 命令的操作效果图

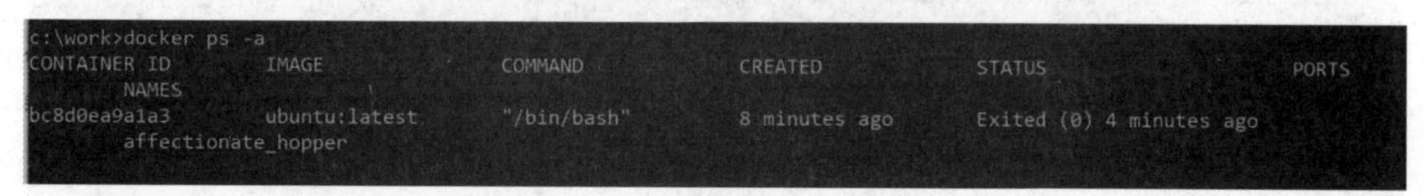

图 1.7　查看所有容器的效果图

其中，STATUS 表示当前容器的状态，这里是 Exited，表示已退出。另外，还能看到容器的 ID 以及该容器所对应的镜像。

通过 docker rm 容器 ID 命令能删除指定的容器，比如通过 docker rm bc8d0ea9a1a3 命令删除刚才通过 run 命令创建的容器，删除后再运行 docker ps -a，就能确认该容器已经被删除。

1.3　安装和配置基于 Docker 的 Redis 环境

在上文介绍 Docker 用法的基础上，这里将通过 Docker 命令在 Windows 操作系统里搭建基于 Linux 的 Redis 开发环境。

1.3.1　用 docker pull 下载最新 Redis 镜像

可以用 docker pull redis 命令下载最新版本的 Redis 镜像，也可以用“docker pull redis:标签”命令下载指定版本的 Redis，如果不指定，就会用默认的标签 latest 去下载最新版本的 Redis 镜像。运行该命令后，能看到如图 1.8 所示的效果图，表示已经成功下载了最新版本的 Redis 镜像。

图 1.8　查看 Redis 镜像的效果图

1.3.2　用 docker run 启动 Redis 容器

随后可以用如下的 run 命令来运行 Redis 容器：

```
docker run -itd --name myFirstRedis -p 6379:6379 redis:latest
```

这里的-it 表示在终端交互式操作，d 表示在后台运行；通过--name 指定该容器的名字；通过-p 参数指定容器的 6379 端口映射到宿主机（即运行 Docker 的机器）6379 端口，这样在容器外部就能以宿主机 ip:6379 的方式访问 Redis 服务；最后的 redis:latest 参数指定根据该镜像启动容器。运行完上述 run 命令后再执行 docker ps 命令，能看到如图 1.9 所示的结果。

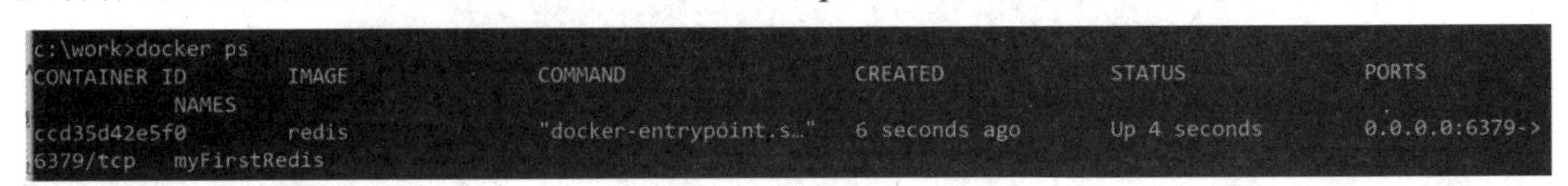

图 1.9　启动 Redis 的效果图

从中可以看到，名为 myFirstRedis 的容器处于 Up 状态，并且是通过 6379 端口对外提供服务。

1.3.3　用 docker logs 观察 Redis 启动效果

如果直接在 Linux 等环境上启动 Redis 服务器，就能直接看到启动后的效果。这里由于是通过 Docker 容器启动 Redis 服务器，因此在用 docker run 命令启动 Redis 容器后，可以通过如下的 docker log 命令来观察启动的效果：

```
docker logs myFirstRedis
```

上述 docker logs 命令用来输出容器启动时的日志，myFirstRedis 则表示待查看日志的容器名。如果 Docker 容器中的 Redis 服务被正确启动，就能看到如图 1.10 所示的效果。

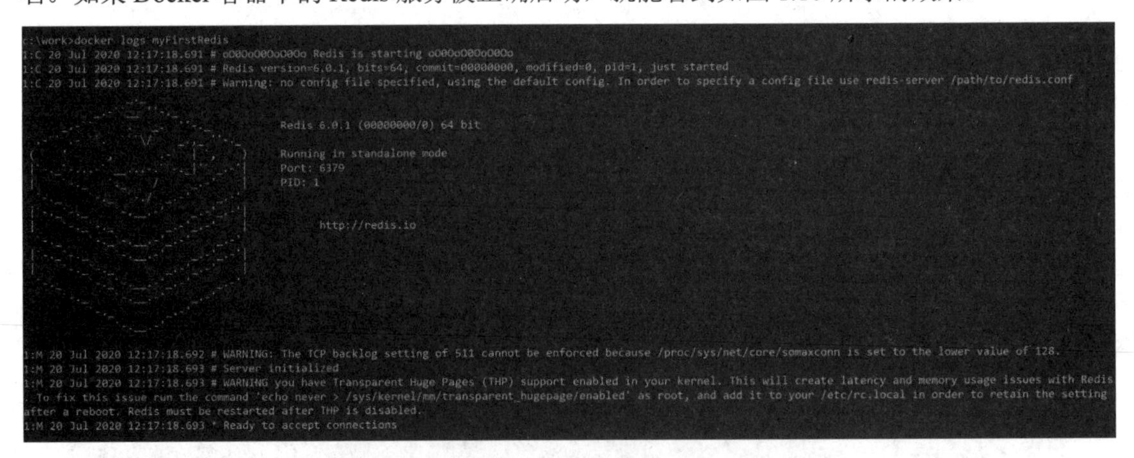

图 1.10　正确启动 Redis 服务器的效果图

由于配置等问题导致 Redis 服务无法正确启动时，可以用 docker logs 观察启动时的日志，从而分析启动不成功的原因。

1.3.4　通过 docker exec 进入 Redis 容器

通过 1.3.2 节的 run 命令能在后台启动 Redis 容器，此时可以通过如下的 exec 命令进入 Redis 容器，进而执行 Redis 的相关操作：

```
docker exec -it myFirstRedis /bin/bash
```

docker exec 表示在运行的容器中执行命令，其中 myFirstRedis 参数表示在哪个容器里执行命令，-it 表示以终端交互的方式执行命令，/bin/bash 表示需要指定的命令。执行上述 exec 命令后，就能看到如图 1.11 所示的效果，说明已经进入了名为 myFirstRedis 的容器，该容器是基于 Linux 操作系统的。

```
c:\work>docker exec -it myFirstRedis /bin/bash
root@ccd35d42e5f0:/data#
```

图 1.11　用 exec 命令运行后的效果图

在图 1.11 所示的界面里，可以通过输入 redis-cli 命令连接该容器里的 Redis 服务器，随后可以通过 set val 1 命令创建一个值为 1 的 val 变量，创建后再通过 get val 来获取 val 变量的值，具体效果如图 1.12 所示。

```
c:\work>docker exec -it myFirstRedis /bin/bash
root@ccd35d42e5f0:/data# redis-cli
127.0.0.1:6379> set val 1
OK
127.0.0.1:6379> get val
"1"
```

图 1.12　运行基本 Redis 命令的示意图

这里提到的 redis-cli 等命令的含义在后文会详细说明，只要能成功地运行 Redis 相关命令并看到对应的结果，就说明基于 Docker 的 Redis 开发环境已经成功地安装到本机里。

随后如果要退到 Windows 命令行，就需要连续两次输入 exit，其中第一个 exit 命令能退出用 redis-cli 进入的 Redis 运行窗口，第二个命令能退出因 docker exec 命令而进入的 Redis 容器，具体的效果如图 1.13 所示。

```
c:\work>docker exec -it myFirstRedis /bin/bash
root@ccd35d42e5f0:/data# redis-cli
127.0.0.1:6379> set val 1
OK
127.0.0.1:6379> get val
"1"
127.0.0.1:6379> exit
root@ccd35d42e5f0:/data# exit
exit

c:\work>
```

图 1.13　用 exit 退出容器的运行效果图

1.3.5　停止、重启和删除 Redis 容器

由于本书所介绍的 Redis 的开发和运行环境是基于 Docker 的，当 Redis 容器启动后，在修改容器配置等操作后可能需要重启容器，并且在一些场景里还需要停止并删除过期的 Redis 容器，因此在这里将给出相关的操作步骤。

运行 docker ps，发现名为 myFirstRedis 的 Redis 容器处于 Up（运行中）状态时，可以通过 docker stop myFirstRedis 命令停止该容器，其中 myFirstRedis 是待停止的容器名。注意，这里停止的是容器，而不是 Redis 服务，运行后再运行 docker ps 命令将无法看到 myFirstRedis，因为该命令只返回处于 Up 状态的容器，此时用 docker ps -a 命令查看所有容器才能看到如图 1.14 所示的效果，显示 myFirstRedis 容器已经处于 Exited（退出）状态。

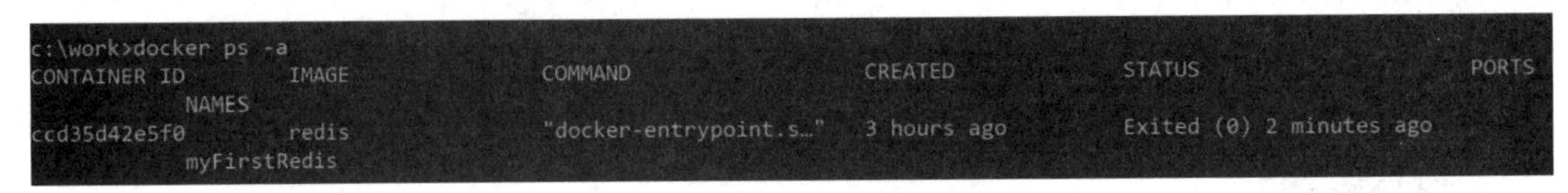

图 1.14 docker ps -a 命令运行后的效果图

要再启动该容器，可以用 docker start myFirstRedis 或 docker restart myFirstRedis 命令（这两个命令的参数都是待启动的容器名）。这两个命令的差别是，docker start 会挂载容器所关联的文件系统，而 docker restart 不会。

也就是说，如果更改了 Redis 启动时需要加载的配置项参数，那么在重启时建议先运行 docker stop 命令再运行 docker start 命令。如果直接通过 docker restart 命令来重启，就未必会加载更改后的配置项参数了。

当 Redis 容器里的配置项参数或版本过于老旧时，可以通过 docker rm 命令删除该容器，具体语法是“docker rm 容器名”，但在删除前要先确保该容器处于 Exited 状态，否则删除时会出错。比如删除名为 myFirstRedis 的 Redis 容器，首先要用 docker stop myFirstRedis 命令确保该容器处于 Exited 状态，随后用 docker rm myFirstRedis 命令删除，删除完成后再运行 docker ps -a 命令查看所有状态的容器，就无法再看到该容器了。

1.3.6 查看 Redis 的版本

在操作前，先确保 myFirstRedis 容器处于 Up 状态，如果不是则用 1.3.2 节给出的 docker run 命令启动该容器，随后用 1.3.4 节给出的 docker exec 命令进入容器的命令行交互窗口。

随后，可以通过 redis-server –version 和 redis-cli –version 这两个命令分别查看 Redis 服务器和客户端的版本号，由于在 1.3.1 节用 docker pull redis 下载镜像时默认是下载最新的版本，因此运行后能看到如图 1.15 所示的结果。其中，服务器和客户端都是最新的 Redis 6 版本。

```
c:\work>docker exec -it myFirstRedis /bin/bash
root@d17f57dbef82:/data# redis-server --version
Redis server v=6.0.1 sha=00000000:0 malloc=jemalloc-5.1.0 bits=64 build=0
root@d17f57dbef82:/data# redis-cli --version
redis-cli 6.0.1
root@d17f57dbef82:/data#
```

图 1.15 观察 Redis 服务器和客户端的效果图

1.3.7 Redis 服务器和客户端

Redis 是基于键值对存储的 NoSQL 数据库，其中的数据是存储在 Redis 服务器里的。和传统的 MySQL 数据库服务器相似，一个 Redis 服务器可以同多个客户端创建连接。在 1.3.4 节里通过 redis-cli 命令创建了一个连接到 Redis 服务器的客户端。

在实际的应用里，每个 Redis 客户端都能向服务器发送命令请求，而服务器在收到命令请求后能向客户端返回结果。在 1.3.4 节里，客户端向服务器发送的命令包括 set val 1 和 get val。

当通过 docker run -itd --name myFirstRedis -p 6379:6379 redis:latest 和 docker start myFirstRedis 这两个命令启动 Redis 容器后，包含在容器里的 Redis 服务器会自动启动。如果要停止 Redis 服务器的运行，可以直接用 exit 命令退出容器，或者在 redis-cli 的命令行里输入 shutdown 命令，如图 1.16 所示。

```
c:\work>docker exec -it myFirstRedis /bin/bash
root@d17f57dbef82:/data# redis-cli
127.0.0.1:6379> shutdown

c:\work>
```

图 1.16　在 redis-cli 命令行里输入 shutdown 命令的效果图

1.3.8　总结容器和 Redis 的相关命令

上文给出了针对容器和 Redis 的若干命令，为了让大家在学习过程中不产生混淆，这里将根据流程总结一下相关的命令。

（1）在安装完 Docker 软件后，可以在命令行里输入 docker pull redis 命令去下载最新的 Redis 镜像，下载完成后能通过 docker images 命令来确认镜像。

（2）可以用 docker run -itd --name myFirstRedis -p 6379:6379 redis:latest 命令根据下载的 redis:latest 镜像创建名为 myFirstRedis 的容器。创建完成后，可以通过 docker ps -a 命令来查看对应的容器。

（3）如果创建前已经有名为 myFirstRedis 的容器，那么再创建同名的容器会出现问题，这时可以先用 docker stop myFirstRedis 命令确保该容器处于 Exited 状态，并通过 docker rm myFirstRedis 命令删除该容器。

（4）如果通过 docker ps -a 命令发现 myFirstRedis 容器当前处于 Exited 状态，那么可以用 docker start myFirstRedis 命令来启动它。

（5）在创建并启动 myFirstRedis 容器后，可以通过 docker logs myFirstRedis 命令查看该容器里 Redis 服务器的启动情况，也可以通过 docker exec -it myFirstRedis /bin/bash 命令进入 myFirstRedis 容器，随后可以通过 redis-cli 命令创建一个连接到 Redis 服务器的客户端，并通过该客户端输入各种 Redis 命令。

（6）如果需要重新启动 myFirstRedis 容器，可以先通过 docker stop myFirstRedis 命令停止该容器，再通过 docker start myFirstRedis 命令启动它。

（7）如果要停止 Redis 服务器，那么可以先通过 redis-cli 命令连接到服务器，再输入 shutdown 命令，或者在 myFirstRedis 容器的命令行里直接输入 exit 命令。

通过上文的总结，大家可以系统地理解相关命令。虽然说用 Docker 搭建基于 Linux 的 Redis 开发环境要比直接安装基于 Windows 的 Redis 环境麻烦，但是在基于 Docker 容器的 Linux 上能安装最新版的 Redis，而在 Windows 上则只能安装比较老的版本。

在大多数项目里，Redis 都是配置在 Linux 服务器上的，后续章节还会通过 Docker 容器在同一台 Windows 服务器上启动多个 Redis 服务器，以此来模拟集群的效果。也就是说，通过 Docker 容器，大家能解决学习 Redis 过程中的搭建开发环境问题。

1.4 本章小结

本章首先在对比传统数据库和 NoSQL 数据库的基础上介绍了 Redis 的特性和使用场景，并专门说明了在一些高并发场景里 Redis 会以“集群”的方式提供缓存等服务。

为了让读者在学习 Redis 时更贴近项目实战，本书在基于 Docker 的 Linux 环境上配置和运行 Redis。因此，本章专门讲述了 Docker 的安装步骤和实战命令，并在此基础上给出了搭建 Redis 环境的步骤。

由于不少读者是第一次实践 Docker，因此本章不仅图文并茂地给出了操作要点，还针对性地给出了初学者容易忽略的实践步骤，以保证广大读者能成功搭建 Redis 环境。

第 2 章

实践 Redis 的基本数据类型

作为基于键值对的 NoSQL 数据库，Redis 支持五种数据类型：字符串（string）类型、哈希（hash）类型、列表（list）类型、集合（set）类型和有序集合（sorted set 或 zset）类型。

在本章中，将会用 redis-cli 命令启动客户端，并通过客户端向服务器发起操作各种数据类型的命令，以此向大家展示各种基本数据类型的常见用法。注意，本章并不会罗列出针对各数据类型的所有命令，而是给出各种常用命令。在此基础上，将结合诸多项目的实践经验给出针对基本数据类型的实践要点。

2.1 Redis 缓存初体验

在学习 Redis 基本数据类型时，如果围绕“Redis 缓存”这个使用场景，那么学习起来就能事半功倍，比如能知道哪些技能该着重学、哪些技能了解一下即可。所以，这里先用 redis-cli 命令启动客户端，以此带领大家体验一下“Redis 缓存”的工作方式。

2.1.1 用 redis-cli 启动客户端并缓存数据

如果当前 myFirstRedis 容器处于 Exited 状态，就需要通过 docker start myFirstRedis 命令先启动该容器。启动该容器的同时，其中包含的 Redis 服务器也会自动启动，此时能通过 docker exec -it myFirstRedis /bin/bash 命令进入容器的命令行交互窗口。这个前置步骤以后会经常用到，后文不再单独说明。

在容器里，通过 redis-cli 命令能启动 Redis 客户端，并连接到 Redis 服务器，在其中可以缓存数据。例如，在某查询系统里需要提供根据网站名称返回网址的服务，比如当收到“CSDN”的输入时应当返回“https://www.csdn.net/”，网站名称和网址的对应关系本来是存储在数据库里的。

如果该查询系统的并发量很高，假设每秒需要处理 500 个请求，而且每次请求都需要访问数据库，就会把数据库压垮，所以可以把这种对应关系用 Redis 缓存在内存里，具体的命令是 set CSDN https://www.csdn.net/。同样，可以通过 set baidu www.baidu.com 命令缓存百度的数据。这样如果有请求，就可以用 get CSDN 或 get baidu 命令获取对应的网址，具体的命令效果如图 2.1 所示。这种请求不需要通过数据库，并且是从内存里读取，所以性能较高。大家可以自行体验一下 Redis 缓存的效果。

```
c:\work>docker exec -it myFirstRedis /bin/bash
root@d17f57dbef82:/data# redis-cli
127.0.0.1:6379> set CSDN https://www.csdn.net/
OK
127.0.0.1:6379> set baidu www.baidu.com
OK
127.0.0.1:6379> get CSDN
"https://www.csdn.net/"
127.0.0.1:6379> get baidu
"www.baidu.com"
127.0.0.1:6379>
```

图 2.1　Redis 缓存效果演示图

注意，这里的对应关系其实是存储（或者叫缓存）在 Redis 服务器上的，且是用“字符串”来缓存数据的，后面还将介绍用其他类型对象进行缓存的做法。

2.1.2　设置数据的生存时间

前面已经提到通过 Redis 的命令可以在内存里缓存数据，不过在实际项目里一般需要同时设置数据的生存时间。如果不设置，那么内存里的数据会越积越多，最终造成内存溢出。

可以在命令后通过 ex 或 px 参数设置该对象的生存时间，其中 ex 的时间单位是秒，px 的时间单位是毫秒。下面给出设置两个对象生存时间的做法：

```
01  set val 100 ex 5
02  set valWithShort 200 px 10
```

在第 1 行里，设置了 val 对象的生存时间是 5 秒；在第 2 行里，设置了 valWithShort 的生存时间是 10 毫秒。当过了对应的时间用 get 命令去获取这两个对象的值时，就只会得到表示 null 的 nil 值，如图 2.2 所示。

```
127.0.0.1:6379> set val 100 ex 5
OK
127.0.0.1:6379> set valWithShort 200 px 10
OK
127.0.0.1:6379> get val
(nil)
127.0.0.1:6379> get valWithShort
(nil)
```

图 2.2　过期对象展示 nil 的效果图

2.2 针对字符串的命令

字符串是 Redis 里最基本的数据类型，这里将介绍针对字符串操作的各种常用命令。在介绍字符串命令前先介绍一个容易混淆的点：Redis 是基于“键值对”的 NoSQL，从上文的范例中大家也体会到了以“键值对”缓存数据的做法，而这里的“字符串”是指“键值对”里的“值”是以“字符串”的形式存储数据的。

2.2.1 读写字符串的 set 和 get 命令

可以用 set 命令以键值对的形式在“值”里以字符串的形式设置变量，具体语法如下：

```
set key value [EX seconds|PX milliseconds] [NX|XX] [KEEPTTL]
```

其中，key 和 value 分别表示待设置字符串的键和值，value 需要是字符串类型的。如果对应的 key 里已经有值，那么再次执行 set 命令时会用新值替换旧值。通过 EX 和 PX 参数可以指定该变量的生存时间，只不过 EX 参数的单位是秒，而 PX 参数的单位是毫秒。之前已经讲过，在大多数场景里，应该合理设置对应的生存时间，否则可能会导致内存溢出的问题。NX 参数表示当 key 不存在时才进行设置值的操作，如果 key 存在，那么该命令不执行；XX 参数表示当 key 存在时才进行操作。KEEPTTL 是 Redis 6.0 的新特性，是指“保留生存时间”。

设置以后，可以通过 get key 的方式读取对应 key 的字符串类型变量。

在项目里遇到一个需求：工号为 001 的员工姓名是 Mike，这条数据是存储在 Emp 表里的，但是每次查询该数据时需要读表，这会影响数据库的性能，所以需要在 Redis 里缓存该条数据。对此，可用如下 set 命令进行相关操作：

```
01  127.0.0.1:6379> set 001 'Mary'
02  OK
03  127.0.0.1:6379> set 001 'Mike' NX
04  (nil)
05  127.0.0.1:6379> get 001
06  "Mary"
07  127.0.0.1:6379> setNX 001 'Mike'
08  (integer) 0
09  127.0.0.1:6379> get 001
10  "Mary"
11  127.0.0.1:6379> set 001 'Mike'
12  OK
13  127.0.0.1:6379> get 001
14  "Mike"
```

在第 1 行里以工号为键、姓名为值，通过 set 命令设置了字符串类型的变量。注意，这里的 Mary 带单引号，表示是字符串，同时故意错误地把员工姓名设置为 Mary。该语句的返回结果如第 2 行所示，OK 表示设置成功。

在第 3 行里想要用 set 命令把 001 号员工的姓名修正为 Mike，但是这里加了 NX 参数，表示 key 不存在时才能设置值。这里由于 001 的 key 已经存在，所以返回是 nil，表示设置不成功。通过第 5 行的 get 语句也能确认 001 号 key 的值还是 Mary，不是 Mike。注意，第 3 行的语句和第 7 行的 setNX 是等价的，只不过 setNX 返回的是(integer) 0。

在第 11 行里通过 set 语句再次对 001 的 key 进行设置值操作，这里操作会成功，即用新值 Mike 替换掉旧值 Mary，通过第 13 行 get 命令的运行结果能确认这一点。

通过上述范例，大家能体会到 set 和 get 的用法，并能了解到 NX 参数的作用。在如下的范例中，将缓存"员工号是 002、姓名是 Tom"的数据，由此大家将进一步掌握 set 和 get 的用法。

```
01  127.0.0.1:6379> get 002
02  (nil)
03  127.0.0.1:6379> set 002 'Tom' XX
04  (nil)
05  127.0.0.1:6379> set 002 'Tom' PX 10
06  OK
07  127.0.0.1:6379> get 002
08  (nil)
09  127.0.0.1:6379> set 002 'Tom' EX 60*12
10  (error) ERR value is not an integer or out of range
11  127.0.0.1:6379> set 002 'Tom' EX 720
12  OK
13  127.0.0.1:6379> get 002
14  "Tom"
```

由于一开始没有设置 key 为 002 的值，因此第 1 行的 get 命令将返回 nil，表示没有找到。在第 3 行 set 命令里添加了 XX 参数，表示 002 号 key 存在时才进行操作。但是此时 002 号 key 不存在，所以不操作，该 set 命令的返回结果依然是 nil。

在第 5 行里虽然成功地设置了值，但是通过 PX 命令设置了该键值对的生存时间是 10 毫秒，很快会过期，所以第 7 行的 get 命令依然无法得到值。对应地，在第 9 行和第 11 行里通过 EX 参数设置了以秒为单位的生存时间，但是生存时间一定是数值，不能是表达式，所以第 9 行会返回错误，而第 11 行设置正确。设置完成后，通过第 13 行的 get 命令可以正确地获取值。

2.2.2 设置和获取多个字符串的命令

mset 和 mget 命令分别能同时设置和获取多个字符串。其中，mset 命令的语法如下：

```
mset key value [key value...]
```

mget 命令的语法如下：

```
mget key [key...]
```

注意，mset 和 mget 命令不包含 NX、XX、PX 和 EX 等参数。在如下的范例中将演示通过这两个命令分别批量设置和获取多个字符串类型变量的做法。

```
01  127.0.0.1:6379> mset 003 "Peter" 004 Mary EX 100
02  OK
03  127.0.0.1:6379> mget 003 004 005
04  1) "Peter"
05  2) "Mary"
06  3) (nil)
07  127.0.0.1:6379> mset 003 "Peter" 006 'JohnSon' NX
08  (error) ERR wrong number of arguments for MSET
09  127.0.0.1:6379> mset 003 "Peter" 006 'JohnSon' XX
10  (error) ERR wrong number of arguments for MSET
11  127.0.0.1:6379> get 006
12  (nil)
13  127.0.0.1:6379> mset 007 "John" 008 'Tim' PX 10
14  OK
15  127.0.0.1:6379> mget  007 008
16  1) "John"
17  2) "Tim"
```

在第 1 行里通过 mset 命令同时对 003 和 004 这两个 key 设置了字符串类型的值，虽然该命令用 EX 参数设置了生存时间，但是事实上不会生效。随后在第 3 行里通过 mget 命令同时获取多个 key 的值，由于没有 005 对应的值，所以针对该 key 的取值会返回 nil。同时请大家注意一下第 1 行设置字符串类型变量的做法，其中字符串可以用双引号包含，也可以用单引号包含，还可以不带任何符号。

在第 7 行和第 9 行的 mset 命令里带了 NX 和 XX 参数，报错（该命令不支持这两个参数）。在第 13 行里利用 PX 设置生存时间是 10 毫秒，虽然该命令返回 OK，但是 10 毫秒以后再调用第 15 行的 mget 命令依然能得到值，也就是说 PX（还有 EX）参数不会生效。

2.2.3　对值进行增量和减量操作

通过 incr key 命令能对 key 所对应的数字类型值进行加 1 操作，而通过 decr key 命令能对 key 所对应的值进行减 1 操作，通过 incrby key increment 命令能对 key 对应的值进行加 increment 的操作，通过 decrby by decrement 命令能对 key 对应的值进行减 decrement 的操作。

运行上述命令时，需要确保 key 对应的值是数字类型，否则会报错。在实际项目里，上述命令一般会用在统计流量和控制并发的场景中，通过如下范例，大家能掌握这些命令的用法。

```
01  127.0.0.1:6379> incr visit
02  (integer) 1
03  127.0.0.1:6379> incrby visit 10
04  (integer) 11
05  127.0.0.1:6379> decr visit
06  (integer) 10
07  127.0.0.1:6379> decrby visit 5
08  (integer) 5
09  127.0.0.1:6379> get visit
10  "5"
11  127.0.0.1:6379> set visitPerson 'Peter'
12  OK
13  127.0.0.1:6379> incr visitPerson
14  (error) ERR value is not an integer or out of range
15  127.0.0.1:6379> decr visitPerson
16  (error) ERR value is not an integer or out of range
```

在第 1 行里通过 incr 命令对 visit 变量进行加 1 操作，在第 3 行里通过 incrby 命令对 visit 进行加 10 操作，对应的结果展示在第 2 行和第 4 行里。在第 5 行和第 7 行里分别对 visit 进行了减 1 和减 5 操作，对应的结果展示在第 6 行和第 8 行里。

在第 13 行和第 15 行里，incr 和 decr 命令作用在字符串类型的'Peter'上，所以会出错。同样，incrby 和 decrby 命令也只能作用在数字类型的变量上。

2.2.4 通过 getset 命令设置新值

该命令的语法是 getset key value，如果 key 对应的值存在，则会用 value 覆盖旧值，同时返回旧值，如果 key 对应的值不存在，也会设值，但会返回 nil。通过如下范例，大家体会一下该命令的用法。

```
01  127.0.0.1:6379> getset 009 'Alex'
02  (nil)
03  127.0.0.1:6379> get 009
04  "Alex"
05  127.0.0.1:6379> getset 009 'Frank'
06  "Alex"
07  127.0.0.1:6379> get 009
08  "Frank"
```

在第 1 行里由于 009 对应的值不存在，因此会设值，但返回 nil，通过第 3 行的 get 命令，能确认第 1 行成功地设置了 009 所对应的值。在第 5 行里再次调用 getset 命令时，由于 009 的 key 已经有对应的值，因此会返回旧值 Alex，同时设置新值 Frank，从第 7 行的 get 命令里能确认这一点。

2.2.5　针对字符串的其他操作

针对字符串类型的变量，还可以进行如下操作，只不过在缓存的场景里这些操作用得不多。

- 获取key的子字符串命令：getrange key start end，返回key对应的值从start到end的子字符串。
- 替换部分值命令：setrange key offset value，从offset位置开始，把值替换为value。
- 统计字符串长度的命令：strlen key，返回字符串的长度。
- 追加值的命令：append key value，把value追加到原值的末尾。

在如下的范例中，将演示上述命令的用法。

```
01  127.0.0.1:6379> set tel 021-12345678
02  OK
03  127.0.0.1:6379> getrange tel 4 12
04  "12345678"
05  127.0.0.1:6379> setrange tel 4 87654321
06  (integer) 12
07  127.0.0.1:6379> get tel
08  "021-87654321"
09  127.0.0.1:6379> strlen tel
10  (integer) 12
11  127.0.0.1:6379> append tel 90
12  (integer) 14
13  127.0.0.1:6379> get tel
14  "021-8765432190"
```

在第 1 行里，通过 set 命令设置了键为 tel 的一个字符串类型变量；在第 3 行里，通过 getrange 命令返回该字符串从第 4 位到第 12 位的子字符串，从第 4 行的输出里能看到结果。

在第 5 行里，通过 setrange 命令把 tel 对应的字符串从第 4 位开始的子字符串替换成 87654321，通过第 7 行的 get 语句能验证这个替换的结果。在第 9 行里，通过 strlen 命令返回了 tel 字符串的长度，结果是 12。在第 11 行里，通过 append 命令在 tel 对应的字符串最后追加了 90 这个子字符串，通过第 13 行的 get 命令能验证这个追加的结果。

2.3　针对哈希类型变量的命令

Redis 是以键值对的形式缓存数据的，在 2.2 节里讲述了操作字符串类型值的各种命令，这里将讲述操作哈希（hash）映射表类型值的各种命令。

2.3.1 设置并获取哈希值

在实际项目里，可以用 Redis 的哈希类型变量来缓存一个对象的数据，其中可以通过 hset 命令来设置数据，通过 hget 命令来读取数据。

hset 的命令格式如下，其中 key 是待缓存对象的键，field value 是以键值对的形式描述的对象数据。针对同一个 key，可以用多个 field value 对来存储数据，这里 field 可以理解成对象的属性名，value 可以理解成对象的属性值。

```
hset key field value [field value ...]
```

hget 的命令格式如下，其中 key 是待读取对象的键，如果存在 key 和 field 所对应的数据，则返回该数据，否则返回 nil 值。

```
hget key field
```

在如下的范例中，将演示通过 hset 和 hget 操作哈希类型数据的做法。

```
01  127.0.0.1:6379> hset 001 name 'peter' salary 10000 dep dataTeam
02  (integer) 3
03  127.0.0.1:6379> hget 001 name
04  "peter"
05  127.0.0.1:6379> hget 001 salary
06  "10000"
07  127.0.0.1:6379> hget 001 dep
08  "dataTeam"
09  127.0.0.1:6379> hget 002 name
10  (nil)
11  127.0.0.1:6379> hget 001 age
12  (nil)
13  127.0.0.1:6379> hget 001
14  (error) ERR wrong number of arguments for 'hget' command
```

在第 1 行里，通过 hset 命令设置了 key 是 001 的员工数据，其中该员工的 name 是 peter，salary 是 10000，dep 是 dataTeam。在第 3 行里，通过了 hget 命令获取了 001 所对应员工的 name 数据，其中 001 是 key，name 属于 field，从第 4 行能看到输出是 peter。

同样，在第 5 行和第 7 行里返回了 001 号员工 salary 和 dep 部分的数据，从第 6 行和第 8 行的输出里可以看到对应的结果。由此大家能看到用哈希类型数据缓存对象的做法，以及对应 hset 和 hget 命令的用法。

这里请注意，在用 hget 命令获取数据时，比如像第 9 行和第 11 行那样，key 和 field 对应的数据不存在，则会返回 nil。如果像第 13 行那样仅传入 key 参数而不传入 field 参数，则会出现如第 14 行所示的错误提示。

2.3.2　hsetnx 命令

在用 hset 命令设置哈希类型的变量时，如果出现重复，就会用后设的数据覆盖掉之前的数据。与之对应的是 hsetnx 命令，语法如下：

```
hsetnx key field value
```

该命令的含义是，只有当 key 和 field 所对应的 value 不存在时才会设置对应的 value，而且 key 之后只能带一对 field 和 value，而 hset 命令的 key 之后能带多个 field 和 value 对。在如下的范例中，将演示通过 hset 命令“覆盖旧值”和 hsetnx 命令的用法。

```
01  127.0.0.1:6379> hset 001 name 'johnson'
02  (integer) 0
03  127.0.0.1:6379> hget 001 name
04  "johnson"
05  127.0.0.1:6379> hsetnx 002 name 'tom'
06  (integer) 1
07  127.0.0.1:6379> hsetnx 002 name 'tom'
08  (integer) 0
09  127.0.0.1:6379> hsetnx 003 name 'mike' salary 15000
10  (error) ERR wrong number of arguments for 'hsetnx' command
```

之前已经设置过 001 号员工 name 的数据，这里在第 1 行用 hset 命令再次设置了 001 号员工 name 的值，通过第 4 行 hget 命令的结果可以确认是用第二次设置的“johnson”覆盖了第一次设置的 peter。

在第 5 行和第 7 行里，调用了两次 hsetnx 命令：第一次调用时，key 为 002 所对应的 name 值不存在，所以能设置成功；第二次调用时，值已经存在，所以无法设置。这从第 8 行的输出里能得到确认。

注 意

hsetnx 命令的 key 之后只能设置一对 field 和 value，如果像第 9 行那样设置多对，那么哪怕这些值之前都不存在，也会出现像第 10 行那样的错误提示信息。

2.3.3　针对 key 的相关操作

通过 hkeys key 命令，能查看该 key 所对应哈希类型数据的所有 field；通过 hvals key 命令，能查看 key 所对应哈希类型数据的所有 value；通过 hgetall key 命令，能以 field 和 value 对的形式查看 key 对应的哈希类型数据。通过如下的范例，大家可以理解这些命令的用法。

```
01  127.0.0.1:6379> hset 010 name 'mary' salary 8000
02  (integer) 2
03  127.0.0.1:6379> hkeys 010
04  1) "name"
05  2) "salary"
```

```
06  127.0.0.1:6379> hvals 010
07  1) "mary"
08  2) "8000"
09  127.0.0.1:6379> hgetall 010
10  1) "name"
11  2) "mary"
12  3) "salary"
13  4) "8000"
14  127.0.0.1:6379> hkeys 00
15  (empty array)
16  127.0.0.1:6379> hvals 00
17  (empty array)
18  127.0.0.1:6379> hgetall 00
19  (empty array)
```

在第 1 行里，通过 hset 命令设置了 key 是 010 的哈希类型的数据。在第 3 行里，通过 hkeys 命令返回了 key 是 010 所对应的所有 field（属性名）的信息，第 6 行的 hvals 命令返回了 010 对应 hash 变量里的 value（属性值）信息，第 9 行的 hgetall 命令则返回了 010 所对应的 field 和 value 对的信息。从这些命令之后的输出里，大家能确认对应的值。

这里请注意，如果像第 14 行、第 16 行和第 18 行那样通过三个命令的 key 无法找到对应的值，那么会返回 empty array 信息。

2.3.4 用 hexists 命令判断值是否存在

通过 hexists 命令，能判断 key 和 field 对应的 value 是否存在。hexists 命令的格式如下：

```
hexists key field
```

如下的范例将演示 hexists 命令的用法：

```
01  127.0.0.1:6379> hexists 010 name
02  (integer) 1
03  127.0.0.1:6379> hexists 00 name
04  (integer) 0
05  127.0.0.1:6379> hexists 00
06  (error) ERR wrong number of arguments for 'hexists' command
```

在第 1 行和第 3 行里，调用了两次 hexists 命令，它们的差别是，第 1 行 010 和 name 对应的 value 存在，而第 3 行的不存在，所以第 1 行的命令返回(integer) 1，而第 3 行返回(integer) 0。

如果像第 5 行那样在调用 hexists 命令时只传了一个参数，那么会返回第 6 行所示的出错提示信息。

2.3.5　对哈希类型数据的删除操作

通过 hdel 命令，能删除 key 指定的 field 数据，该命令的格式如下：

```
hdel key field [field ...]
```

从中可以看到，通过该命令能同时删除一个 key 对应的多个 field 数据。如果要删除指定 key 所对应的整个哈希类型的数据，则需要用 del key 命令。在如下的范例中，将演示这两个命令的用法。

```
01  127.0.0.1:6379> hdel 001 name salary
02  (integer) 2
03  127.0.0.1:6379> hdel 001
04  (error) ERR wrong number of arguments for 'hdel' command
05  127.0.0.1:6379> del 001
06  (integer) 1
07  127.0.0.1:6379> hvals 001
08  (empty array)
```

通过第 1 行的 hdel 命令，能删除 key 为 001、field 分别为 name 和 salary 的数据。在用 hdel 命令删除数据时，如果像第 3 行那样只传入 1 个参数，则会出现第 4 行所示的错误提示信息。

在第 5 行里，用 del 命令删除了 key 为 001 的整个哈希类型的数据，通过第 7 行的 hvals 命令能确认删除结果。

2.4　针对列表类型变量的命令

用 Redis 的列表（list）可以在一个 key（键）里存储一个或多个数据，这里将演示项目里常用的针对列表类型数据的命令。

2.4.1　读写列表的命令

可以通过 lpush 命令把一个和多个值依次插入到列表的头部，该命令的格式如下：

```
lpush key element [element ...]
```

其中，key 指定待插入的列表，element 表示插入到列表的值。

可以通过 lindex 命令读取列表的值，该命令格式如下：

```
lindex key index
```

其中，key 指定待读取的列表，index 指定待读取列表值的索引号。注意，索引号是从 0 开始的。

如下的范例演示了通过上述命令读写列表的操作。

```
01  127.0.0.1:6379> lpush 001 'dataTeam'
02  (integer) 1
03  127.0.0.1:6379> lpush 001 15000
04  (integer) 2
05  127.0.0.1:6379> lpush 001 'Peter'
06  (integer) 3
07  127.0.0.1:6379> lindex 001 0
08  "Peter"
09  127.0.0.1:6379> lindex 001 2
10  "dataTeam"
11  127.0.0.1:6379> lindex 002
12  (error) ERR wrong number of arguments for 'lindex' command
13  127.0.0.1:6379> lindex 001 4
14  (nil)
15  127.0.0.1:6379> lpush 002 'dataTeam' 12000 'Mary'
16  (integer) 3
17  127.0.0.1:6379> lindex 002 1
18  "12000"
```

通过第 1 行、第 3 行和第 5 行的 lpush 命令，向 key 是 001 的列表里插入 3 个数据，注意是向列表的头部插入，所以在第 7 行读取 key 是 001、索引号是 0 的数据时，返回最后第 5 行插入的“Peter”。同理，通过第 9 行读取 key 是 001、索引号是 2 的数据时，返回的是“dataTeam”。

注 意

用 lindex 命令读数据时需要传入两个参数，如果像第 11 行那样只传入 1 个参数，就会出现第 12 行的错误信息。同时，如果像第 13 行那样读取不存在的数据，就会像第 14 行那样返回 nil。

在用 lpush 命令插入数据时，可以一条条地插，也可以像第 15 行那样一次性插入多个数据，插入后也可以用第 17 行的 lindex 命令读取数据。

此外，还可以通过 rpush 命令在指定列表的尾部插入数据，该命令的格式如下：

```
rpush key element [element ...]
```

它和 lpush 命令相似，也可以同时插入一个或多个数据。

通过如下的范例，大家可以看一下 rpush 命令的用法。

```
01  127.0.0.1:6379> rpush 003 'Tim' '20000' 'Hr Team'
02  (integer) 3
03  127.0.0.1:6379> lindex 003 0
04  "Tim"
05  127.0.0.1:6379> lindex 003 1
06  "20000"
```

```
07  127.0.0.1:6379> lindex 003 2
08  "Hr Team"
```

通过第 1 行的 rpush 命令，向 key 是 003 的列表里插入 3 个数据，由于这里是向尾部插入，因此索引号是 0 的数据是 Tim，以后的值以此类推。

2.4.2　lpushx 和 rpushx 命令

这两个命令与 lpush 和 rpush 命令很相似，只是当对应 key 不存在时，这两个命令不执行，仅当对应 key 存在时才向头部或尾部插入数据。通过如下的范例，大家可以看一下这两个命令的用法。

```
01  127.0.0.1:6379> del 003
02  (integer) 1
03  127.0.0.1:6379> lpushx 003 'dataTeam'
04  (integer) 0
05  127.0.0.1:6379> lpush 003 'dataTeam'
06  (integer) 1
07  127.0.0.1:6379> lpushx 003 10000
08  (integer) 2
09  127.0.0.1:6379> lindex 003 1
10  "dataTeam"
11  127.0.0.1:6379> del 004
12  (integer) 1
13  127.0.0.1:6379> rpushx 004 'Tim'
14  (integer) 0
15  127.0.0.1:6379> rpush 004 'Tim'
16  (integer) 1
17  127.0.0.1:6379> rpushx 004 15000
18  (integer) 2
19  127.0.0.1:6379> lindex 004 1
20  "15000"
```

为了确保 key 是 003 的列表不存在，先通过第 1 行的 del 语句进行删除。随后通过第 3 行的 lpushx 命令进行了向列表头部插入数据的动作。不过 key 是 003 的列表不存在，所以该命令返回 0，表示无法插入。只有当通过第 5 行的 lpush 命令创建 key 是 003 的列表后，第 7 行的 lpushx 命令才能向该列表的头部插入数据。

同样，由于之前已经通过第 11 行的 del 命令删除了 key 是 004 的列表，因此无法通过第 13 行的 rpushx 命令向 key 是 004 的列表的尾部插入数据。只有当通过第 15 行的 rpush 命令创建对应的列表后才能通过第 17 行的 rpushx 命令插入数据。

通过上述范例，大家能理解 lpush、rpush 和 lpushx、rpushx 的差别，前两者是不管 key 对应的列表是否存在，都能向头部或尾部插入数据，后两者只能当 key 对应的列表存在时才能插入，否则该条命令不做任何动作。

2.4.3 用 list 模拟堆栈和队列

上文里讲述的两个命令 lpush 和 rpush 的第一个字母分别是 l 和 r，顾名思义，分别是向左边（list 头）和右边（list 尾）添加数据，与之对应的有 lpop 和 rpop 命令，表示分别从 list 头和 list 尾读数据，而且读完会把该数据从列表里弹出。

通过如下的 lpush 和 lpop 命令能模拟“先入后出”的堆栈效果。

```
01  c:\work>docker exec -it myFirstRedis /bin/bash
02  root@22bf09daac79:/data# redis-cli
03  127.0.0.1:6379> lpush myStack 1
04  (integer) 1
05  127.0.0.1:6379> lpush myStack 2
06  (integer) 2
07  127.0.0.1:6379> lpush myStack 3
08  (integer) 3
09  127.0.0.1:6379> lpop myStack
10  "3"
11  127.0.0.1:6379> lpop myStack
12  "2"
13  127.0.0.1:6379> lpop myStack
14  "1"
15  127.0.0.1:6379> lpop myStack
16  (nil)
```

在第 3 行、第 5 行和第 7 行里，用 lpush 命令向 myStack 的左边（即头部）添加了 3 个元素，而在第 9 行、第 11 行和第 13 行里，用 lpop 命令从 myStack 的左边（也是头部）读取并弹出数据。

从第 10 行的结果里能看到，最晚插入 myStack 的元素“3”是最早被弹出的，也就是说 myStack 其实是一个堆栈。当在第 15 行调用 lpop 命令时，由于 myStack 里的元素已经被弹光了，因此会返回 nil。

也可以用 rpush 和 rpop 命令来模拟堆栈效果，只不过这里是从 list 的右边加入和弹出元素。此外，还可以通过 lpush 和 rpop 这两个命令来模拟“先来先服务”的队列效果，相关命令如下所示。

```
01  127.0.0.1:6379> lpush myQueue 1
02  (integer) 1
03  127.0.0.1:6379> lpush myQueue 2
04  (integer) 2
05  127.0.0.1:6379> lpush myQueue 3
06  (integer) 3
07  127.0.0.1:6379> rpop myQueue
08  "1"
```

```
09  127.0.0.1:6379> rpop myQueue
10  "2"
11  127.0.0.1:6379> rpop myQueue
12  "3"
```

在第 1 行、第 3 行和第 5 行的命令里，用 lpush 命令向 myQueue 的头部加入了 3 个元素；在第 7 行、第 9 行和第 11 行里，用 rpop 命令从 myQueue 的尾部读取并弹出元素。

从第 8 行、第 10 行和第 12 行的输出结果中能看到，这里先插入的元素会早于晚插入的元素弹出，符合“先来先服务”的队列特性。自然地，也可以用 rpush 和 lpop 命令来模拟队列的效果，只不过这种方式是向 list 的右边尾部插入元素，从左边头部读取元素。

2.4.4　用 lrange 命令获取指定区间内的数据

通过之前的 lindex 命令能获取 key 对应列表里指定索引的数据，而通过 lrange 命令则可以获取指定区间内的数据，该命令的格式如下：

```
lrange key start stop
```

其中，start 和 stop 分别表示开始和结束索引。通过如下的范例，大家可以理解这个命令的用法。

```
01  127.0.0.1:6379> del 003
02  (integer) 1
03  127.0.0.1:6379> rpush 003 'dataTeam' 15000 'Mary'
04  (integer) 3
05  127.0.0.1:6379> lrange 003 0 1
06  1) "dataTeam"
07  2) "15000"
08  127.0.0.1:6379> lrange 003 0 2
09  1) "dataTeam"
10  2) "15000"
11  3) "Mary"
12  127.0.0.1:6379> lrange 003 0 4
13  1) "dataTeam"
14  2) "15000"
15  3) "Mary"
16  127.0.0.1:6379> lrange 003 4 0
17  (empty array)
```

这里通过第 3 行的命令创建了 key 是 003 的列表，并向其中插入了若干数据。

第 5 行的 lrange 命令能返回 key 是 003、开始索引为 0、结束索引是 1 的数据。从第 6 行和第 7 行的输出里，大家能看到结果。第 8 行的命令则返回了开始索引是 0、结束索引是 2 的数据。

在第 12 行的 lrange 命令里，虽然结束索引的值超出了列表范围，但是不会报错，而会用列表实际的结束索引替换掉 stop 值，从第 13 行到第 15 行的输出里能看到这个结果。

如果在 lrange 命令里开始索引比结束索引还大，像第 16 行那样，则会像第 17 行那样返回一个空值。

2.4.5 用 lset 命令修改列表数据

通过 lset 命令能修改列表里的元素，该命令的格式如下：

```
lset key index element
```

通过该命令，能把由 key 指定的列表里 index 的数据修改为 element。如下的范例演示了该命令的用法。

```
01  127.0.0.1:6379> lindex 003 1
02  "15000"
03  127.0.0.1:6379> lset 003 1 18000
04  OK
05  127.0.0.1:6379> lindex 003 1
06  "18000"
07  127.0.0.1:6379> lset 003 10 20000
08  (error) ERR index out of range
09  127.0.0.1:6379> lset 005 10 20000
10  (error) ERR no such key
```

通过第 1 行的 lindex 命令，大家能看到 key 为 003 的列表里索引号是 1 的数据，通过第 3 行的 lset 命令修改后，再通过第 5 行的 lindex 命令查看该值，就会发现这个值已经被 lset 命令修改成 18000。

在使用 lset 命令时，如果像第 7 行那样 key 对应的列表存在，而 index 对应的数据不存在，就会返回如第 8 行所示的错误信息。如果像第 9 行那样 key 对应的列表不存在，那么会返回如第 10 行所示的错误信息。

2.4.6 删除列表数据的命令

可以通过 lpop key 命令返回并删除 key 对应列表头部的第一个数据，也可以通过 rpop 命令返回并删除 key 对应列表尾部的第一个数据。如下的范例演示了这两个命令的用法。

```
01  127.0.0.1:6379> lpop 003
02  "dataTeam"
03  127.0.0.1:6379> rpop 003
04  "Mary"
05  127.0.0.1:6379> lpop 010
06  (nil)
```

```
07  127.0.0.1:6379> rpop 010
08  (nil)
```

在第 1 行里，使用 lpop 命令删除了 003 对应列表头部的第一个元素，该命令不仅会删除，还会返回被删除的元素。在第 3 行里，通过 rpop 命令删除并返回 003 对应列表尾部的第一个元素。

这里请注意，如果像第 5 行和第 7 行那样，调用这两个命令时 key 对应的列表不存在，那么会返回 nil，就像第 6 行和第 8 行那样。

也可以通过 lrem 命令删除列表里的指定元素，该命令的格式如下：

```
lrem key count element
```

其中，key 指向待删除元素的列表。当 count 等于 0 时，删除该列表里所有值是 element 的数据；当 count 大于 0 时，删除从头到尾方向数量为 count 个、值是 element 的数据；当 count 小于 0 时，删除从尾到头方向值是 element、数量为 count 个的数据。通过如下的范例，大家可以理解该命令的用法。

```
01  127.0.0.1:6379> lpush 001 1 1 2 2 1
02  (integer) 5
03  127.0.0.1:6379> lrem 001 0 1
04  (integer) 3
05  127.0.0.1:6379> lrange 001 0 3
06  1) "2"
07  2) "2"
08  127.0.0.1:6379> lpush 002 1 1 2 2 1
09  (integer) 5
10  127.0.0.1:6379> lrem 002 2 1
11  (integer) 2
12  127.0.0.1:6379> lrange 002 0 3
13  1) "2"
14  2) "2"
15  3) "1"
16  127.0.0.1:6379> lpush 003 1 1 2 2 1
17  (integer) 5
18  127.0.0.1:6379> lrem 003 -1 1
19  (integer) 1
20  127.0.0.1:6379> lrange 003 0 4
21  1) "1"
22  2) "2"
23  3) "2"
24  4) "1"
```

通过第 1 行的 lpush 命令创建了 key 是 001 的列表，并向其中插入了若干数据。在第 3 行里，通过 lrem 命令删除了 key 是 001 列表里的数据，由于 count 等于 0，因此删除所有值是 1 的数据。运行完成后，通过第 5 行的 lrange 命令可以确认这一删除的结果。

通过第 8 行的 lpush 命令创建了 key 是 002 的列表，同时也插入了若干数据。在第 10 行的 lrem 命令里，count 是 2，element 是 1，这里表示删除从头到尾方向两个值为 1 的数据，随后通过第 12 行的 lrange 命令可以验证删除动作的结果。

通过第 16 行的 lpush 命令创建了 key 是 003 的列表，同样也插入了若干数据，在第 18 行的 lrem 命令里，count 是–1，element 是 1，表示删除从列表尾到头方向值为 1 的 1 个数据，通过第 20 行的 lrange 命令能观察到删除后的数据，由此也能验证删除的动作。

通过上述命令可以删除列表里的一个或多个数据，如果要连带 key 删除整个列表，可以用 del key 命令，比如要删除 key 是 003 的对应列表，则可以用 del 003 命令。

2.5 针对集合的命令

和列表类数据相似，集合（set）类数据也能在同一个 key 下存储一个或多个数据；和列表类数据不同的是，集合里存储的数据不能重复。本节将验证项目里常用的针对集合的命令。

2.5.1 读写集合的命令

可以通过 sadd 命令向指定 key 的集合中添加一个或多个元素，该命令的格式如下：

```
sadd key member [member ...]
```

通过 smembers key 命令可以读取 key 所对应集合里的所有数据。由于集合里无法存储重复数据，因此可以在项目里实现去重的功能。通过如下的范例，大家能掌握基本的读写集合命令的用法。

```
01  127.0.0.1:6379> sadd teamName 'HR' 'Account' 'DataTeam' 'HR'
02  (integer) 3
03  127.0.0.1:6379> smembers teamName
04  1) "Account"
05  2) "DataTeam"
06  3) "HR"
```

在第 1 行里，通过 sadd 命令向 key 为 teamName 的集合里添加多个元素。这里请注意，添加的元素是有重复的，所以第 2 行显示只添加了 3 个元素到集合中。添加完成后，通过第 3 行的 smembers 命令能看到 teamName 集合里的所有数据。从第 4 行到第 6 行的输出里大家能进一步验证“通过集合去重”的做法。

除了具有“去重”的特性外，集合还具有“无序”的特性，比如在第 1 行里添加元素的次序是“HR”“Account”和“DataTeam”，输出却未必是按这个次序，这一点能从第 4 行到第 6 行的输出结果里得到验证。

2.5.2　列表和集合类数据的使用场景

列表存储数据时具有有序性，比如通过 rpush 命令向列表里插入数据时，先插入的数据总是会靠近头部位置，而集合不具有有序性。

列表可以用来按一定的规范存储同一类数据。比如描述员工信息时，可以用（Name,Salary,TeamName）的规范存储同一类的员工数据。针对 001 号员工，在 key 为 001 的列表里，第一个位置存放员工姓名，第二个位置存放员工的工资，第三个位置存放该员工所在的团队；针对其他员工，也可以按这种规范来存储。这样就可以按此规范来读取员工信息了，比如能从列表第二个位置上读到该员工的工资。

用集合存储的数据往往是并列的，比如在之前存储的“团队名称”信息里所有的数据（member）都是团队名称。此外，还能用集合存储“公司名称”和“项目名”等数据。

2.5.3　用 sismember 命令判断元素是否存在

集合具有无序性，“读取指定索引数据”的命令是没有意义的，因为存入集合的次序和输出次序未必相同。如果要判断某个元素是否存在于集合中，可以用 sismember 命令。判断 member 数据是否存在于 key 对应的集合里，该命令的格式如下：

```
sismember key member
```

通过如下的范例，大家可以掌握该命令的用法：

```
01  127.0.0.1:6379> sismember teamName 'HR'
02  (integer) 1
03  127.0.0.1:6379> sismember teamName 'Dev'
04  (integer) 0
05  127.0.0.1:6379> sismember companyName 'HR'
06  (integer) 0
```

如果像第 1 行那样 member 数据存在于 key 对应的集合里，则会返回 1；如果像第 3 行那样不存在，则会返回 0；如果像第 5 行那样 key 对应的集合本身就不存在，则会返回 0。

2.5.4　获取集合的交集、并集和差集

可以通过 sinter 命令获取多个 key 对应集合的交集，该命令的格式如下：

```
sinter key [key ...]
```

可以通过 suion 命令获取多个 key 对应的并集，该命令的格式如下：

```
sunion key [key ...]
```

可以通过 sdiff 命令获取多个 key 对应的差集，该命令的格式如下：

```
sdiff key ey ...]
```

通过如下的范例，大家能掌握上述命令的用法：

```
01  127.0.0.1:6379> sadd Mike Math English Computer
02  (integer) 3
03  127.0.0.1:6379> sadd Tom Computer Math Piano
04  (integer) 3
05  127.0.0.1:6379> sinter Mike Tom
06  1) "Computer"
07  2) "Math"
08  127.0.0.1:6379> sunion Mike Tom
09  1) "Computer"
10  2) "Piano"
11  3) "Math"
12  4) "English"
13  127.0.0.1:6379> sdiff Mike Tom
14  1) "English"
15  127.0.0.1:6379> sdiff Tom Mike
16  1) "Piano"
```

在第 1 行和第 3 行的代码里，通过 sadd 命令添加了 Mike 和 Tom 报名参加的兴趣班。通过第 5 行的 sinter 命令能得到两个人兴趣班的交集，即 Computer 和 Math 是两个人都报的兴趣班。通过第 8 行的 sunion 命令能返回两个人兴趣班的并集。

差集的含义是，存在于集合A但不存在于集合B，在第13行和第15行通过sdiff命令进行差集运算时，由于参数次序不同，因此结果也不同。具体而言，第13行的sdiff命令返回Mike参加但Tom没参加的兴趣班，而第15行的命令则返回Tom参加但Mike没参加的兴趣班。

2.5.5 用 srem 命令删除集合数据

可以通过 srem 命令删除 key 所对应集合里的数据，该命令的格式如下：

```
srem key member [member ...]
```

其中，member 是待删除的数据。通过如下的范例，大家能掌握该命令的用法：

```
01  127.0.0.1:6379> sadd number 1 2 4 8 16
02  (integer) 5
03  127.0.0.1:6379> srem number 1 4 5
04  (integer) 2
05  127.0.0.1:6379> smembers number
06  1) "2"
07  2) "8"
08  3) "16"
09  127.0.0.1:6379> srem nonExist 1
10  (integer) 0
```

```
11  127.0.0.1:6379> lpush list 1
12  (integer) 1
13  127.0.0.1:6379> srem list 1
14  (error) WRONGTYPE Operation against a key holding the wrong kind of value
```

在第 1 行里，通过 sadd 命令向 key 为 number 的集合里插入了若干个数据。在第 3 行里，用 srem 命令删除了 key 为 number 的集合里的 3 个数据，由于 5 不存在于集合中，因此事实上只删掉了两个数据，通过第 5 行的命令能确认这一点。

如果像第 9 行那样想要从不存在的集合里删除数据，就会像第 10 行那样返回 0。如果像第 13 行那样对非集合类型的对象（这里是 list）调用 srem 命令，则会返回如第 14 行所示的错误提示。

如果要删除整个集合对象，则可以用 del key 命令，比如用 del number 命令删除通过第 1 行代码所创建的 key 为 number 的集合。

2.6　针对有序集合的命令

有序集合（sorted set，也叫 zset）同集合（sort）有一定的相似性，其中都不能出现重复数据。在有序集合里，每个数据都会对应一个 score 参数，以此来描述该数据的分数，该分数是排序的基础。这里将给出针对有序集合的常用命令。

2.6.1　读写有序集合的命令

可以通过 zadd 命令向由 key 指向的有序集合里添加元素，该命令的格式如下：

```
zadd key [NX|XX] [CH] [INCR] score member [score member ...]
```

其中，NX 参数表示只有当 key 对应的有序集合不存在时才能添加 member 元素；相反，XX 参数表示当有序集合存在时才能添加元素。可以通过 CH 参数指定该 zadd 命令修改时返回的个数，如果不设置，则默认返回 0。当待插入的 member 不存在时，INCR 参数不会起作用；当 member 存在时，会让 score 加上由 INCR 指定的数值。最关键的参数是 score 和 member。在有序集合里，会用 score 参数描述元素的数值（也叫权重），即描述元素在集合里的重要程度。而且，通过 zadd 命令能同时添加一个或多个 score member 元素对。

通过 zrange 命令能读取 key 里指定 score 区间范围内的数据，其中 start 和 stop 分别表示最低和最高的 score，如果带 WITHSCORES 参数，则会同时展示元素所对应的 score 值。

```
zrange key start stop [WITHSCORES]
```

通过如下的范例，大家能掌握 zadd 和 zrange 命令的用法：

```
01  127.0.0.1:6379> zadd emp 4.0 Mike 2.0 Peter 1.0 Tim 0.5 Johnson
02  (integer) 4
03  127.0.0.1:6379> zrange emp 0 2
04  1) "Johnson"
05  2) "Tim"
06  3) "Peter"
07  127.0.0.1:6379> zrange emp 0 2 WITHSCORES
08  1) "Johnson"
09  2) "0.5"
10  3) "Tim"
11  4) "1"
12  5) "Peter"
13  6) "2"
14  127.0.0.1:6379> zrange emp 1 4 WITHSCORES
15  1) "Tim"
16  2) "1"
17  3) "Peter"
18  4) "2"
19  5) "Mike"
20  6) "4"
```

请大家注意第 1 行的 zadd 命令，其中向 key 是 emp 的有序集合里添加了多个 score 和元素，比如通过 score 参数指定元素 Mike 的分数（权重）是 4.0、元素 Johnson 的分数是 0.5。添加完成后，通过第 3 行的 zrange 命令能读取 emp 指向的有序集合里 score 从 0 到 2 的所有元素。从第 4 行到第 6 行的输出里能看到返回结果是按分数升序排列的。如果在 zrange 命令里加入 WITHSCORES 参数，像第 7 行那样，那么不仅会返回元素，还会返回元素对应的 score 值，如第 8 行到第 13 行所示。同时，如果像第 14 行那样在调用 zrange 命令时改变 score 的范围，就会相应地得到指定 score 范围内的元素，结果如第 15 行到第 20 行所示。

通过 zrange 命令能以升序的顺序返回指定 score 的元素，通过 zrevrange 命令能以降序的方式返回元素，该命令的格式如下：

```
zrevrange key start stop [WITHSCORES]
```

其中，start 和 stop 分别表示起始和终止 score 的值，如果带上 WITHSCORES 参数，同样能在返回元素的同时返回元素所对应的 score 值。

通过如下的范例，大家能看到 zrevrange 命令的效果：

```
01  127.0.0.1:6379> zrevrange emp 0 2 WITHSCORES
02  1) "Mike"
03  2) "4"
04  3) "Peter"
05  4) "2"
06  5) "Tim"
```

```
07  6) "1"
08  127.0.0.1:6379> zrevrange emp 0 2
09  1) "Mike"
10  2) "Peter"
11  3) "Tim"
```

在第 1 行里，通过 zrevrange 命令以降序的方式返回 key 为 emp 的有序集合里 score 为 0 到 2 范围内的元素，而且带有 WITHSCORES 参数，指定返回时显示 score 值，结果如第 2 行到第 7 行所示。如果像第 8 行那样不带 WITHSCORES 参数，则只展示元素，不展示对应的 score 值，结果如第 9 行到第 11 行所示。

2.6.2　通过 zincrby 命令修改元素的分值

在有序集合里，可以通过分数（也叫权重）来衡量元素的重要性。在通过 zadd 添加元素以及对应的分数后，还可以通过 zincrby 命令来更改元素对应的分值，该命令的格式如下：

```
zincrby key increment member
```

通过之前的范例，大家知道 key 为 emp 的有序集合里 Mike 元素对应的分值是 4。通过如下的范例，大家能看到用 zincrby 命令修改对应分值的做法。

```
01  127.0.0.1:6379> zincrby emp -2 Mike
02  "2"
03  127.0.0.1:6379> zrevrange emp 1 2 WITHSCORES
04  1) "Mike"
05  2) "2"
06  3) "Tim"
07  4) "1"
08  127.0.0.1:6379> zincrby emp 3 Mike
09  "5"
```

在第1行里，通过zincrby命令把Mike对应的分值减2。注意，该命令里的increment参数表示的是增加的值，可正可负，而不是修改后的值。执行完该命令后，可以通过第3行的zrevrange命令确认修改后的score结果。

也可以像第 8 行那样用 zincrby 命令给 Mike 对应的 score 加 3。从第 2 行和第 9 行的结果里能看到，zincrby 命令返回的是修改后的 score 数值。

2.6.3　用 zscore 命令获取指定元素的分数

通过 zscore 命令能得到 key 指定的元素的分数，该命令的格式如下：

```
zscore key member
```

其中，member 表示待读取 score 值的元素。通过如下的范例，大家能了解该命令的用法。

```
01  127.0.0.1:6379> zscore emp Mike
02  "5"
03  127.0.0.1:6379> zscore nonExist Mike
04  (nil)
05  127.0.0.1:6379> zscore emp nonExist
06  (nil)
07  127.0.0.1:6379> zscore emp Mike Tom
08  (error) ERR wrong number of arguments for 'zscore' command
```

通过第 1 行的 zscore 命令，能看到 key 为 emp 的有序集合里 Mike 元素的分值，结果如第 2 行所示。如果集合找不到，或者集合里的元素找不到，如第 3 行和第 5 行所示，则 zscore 命令会返回 nil。

注意

通过 zscore 命令只能返回一个元素的 score 数值，如第 7 行那样，在调用 zscore 命令时传入多个元素会看到像第 8 行那样的错误提示信息。

2.6.4 查看有序集合里的元素排名

可以用 zrank 命令获取指定元素 member 在有序集合里的排名，具体命令格式如下：

```
zrank key member
```

可以用 zrevrank 命令获取元素在指定有序集合里的倒序排名（倒数多少名），该命令的格式如下：

```
zrevrank key member
```

通过如下的范例，大家能理解这两个命令的用法。

```
01  127.0.0.1:6379> del number
02  (integer) 1
03  127.0.0.1:6379> zadd number 1 one 2 two 3 three 4 four 5 five
04  (integer) 5
05  127.0.0.1:6379> zrank number two
06  (integer) 1
07  127.0.0.1:6379> zrevrank number two
08  (integer) 3
09  127.0.0.1:6379> zrank number six
10  (nil)
11  127.0.0.1:6379> zrevrank number six
12  (nil)
```

通过第 3 行的命令，创建了 key 为 number 的有序集合，并向其中插入了若干数据。第 5 行的 zrank 命令返回了元素 two 在升序方向上的排名，由于排在第一位的索引号是 0，而 two 元素排在第二位，所以返回值是 1。通过第 7 行的 zrevrank 命令能返回 two 元素在倒序方向上的排名，这里返回的是 3。

在调用 zrank 或 zrevrank 命令时，如果对应的元素不存在，如第 9 行和第 11 行所示，就会像第 10 行和第 12 行那样返回 nil。

2.6.5 删除有序集合里的值

可以通过 zrem 命令删除 key 指向的有序集合里的一个或多个元素，该命令的格式如下：

```
zrem key member [member ...]
```

其中，member 表示待删除的元素。通过如下的范例，大家能了解 zrem 命令的用法。

```
01  127.0.0.1:6379> zrem number three four six
02  (integer) 2
03  127.0.0.1:6379> zrange number 0 10
04  1) "one"
05  2) "two"
06  3) "five"
07  127.0.0.1:6379> zrem nonExist one
08  (integer) 0
```

第 1 行 zrem 命令想要删除 key 为 number 的有序集合里的 three、four 和 six 这三个元素，由于 six 并不存在于集合里，因此只会删除两个已存在的元素。通过第 2 行的输出能确认删除元素的个数。删除后，通过第 3 行的 zrange 命令能确认删除后的结果。如果在 zrem 命令里 key 所指向的有序集合不存在，就像第 7 行那样，那么该命令会返回 nil，如第 8 行所示。

还可以通过 zremrangebyrank 命令删除 key 所指向的有序集合里排名在 start 到 stop 范围的元素，该命令的格式如下：

```
zremrangebyrank key start stop
```

注意，第一个元素的排名为 0。在如下的范例中，将演示该命令的用法。

```
01  127.0.0.1:6379> del number
02  (integer) 1
03  127.0.0.1:6379> zadd number 1 one 2 two 3 three 4 four 5 five
04  (integer) 5
05  127.0.0.1:6379> zremrangebyrank number 1 3
06  (integer) 3
07  127.0.0.1:6379> zrange number 0 5
08  1) "one"
09  2) "five"
```

通过第 3 行的命令创建了 key 为 number 的有序集合，并向其中插入了若干数据。插入完成后，在第 5 行里通过 zremrangebyrank 命令删除了该有序集合排名值从 1 到 3 的元素，由于第一个元素排名为 0，因此事实上删除的是第 2 号到第 4 号元素，通过第 7 行的 zrange 命令能验证这一点。

此外，还可以通过 zremrangebyscore 命令删除 key 指向的有序队列里 score（分值）在 min 到 max 范围内的元素，该命令的格式如下：

```
zremrangebyscore key min max
```

通过如下的范例，大家能理解该命令的用法。

```
01  127.0.0.1:6379> del number
02  (integer) 1
03  127.0.0.1:6379> zadd number 1.0 one 2.0 two 3.0 three 4.0 four 5.0 five
04  (integer) 5
05  127.0.0.1:6379> zremrangebyscore number 0.5 3.5
06  (integer) 3
07  127.0.0.1:6379> zrange number 0 5
08  1) "four"
09  2) "five"
```

在第 3 行创建完 number 有序集合后，在第 5 行里通过 zremrangebyscore 命令删除了该集合里 score 范围从 0.5 到 3.5 的元素，从第 6 行的输出结果里能看到实际删除了 3 个元素。通过第 7 行的 zrange 命令也能确认删除元素后的结果。

2.7 本章小结

在本章里，首先让大家体验了 Redis 作为缓存的用法，即 Redis 如何以键值对的形式缓存项目里的数据。在此基础上，后面分别讲述了针对字符串、哈希、列表、集合与有序集合等数据类型的常用命令，由此让大家进一步掌握通过这些数据类型缓存各类数据的做法。

通过本章的学习，大家不仅能了解 Redis 的各种数据类型，还能掌握针对各种数据类型的常用命令，这将为后继内容的学习打下扎实的基础。

第 3 章 实践 Redis 的常用命令

除了第 2 章介绍的 Redis 基本数据类型命令外，在实际的项目里，还经常会用到键操作命令、lua 脚本操作命令、HyperLog 对象操作命令以及排序命令。这些命令不仅会用在项目运行、维护和部署的场景里，还会用在分析排查和解决问题的场景中。

Redis 的主要使用场景是缓存数据，所以本章并不仅局限于语法，还会结合“缓存”的场景给出基于项目的案例。通过本章的学习，大家还能掌握“lua 脚本”和“HyperLog 数据类型”等知识点以及常见用法。

3.1 键操作命令

Redis 是以键值对的方式来缓存数据的，上一章讲述了以不同数据类型定义“值”的方式，这里将讲解针对“键”操作的相关命令。

3.1.1 用 exists 命令判断键是否存在

通过 exists 命令能判断指定 key 是否存在，该命令的格式如下：

```
exists key
```

如下的范例演示了该命令的用法。

```
01  127.0.0.1:6379> set name 'Peter'
02  OK
03  127.0.0.1:6379> exists name
04  (integer) 1
05  127.0.0.1:6379> exists EmpName
06  (integer) 0
```

由于在第 1 行里通过 set 命令设置了 key 为 name 的值，所以第 3 行的 exists name 命令返回 1，表示该键存在；在第 5 行里，由于 exists 命令对应的键 EmpName 不存在，所以该条命令返回 0。

3.1.2 用 keys 命令查找键

keys 命令可以用通配符或正则表达式来查找指定模式的键，该命令的格式如下：

```
keys pattern
```

其中，pattern 可以用“？”来代替一位字符，用“*”来匹配零个、一个或多个字符，还可以用正则表达式的方式来匹配（模式匹配）。如下的范例演示了 keys 命令的用法。

```
01  127.0.0.1:6379> keys n?me
02  1) "name"
03  127.0.0.1:6379> keys 0*
04  1) "009"
05  2) "008"
06  3) "003"
07  127.0.0.1:6379> keys name
08  1) "name"
```

在第 1 行的 keys 命令里用“？”通配符来替代一位字符；在第 3 行里用到了“*”通配符，所以返回了以 0 开头的所有键；在第 7 行里没有用模糊查询，而是直接查找 name 这个键是否存在。

在大多数场景里，一般会像第 7 行那样进行直接查询，在用通配符或正则表达式进行模糊查询时，事先需要确保返回键的数量不多，这样才有查找的意义。keys *命令虽然可以返回所有的键，但是在项目里键的数量一般会很多，全部返回没有意义，所以一般不怎么使用。

3.1.3 用 scan 命令查找键

除了 keys 命令外，还可以通过 scan 命令来查找键。该命令的常用格式如下：

```
scan cursor [MATCH pattern] [COUNT count]
```

scan 命令里包含一个记录迭代位置的游标（cursor），每次执行 scan 命令时，除了会返回查找到的键以外，还会返回一个记录迭代位置的游标数值，如果返回的迭代位置数值是 0，则表示已经返回全部的键。scan 命令的基本用法如下：

```
01  127.0.0.1:6379> scan 0
02  1) "0"
03  2) 1) "empID"
04     2) "name"
05     3) "ID"
```

```
06    4) "age"
07    5) "salary"
```

第 1 行的 scan 命令表示从 0 号游标开始查找键，其中表示返回键数量的 COUNT 值默认是 10，也就是说该命令将从头开始返回 10 个键的名称。

从第 2 行到第 7 行的输出里能看到返回值。该命令返回的是一个数组，其中第 2 行的数组元素表示用于记录下次迭代位置的游标数值，这里是 0，表示已经返回所有键的名称。第 3 行到第 7 行则输出了所有键的名称。

通过 set 命令再添加一些键，让键的数量大于 10，随后可以通过如下命令观察返回游标的数值。

```
01  127.0.0.1:6379> scan 0 MATCH * COUNT 5
02  1) "5"
03  2) 1) "empID"
04     2) "val3"
05     3) "name"
06     4) "val1"
07     5) "ID"
```

在第 1 行的 scan 命令里依然是从 0 号游标开始查找（从头开始），这里用 MATCH *表示查找所有类型的键，用 COUNT 表示返回的数量。

由于当前键的数量大于 5 个，因此第 2 行表示下次迭代的游标数值是 5，第 3 行到第 7 行则返回了 5 个键的名称。由此大家可以看到“部分查找”的效果。

上述 keys 命令以阻塞的方式来查找并返回键，这样当待查找键的数量很多时耗时会比较长，而在这段时间里 Redis 是单线程的，因此无法执行其他命令，严重的话还会导致系统卡顿。

和 keys 命令相比，scan 命令是以非阻塞的方式查找并返回键，也就是说，在大多数场景下 scan 能替代 keys 命令。如果待查找的键个数比较少，那么用 keys 命令尚可，否则建议使用 scan 命令。

3.1.4　重命名键

通过 rename 和 renamenx 两个命令可以重命名键，它们的格式如下：

```
rename key newkey
renamenx key newkey
```

其中，key 表示旧的键名，newkey 表示新的键名。对于这两个命令，如果旧键名 key 不存在，就会返回错误。对于 rename 命令，如果命名后的 newkey 键名已经存在，那么会覆盖旧值。对于 renamenx 命令，如果 newkey 键名已经存在，那么会返回 0，不执行修改命令。如下的范例将演示这两个命令的用法。

```
01  127.0.0.1:6379> rename visitPerson VIPPerson
02  OK
```

```
03  127.0.0.1:6379> exists visitPerson
04  (integer) 0
05  127.0.0.1:6379> get VIPPerson
06  "Peter"
07  127.0.0.1:6379> renamenx name VIPPerson
08  (integer) 0
09  127.0.0.1:6379> renamenx errorName name
10  (error) ERR no such key
11  127.0.0.1:6379> rename errorName name
12  (error) ERR no such key
```

在第 1 行里，通过 rename 命令把键名 visitPerson 修改成 VIPPerson，通过第 2 行的输出可以确认重命名成功。重命名后通过第 3 行的 exists 命令可以发现 visitPerson 这个键名已经不存在，而且在第 5 行的 get 命令里能用新的键名 VIPPerson 获取值。

在第 7 行的 renamenx 命令里，由于新的键名 VIPPerson 已经存在，因此不会修改成功，从第 8 行的返回结果里能确认这一点。在第 9 行和第 11 行分别调用 renamenx 和 rename 命令时，由于旧键名不存在，因此会返回如第 10 行和第 12 行所示的错误信息。

3.1.5 用 del 命令删除键

用 del 命令删除键后，该键所对应的值也会一并删除，该命令的格式如下：

```
del key [key ...]
```

通过 del 命令，可以同时删除多个键。如下的范例将演示该命令的用法。

```
01  127.0.0.1:6379> del 002 003 004
02  (integer) 3
03  127.0.0.1:6379> del 002 007
04  (integer) 1
05  127.0.0.1:6379> del 008
06  (integer) 1
07  127.0.0.1:6379> del errorKey
08  (integer) 0
```

在第 1 行里，通过 del 同时删除多个键，从第 2 行的返回值里能看到 3 个键都被删除了。在第 3 行的 del 命令里真实存在的键只有 1 个，所以该条命令只会删除存在的 1 个键，从第 4 行的返回结果里能确认这一点。

第 5 行的 del 命令的返回结果是 1，表示成功删除一个键；第 7 行的命令返回 0，表示无法删除 errorKey 这个不存在的键。

在实际项目里，虽然能用 del 同时删除多个键，但是为了防止误删，尽量每次仅删除一个键，或者在确认的情况下每次删除少量键。

3.1.6　关于键生存时间的命令

如果设置了键的生存时间，那么到时间后这个键就会被删除，通过 pttl 和 ttl 命令能查看指定键的生存时间，它们的命令格式如下：

```
pttl key
ttl key
```

其中，pttl 以毫秒为单位返回该 key 的生存时间，ttl 以秒为单位返回该 key 的生存时间。如果对应的 key 不存在，则这两个命令都返回–2；如果 key 存在，但没有设置生存时间（一直生存），那么这两条命令返回–1。通过如下的范例，大家可以掌握这两条命令的用法。

```
01  127.0.0.1:6379> set val 100 ex 300
02  OK
03  127.0.0.1:6379> pttl val
04  (integer) 297352
05  127.0.0.1:6379> ttl val
06  (integer) 291
07  127.0.0.1:6379> pttl nonExist
08  (integer) -2
09  127.0.0.1:6379> ttl name
10  (integer) -1
```

在第 1 行的 set 命令里，通过 ex 参数设置了 val 键的生存时间是 300 秒。随后通过第 3 行的 pttl 命令查看该键的生存时间时，由于已经过了一些时间，因此当时看到的生存时间是 297352 毫秒。第 5 行的 ttl 命令返回结果的单位是秒，如第 6 行所示。

在第 8 行里，由于 nonExist 这个键不存在，所以返回的是–2；第 9 行的 name 键虽然存在，但是没有设置生存时间，所以返回的是–1。

通过 expire 和 pexpire 命令，可以设置键的生存时间。其中，expire 命令设置的时间单位是秒，pexpire 设置的时间单位是毫秒。这两个命令的格式如下：

```
expire key seconds
pexpire key milliseconds
```

通过如下的范例，大家能掌握这两个命令的用法。

```
01  127.0.0.1:6379> expire name 200
02  (integer) 1
03  127.0.0.1:6379> ttl name
04  (integer) 196
05  127.0.0.1:6379> pexpire name 300000
06  (integer) 1
07  127.0.0.1:6379> ttl name
08  (integer) 297
```

通过第 1 行的 expire 命令能设置 name 键的生存时间为 200 秒，设置后通过第 3 行的 ttl 命令能看到效果。通过第 5 行的 pexpire 命令能以毫秒为单位设置键的生存时间，如果该键的生存时间已经存在，就会用新值覆盖。设置后，通过第 7 行的 ttl 命令能看到设置好的效果。

通过 persist 命令，能删除键的生存时间，之后该键永不过期。该命令的格式如下：

```
persist key
```

通过如下的范例，大家能理解该命令的用法。

```
01  127.0.0.1:6379> set name 'Peter' ex 200
02  OK
03  127.0.0.1:6379> persist name
04  (integer) 1
05  127.0.0.1:6379> ttl name
06  (integer) -1
```

在第 1 行里，设置了 key 为 name 的生存时间是 200 秒；在第 3 行里，通过 persist 命令删除了这个 key 的生存时间，这样 name 就变成“永不过期”，通过第 5 行的 ttl 命令能确认这一点。

3.2 HyperLogLog 相关命令

先通过统计网站访问量的场景来理解基数的概念。例如，在 10 分钟内，user1 点击了 3 次某网站的页面，user2 点击了 4 次，user3 点击了 2 次，user4 点击了 5 次。虽然有多次点击事件，但是访问者的基数是 4，也就是说基数集合里不包含重复的元素。

通过 Redis 的 HyperLogLog 对象能高效地统计基数。在其他统计基数的场景里，元素的数量和内存的消耗量是成正比的，但在 Redis 里每个 HyperLogLog 对象大概只需要用 12KB 的内存就能计算 2^{64} 个元素的基数。

3.2.1 用 pfadd 添加键值对

通过 pfadd 命令，能把键值对添加到 HyperLogLog 对象中，添加后即可进行基数统计。该命令的格式如下：

```
pfadd key element [element ...]
```

利用 HyperLogLog 命令可以在一个键上同时添加多个值。通过如下的范例，大家能看到该命令的相关用法。

```
01  127.0.0.1:6379> pfadd Peter Math Computer Piano
02  (integer) 1
03  127.0.0.1:6379> pfcount Peter
04  (integer) 3
```

```
05  127.0.0.1:6379> pfadd Mary Math Piano Math
06  (integer) 1
07  127.0.0.1:6379> pfcount Mary
08  (integer) 2
```

通过第 1 行和第 5 行的 pfadd 命令，可以把 Peter 和 Mary 上培训班的数据添加到 HyperLoglog 对象中，随后就可以用第 3 行和第 7 行的 pfcount 命令来统计相关基数的个数。

由于 Peter 报的培训班数据没有重复，因此第 3 行用来统计基数的 pfcount 命令返回的结果是 3，而 Mary 报的培训班里 Math 是重复的，所以第 7 行统计基数的 pfcount 命令返回的结果是 2。

HyperLogLog 其实是 Redis 里用来统计基数的一个对象，用 pfadd 命令能向其中添加键值对，并可在此基础上用 pfcount 命令统计某个键的基数值。

3.2.2　用 pfcount 统计基数值

用 pfcount 可以查看一个或多个键的基数，该命令的格式如下：

```
pfcount key [key ...]
```

如果对应的 key 不存在，则返回 0。通过如下的范例，大家能理解这个命令的用法。

```
01  127.0.0.1:6379> pfadd set1 1 2 3
02  (integer) 1
03  127.0.0.1:6379> pfadd set2 2 4 5
04  (integer) 1
05  127.0.0.1:6379> pfcount set1 set2
06  (integer) 5
07  127.0.0.1:6379> pfcount ErrorKey
08  (integer) 0
```

通过第 1 行和第 3 行的 pfadd 命令向 HyperLogLog 对象里添加了 set1 和 set2 这两个键，之前已经演示过针对单个键调用 pfcount 命令的做法，在第 5 行的 pfcount 命令里有 2 个键，所以返回 set1 和 set2 里的基数值，即统计这两个键对应的值里有多少个不重复的数据，结果是 5，这和真实数据的情况是相匹配的。

在第 7 行的 pfcount 命令里，对应的键 ErrorKey 不存在，所以返回结果是 0。这里需要说明的是，该命令返回的是对应基数的近似值，也就是说，当基数量很大时统计结果未必是精确值。

3.2.3　用 pfmerge 进行合并操作

通过 pfmerge 命令，能把多个 HyperLogLog 合并成一个，该命令的格式如下：

```
pfmerge destkey sourcekey [sourcekey ...]
```

其中，sourcekey 是待合并的对象，可以是一个或多个；destkey 是合并后 HyperLogLog 的键，如果合并前 destkey 不存在，则会新建一个。通过如下的范例，大家能理解该命令的用法。

```
01  127.0.0.1:6379> pfmerge setTotal set1 set2
02  OK
03  127.0.0.1:6379> pfcount setTotal
04  (integer) 5
```

通过第 1 行的 pfmerge 命令把 3.2.2 节所创建的 set1 和 set2 对象合并为 setTotal，合并后通过第 3 行的 pfcount 命令统计其中的基数值时会输出 5，这和真实数据的情况完全匹配。

3.2.4 统计网站访问总人数

在网站分析方面有两个统计指标：第一个是统计总访问量，第二个是统计访问人数。统计总访问量比较好办，每来一次访问加 1 即可，而在统计访问人数时需要去除重复，比如某人在某天内访问了 100 次，但在统计访问人数时只能算作一次。通过如下的 pfadd 和 pfcount 命令，大家可以掌握用 HyperLogLog 统计访问人数的做法。

```
01  127.0.0.1:6379> pfadd webSite1 u1 u1 u2 u3 u1 u4 u2
02  (integer) 1
03  127.0.0.1:6379> pfcount webSite1
04  (integer) 4
05  127.0.0.1:6379> pfadd webSite2 u1 u2 u3 u4 u5 u4 u3 u2
06  (integer) 1
07  127.0.0.1:6379> pfcount webSite2
08  (integer) 5
09  127.0.0.1:6379>
```

在第 1 行和第 5 行里，分别用 pfadd 命令向 webSite1 和 webSite2 这两个键加入了访问用户列表。注意，多个用户名之间是用空格符来分隔的，如果用逗号来分隔，就会把这些用户统计成 1 个。

虽然在第 1 行和第 5 行里通过 pfadd 命令加入的用户名有重复，但是在第 3 行和第 7 行用 pfcount 统计数量时会去重，统计出不包含重复访问用户名的个数。在实际项目里，可能访问列表会很长，用 HyperLogLog 统计的性能比较快，另外还能用较小的存储空间代价来完成统计访问总人数的工作。

3.3 lua 脚本相关命令

lua 是一种比较轻量的脚本语言，可以嵌入应用程序中，能以较小的代价定制功能。在 Redis 里，也可以通过使用 lua 脚本来实现特定的效果。

lua 脚本是一个和 Redis 独立的技术，不仅能用在 Redis 里，还能用在其他场景中。本节不会详细讲述它的语法，而会通过范例给出在 Redis 里使用 lua 脚本的相关命令。

3.3.1　把 lua 脚本装载到缓存里

可以通过 script load script 命令把 lua 脚本装载到缓存里，但此时不会执行该脚本，该命令返回的是给定脚本的 SHA1 校验和。通过如下的范例，大家可以理解这个命令的用法。

```
01  127.0.0.1:6379> script load 'return 1+2'
02  "e13c398af9f2658ef7050acf3b266f87cfc2f6ab"
```

通过第 1 行的 script load 命令，可以把'return 1+2'这段脚本装载到缓存里，从第 2 行的输出里能看到该脚本的校验和。随后可以通过 script exists 命令来判断指定校验和的脚本是否存在于缓存中，该命令的用法如下：

```
01  127.0.0.1:6379> script exists "e13c398af9f2658ef7050acf3b266f87cfc2f6ab"
02  1) (integer) 1
```

由于第 1 行的 exists 参数是之前创建脚本的 sha1 校验和，因此能找到该脚本，通过第 2 行的输出可以确认这一点。注意，大家在自己的计算机上运行 script load 'return 1+2'命令时未必会得到和本书相同的校验和，所以在调用 script exists 命令时应该传入自己计算机上的校验和，否则会找不到该脚本。

3.3.2　通过 evalsha 命令执行缓存中的脚本

可以通过 evalsha 命令来执行缓存中的脚本，该命令的格式如下：

```
evalsha sha1 numkeys key [key ...] arg [arg ...]
```

其中，sha1 是缓存中脚本的 sha1 校验和，numkeys 是参数的个数，通过 key 参数能指定脚本中用到的键，通过 arg 可以指定脚本的参数。由于之前创建的脚本仅包含了 return 语句，参数个数是 0，因此可以通过如下命令来执行该脚本。

```
01  127.0.0.1:6379> evalsha e13c398af9f2658ef7050acf3b266f87cfc2f6ab 0
02  (integer) 3
```

第 1 行 evalsha 命令的参数是之前装入缓存的 lua 脚本的 sha1 校验和，由于该脚本不带参数，所以 numkeys 参数值是 0，从第 2 行里能看到该脚本返回的结果。

3.3.3　清空缓存中 lua 脚本的命令

可以通过 script flush 命令来清空缓存中所有的 lua 脚本。通过如下的范例，大家能看到该命令的用法。

```
01  127.0.0.1:6379> script exists "e13c398af9f2658ef7050acf3b266f87cfc2f6ab"
02  1) (integer) 1
03  127.0.0.1:6379> script flush
```

```
04  OK
05  127.0.0.1:6379> script exists "e13c398af9f2658ef7050acf3b266f87cfc2f6ab"
06  1) (integer) 0
```

通过第 1 行的 script exists 命令，能看到指定校验和的 lua 脚本存在于缓存中，当通过第 3 行的 script flush 命令清空缓存后，再通过第 5 行的 script exists 命令查看脚本，就会发现脚本已经被清空，由此大家能理解 script flush 命令的作用。

3.3.4 用 eval 命令执行 lua 脚本

在之前的范例中，是把 lua 脚本装载到缓存中并执行。在实际的项目里，还可以通过 eval 命令来直接运行脚本，该命令的格式如下：

```
eval script numkeys key [key ...] arg [arg ...]
```

其中，numkeys 表示参数的个数，key 参数指定脚本中用到的键，arg 指定脚本的参数。通过如下的范例，大家能理解 eval 命令的用法。

```
01  127.0.0.1:6379> eval "return {KEYS[1],ARGV[1]}" 1 name 'Peter'
02  1) "name"
03  2) "Peter"
```

在第 1 行里，通过 eval 命令运行了双引号里的 lua 脚本，eval 命令的参数 1 表示有 1 个参数，name 和'Peter'分别对应于脚本里的 KEYS[1]和 ARGV[1]。由于本脚本是通过 return 语句返回 KEYS[1]和 ARGV[1]的，因此在第 2 行和第 3 行里能看到打印对应的值。

当某个脚本出现死循环或者出于其他原因需要终止当前正在运行的脚本时，可以使用 script kill 命令，如果当前并没有脚本在运行，那么执行该命令会看到如下第 2 行所示的输出结果。

```
01  127.0.0.1:6379> script kill
02  (error) NOTBUSY No scripts in execution right now.
```

3.4 排序相关命令

排序是数据库必备的命令，在 Redis 这种 NoSQL 数据库里可以通过本节给出的命令对列表、集合与有序集合等格式的数据进行升序或降序的排列操作。

3.4.1 用 sort 命令进行排序

在 sort 命令里，可以通过 asc 参数进行升序排列操作，通过 desc 参数进行降序排列操作。在如下的范例中，将演示用 sort 对列表进行升序排列的操作。

```
01  127.0.0.1:6379> lpush salary 10000 15000 13500 12000
02  (integer) 4
03  127.0.0.1:6379> sort salary asc
04  1) "10000"
05  2) "12000"
06  3) "13500"
07  4) "15000"
08  127.0.0.1:6379> lrange salary 0 -1
09  1) "12000"
10  2) "13500"
11  3) "15000"
12  4) "10000"
```

在第 1 行里，通过 lpush 命令向键是 salary 的列表（list）里插入了若干数据，随后通过第 3 行的 sort 命令对 salary 对象进行了升序排列，从第 4 行到第 7 行的输出里能看到排序后的结果。排序命令不会对列表本身的数据产生影响，如果通过第 8 行的 lrange 命令查看 salary 列表里所有索引的元素，就会发现其中元素的次序依然是插入时的次序，而不是排序后的顺序。

在如下的范例中，将演示通过 sort 命令对集合元素进行降序操作的做法。

```
01  127.0.0.1:6379> sadd name 'Peter' 'Tom' 'Mary'
02  (integer) 3
03  127.0.0.1:6379> sort name desc
04  (error) ERR One or more scores can't be converted into double
05  127.0.0.1:6379> sort name desc alpha
06  1) "Tom"
07  2) "Peter"
08  3) "Mary"
```

在第 1 行里，首先通过 sadd 命令向键为 name 的这个集合里插入若干字符类型的元素。由于这里排序的对象不是数值型元素，因此如果还是简单地用第 3 行的 sort 命令就会出现如第 4 行所示的错误提示信息。

如果要对字符串类型的元素排序，需要像第 5 行那样加上 alpha 参数，同时这里还通过 desc 参数指定以“降序”方式排序，排序后的结果如第 6 行到第 8 行所示。

在有序集合里，同时包含了元素本身和描述元素权重的 score，而 sort 命令只会针对元素值进行排序。在如下的范例中，演示了用 sort 命令对有序集合进行排序的做法。

```
01  127.0.0.1:6379> zadd nameSet 4.0 Mike 2.0 Peter 1.0 Tim 0.5 Johnson
02  (integer) 4
03  127.0.0.1:6379> sort nameSet asc alpha
04  1) "Johnson"
05  2) "Mike"
06  3) "Peter"
07  4) "Tim"
```

```
08  127.0.0.1:6379> sort nameSet desc alpha
09  1) "Tim"
10  2) "Peter"
11  3) "Mike"
12  4) "Johnson"
```

在第 1 行里，通过 zadd 命令向键为 nameSet 的有序集合里添加了若干元素以及对应的分数，由于元素是字符串类型，因此在第 3 行和第 8 行进行升序和降序排列时需要加上 alpha 参数，否则会出现错误提示。在第 4 行到第 7 行里给出升序排列后的结果，而在第 9 行到第 12 行里给出了降序排列后的结果。

3.4.2 用 by 参数指定排序模式

在之前 sort 相关的范例中，有的是以数值的方式排序的，如果加上 alpha 参数，则可以通过字母顺序进行排序，此外还可以通过 by 参数设置排序的模式。

比如用 lpush 命令向 vipLevel 的列表里插入若干以 VIP 开头的数据后，如果想按 VIP 后面跟着的数字排序，则可以用 by 参数来指定排序模式。

```
01  127.0.0.1:6379> lpush vipLevel VIP1 VIP3 VIP2
02  (integer) 3
03  127.0.0.1:6379> sort vipLevel by VIP*
04  1) "VIP1"
05  2) "VIP2"
06  3) "VIP3"
```

针对通过第 1 行命令插入的若干数据，在第 3 行的 sort 命令里用 by VIP*的方式指定了针对 VIP 后面跟着的数字进行排序。这里是对数字进行排序，所以无须使用 alpha 参数。

3.4.3 用 limit 参数返回部分排序结果

在之前的排序操作里，返回的是排好序的所有元素。在一些场景里，无须返回所有的排序结果，而只需返回部分排好序的元素，此时就可以用 limit 参数。该参数的语法如下所示，其中 offset 表示需要跳过的已排序元素的个数，而 count 表示需要返回元素的个数。

```
[LIMIT offset count]
```

通过如下的范例，大家可以理解 limit 参数的用法。

```
01  127.0.0.1:6379> rpush number 1 3 2 4 6 5 8 7
02  (integer) 8
03  127.0.0.1:6379> sort number limit 0 3 asc
04  1) "1"
05  2) "2"
06  3) "3"
```

```
07  127.0.0.1:6379> sort number limit 4 2 asc
08  1) "5"
09  2) "6"
```

在第1行里，通过rpush命令向键为number的列表里插入了若干数字。在第3行sort命令的limit参数里，offset值是0，count值是3，表示在排序好的结果里跳过0个元素后返回3个元素，结果如第4行到第6行所示。

在第7行的limit参数里，offset是4，count是2，表示在升序排序的结果里跳过4个元素，即从元素5开始返回2个元素，该命令的结果如第8行到第9行所示。

3.4.4　sort命令里get参数的用法

通过sort命令里的get参数可以用排序的结果作为键，再去获取对应的值。通过如下的范例，大家能形象地看到get参数的用法。

```
01  127.0.0.1:6379> lpush score 100 80 90 85
02  (integer) 4
03  127.0.0.1:6379> set 100 Peter-100
04  OK
05  127.0.0.1:6379> set 80 Mary-80
06  OK
07  127.0.0.1:6379> set 90 Tim-90
08  OK
09  127.0.0.1:6379> set 85 John-85
10  OK
11  127.0.0.1:6379> sort score  get *
12  1) "Mary-80"
13  2) "John-85"
14  3) "Tim-90"
15  4) "Peter-100"
```

在第1行里，通过lpush命令向score这个表示分数的列表里添加了4条数据。在第3行到第9行里，分别用score这个list里的4个分数作为键，创建了4条键值对数据。

请大家注意第11行的sort命令，其中包含了get参数。如果这里不包含get *，就会直接对100、80、90和85这四个值进行排序；加上get *后，则表示用全匹配模式，即用100、80、90和85四个值作为键去找对应的值，比如第3行设置了100对应的值（Peter-100），找到后对值进行排序。

不带get *的结果应该是80、85、90和100；包含get *以后，结果如第12行到第15行所示（其中，Mary-80是80所对应的值，以此类推）。也就是说，如果在sort方法里加入get参数，就会把原本作为排序结果的值当作键，用这些键再去获取值，最终展示这些值的排序结果。在上述范例中，get后面包含的是*；在如下的范例中，还能加上其他的模糊匹配模式。

```
01  127.0.0.1:6379> lpush score 100 80 90 85
02  (integer) 4
03  127.0.0.1:6379> set 100_name Peter-100
04  OK
05  127.0.0.1:6379> set 80_name Mary-80
06  OK
07  127.0.0.1:6379> set 90_name Tim-90
08  OK
09  127.0.0.1:6379> set 85_name John-85
10  OK
11  127.0.0.1:6379> sort score  get *_name
12  1) "Mary-80"
13  2) "John-85"
14  3) "Tim-90"
15  4) "Peter-100"
```

在第 1 行里，用 lpush 命令向 score 这个 list 里添加了 4 个分数，如果之前已经添加过，这句话可以不运行。在第 3 行到第 9 行里，以“分数_name”这样的模式来作为键，比如第 3 行里分数是 100。对应地，在第 11 行里，get 后面的模式就变成了*_name，其中*表示 100 等分数，这里用*_name 作为键再去获取值。

这里先对分数进行排序，结果是 80、85、90 和 100，然后用 80_name 等结果作为键去获取对应的值，比如 80_name 对应的值是 Mary-80，最终结果如第 12 行到第 15 行所示。

3.4.5 通过 store 参数提升性能

对于给定的数据对象，如果经常需要用相对固定的模式进行排序，就可以用 store 参数来缓存结果，这样每次做相同的排序动作时就不需要耗费资源从头做起了，可以从缓存中直接得到结果。在如下的范例中，大家能看到 store 参数的用法。

```
01  127.0.0.1:6379> sort score desc store score-desc
02  (integer) 4
03  127.0.0.1:6379> lrange score-desc 0 -1
04  1) "100"
05  2) "90"
06  3) "85"
07  4) "80"
08  127.0.0.1:6379>
```

在第 1 行里用 sort 命令对 score 进行降序排列，同时还用 store 参数把排序的结果保存到 score-desc 里，通过第 3 行的命令能看到缓存结果 score-desc 对象中的数据。

这里数据比较少，缓存的意义可能不明显，如果待排序的数据很多，比如十万级以上，而且会频繁用到排序后的结果，那么用 store 缓存结果后就能在很大程度上提升系统的性能。

3.5 本章小结

本章首先讲述了针对键的相关命令，从中大家能掌握判断键是否存在、查找键、重命名键和删除键等的相关操作，其次讲述了用 HyperLogLog 进行基数统计的相关做法，随后讲述了针对 lua 脚本的相关操作，最后给出了针对键值对进行排序的相关做法。

在项目实践过程中会大量用到本章给出的相关操作命令，比如在分析问题时能用到针对键的相关命令，在统计流量等场景中可以用到基于 HyperLogLog 的相关命令，在数据分析场景中能用到排序等相关命令。也就是说，通过本章的学习，大家不仅能掌握相关命令的语法，更能了解通过这些命令分析和解决实际问题的相关技巧。

第 4 章

实践 Redis 服务器和客户端的操作

在运行之前章节给出的 set 等命令前，需要先调用 redis-cli 命令，让 Redis 客户端连接到 Redis 服务器。也就是说，Redis 命令的大致运行流程是，由客户端向服务器发起命令，在服务器运行该命令，得到结果后再把结果返回给客户端。

在实际项目的场景里，一方面可能会通过各种命令观察服务器的配置和运行状态，以此排查和分析实际的问题，另一方面还有可能通过修改各种配置来实现调优的效果。此外，客户端和服务器的对应关系更有可能是一对多的，即多个客户端同时连到一台服务器上。在本章里，将围绕上述实践要点给出 Redis 服务器和客户端的常用命令以及实践技能。

4.1 Redis 服务器管理客户端的命令

通过 redis-cli 命令连接到 Redis 服务器以后，可以通过本节给出的命令来管理该连接对应的客户端，具体包括获取并设置客户端的名字、获取客户端的信息、暂停执行客户端的命令以及关闭该客户端的连接。

4.1.1 获取和设置客户端的名字

可以通过 client getname 命令来获取客户端的名字，也可以通过 client setname 命令来设置客户端的名字。通过如下的范例，大家能理解这两个命令的用法。

```
01  root@d17f57dbef82:/data# redis-cli
02  127.0.0.1:6379> client getname
03  (nil)
04  127.0.0.1:6379> client setname myName
05  OK
```

```
06  127.0.0.1:6379> client getname
07  "myName"
```

在第 1 行里，通过 redis-cli 命令连接到了 Redis 服务器，随后通过第 2 行的 client getname 命令来获取当前客户端的名字，由于没有设置，因此第 3 行的输出为空。通过第 4 行的 client setname 命令设置客户端的名字为 myName 后，通过第 6 行 client getname 命令可以看到修改后的客户端的名字。

4.1.2　通过 client list 命令查看客户端的信息

通过 client list 命令能看到当前所有连接到服务器的客户端信息，如下的范例演示了该命令的用法。

```
01  127.0.0.1:6379> client list
02  id=5 addr=127.0.0.1:52914 fd=8 name=myName age=384 idle=0 flags=N db=0
    sub=0 psub=0 multi=-1 qbuf=26 qbuf-free=32742 obl=0 oll=0 omem=0 events=r
    cmd=client user=default
```

第 1 行 client list 命令的返回结果如第 2 行所示，下面来讲一下项目里需要关注的属性的含义。

- id表示客户端的编号。
- addr表示客户端的地址。
- age表示客户端的连接时长，单位是秒。
- idle表示客户端的空闲时常，单位是秒。
- db表示客户端用到的服务器的数据库索引号，默认每个Redis服务器有16个数据库，而且默认会使用0号数据库。
- cmd表示客户端最近执行的命令。
- user表示登录服务器用到的用户名。

这里只连接了一个客户端，如果有多个客户端连接，那么该命令能以多行的形式返回所有的客户端信息。

4.1.3　通过 client pause 命令暂停客户端的命令

如果当前 Redis 服务器负载过大，就可以通过 client pause 命令暂停执行来自客户端的命令，该命令的格式如下：

```
client pause timeout
```

其中，timeout 参数表示暂时的时间，单位是毫秒。通过如下的范例，大家能理解该命令的用法。

```
01  root@d17f57dbef82:/data# redis-cli
02  127.0.0.1:6379> client pause 10000
```

```
03  OK
04  127.0.0.1:6379> set name Peter
05  OK
06  (4.51s)
```

在第 1 行通过 redis-cli 命令连接到 Redis 服务器，在第 2 行里通过 client pause 命令让服务器暂停执行来自客户端的命令 10 秒。

在第 4 行中，客户端发起 set 命令，但不会立即执行，而是等到暂停时间到了以后才继续执行。该命令执行后，第 5 行表示执行的结果，在第 6 行输出该命令暂停的时间。

4.1.4 通过 client kill 命令中断客户端连接

client kill 命令的格式如下：

```
client kill [ip:port]
```

可以通过 ip:port 的方式指定待中断的连接。通过如下的范例，大家能理解该命令的用法。

```
01  127.0.0.1:6379> client list
02  id=5 addr=127.0.0.1:52914 fd=8 name=myName age=2921 idle=1760 flags=N db=0
    sub=0 psub=0 multi=-1 qbuf=0 qbuf-free=0 obl=0 oll=0 omem=0 events=r cmd=set
    user=default
03  id=6 addr=127.0.0.1:52916 fd=9 name= age=1825 idle=0 flags=N db=0 sub=0
    psub=0 multi=-1 qbuf=26 qbuf-free=32742 obl=0 oll=0 omem=0 events=r
    cmd=client user=default
04  127.0.0.1:6379> client kill 127.0.0.1:52914
05  OK
06  127.0.0.1:6379> client list
07  id=6 addr=127.0.0.1:52916 fd=9 name= age=1889 idle=0 flags=N db=0 sub=0
    psub=0 multi=-1 qbuf=26 qbuf-free=32742 obl=0 oll=0 omem=0 events=r
    cmd=client user=default
```

通过运行第 1 行的 client list 命令，大家能看到连接到 Redis 服务器的两个客户端，IP 地址分别是如第 2 行所示的 127.0.0.1:52914 和第 3 行所示的 127.0.0.1:52916。通过第 4 行的 client kill 命令能中断指定 IP 地址的客户端连接，该命令运行后再运行第 6 行的 client list 命令，从第 7 行的结果里能看到只剩下了一个客户端连接，另一个被终止。

注 意

这个命令是中断客户端的连接，而不是中断服务器本身的服务，如果在项目里因各种故障导致无法用客户端连接到 Redis 服务器，就可能要直接用 kill 命令终止服务器所在的进程。

4.1.5 通过 shutdown 命令关闭服务器和客户端

shutdown 命令会终止服务器上的所有客户端连接，并终止服务器。下面给出该命令的运行效果。

```
01  root@d17f57dbef82:/data# redis-cli
02  127.0.0.1:6379> shutdown
03  c:\work>
```

从第 3 行的输出来看，在第 2 行运行 shutdown 命令后是直接退出 Docker 的。也就是说，通过 shutdown 命令，不仅能断开所有的客户端连接，还能终止服务器的运行。

4.2　查看 Redis 服务器的详细信息

通过本节给出的 info 等命令，大家不仅能查看服务器的详细信息，还能观察到服务器所包含命令的详细信息。遇到问题时，可以先用 info 命令查看客户端、CPU 和内存等的相关数据，这样或许能看到一些问题的线索。

4.2.1　通过 info 命令查看服务器信息

通过 info 命令能查看当前服务器的相关信息，该命令的返回结果比较多，这里只给出描述 Server 信息部分的返回信息。大家在自己机器上运行后就能看到所有的返回。

```
01  127.0.0.1:6379> info
02  # Server
03  redis_version:6.0.1
04  redis_git_sha1:00000000
05  redis_git_dirty:0
06  redis_build_id:4935af324665042b
07  redis_mode:standalone
08  os:Linux 4.19.76-linuxkit x86_64
09  arch_bits:64
```

除了 Server 部分的信息外，该命令还能返回如下部分的信息。

- Clients部分包含了已连接的客户端的信息。
- Memory部分包含了描述Redis服务器内存的相关信息。
- Persistence部分包含了持久化相关的信息。
- Stats部分包含了和服务器相关的统计信息，比如执行了多少条命令。
- Replication部分包含了和数据库主从复制相关的信息。
- CPU部分包含了Redis服务器所在机器CPU的相关信息。
- Cluster部分包含了和Redis集群相关的信息。
- Keyspace部分包含了和Redis数据库相关的统计信息，比如键的数量和超时时间等。

4.2.2 查看客户端连接状况

在 info 后面加上 Clients 参数就能看到客户端的连接状况，相关命令如下所示。

```
01  127.0.0.1:6379> info Clients
02  # Clients
03  connected_clients:1
04  client_recent_max_input_buffer:2
05  client_recent_max_output_buffer:0
06  blocked_clients:0
07  tracking_clients:0
08  clients_in_timeout_table:0
```

通过第 1 行的 info Clients 命令能看到如第 2 行到第 8 行所示的结果，其中第 3 行的 connected_clients 参数表示正在连接的客户端的数量。

4.2.3 观察最大连接数

运行 info Stat 命令，在返回结果里有一项 rejected_connections，表示因超过最大连接数而被拒绝的客户端连接次数，如果该数值很大，就说明有大量的客户端无法连接上，这可能会影响性能。

对此，可以增大"maxclients"参数。不过通过如下的 config get 命令能看到该参数默认数值很大，也就是说，如果不改写 maxclients 参数，一般不会造成 rejected_connections 值大于 0 的情况。

```
01  127.0.0.1:6379> config get maxclients
02  1) "maxclients"
03  2) "10000"
```

4.2.4 查看每秒执行多少条指令

运行 info Stats 命令，在返回结果里有一项表示当前每秒执行多少指令的 instantaneous_ops_per_sec 参数，相关运行结果如下所示：

```
01  127.0.0.1:6379> info Stats
02  # Stats
03  instantaneous_ops_per_sec:0
```

从第 3 行的输出里能看到当前没有指令在执行。如果发现集群里某台 Redis 服务器的该数值过大或过小，就需要观察负载均衡的相关配置。或者当数据库压力比较大而通过该命令发现作为缓存的 Redis 服务器执行的指令过少时，就要调整缓存策略。

4.2.5　观察内存用量

Redis 在内存中缓存数据，如果缓存数据太多，或者大量键没有设置过期时间（expired time），就会造成内存使用过大，从而导致 OOM 问题。在疑似有内存问题时，可以通过 info memory 命令观察当前 Redis 服务器的内存使用情况，在返回结果里需要关注如下参数指标。

- used_memory_human，该参数表示操作系统分配给Redis多少内存。
- used_memory_peak_human，该参数表示Redis服务器用到的内存峰值。
- used_memory_lua_human，该参数表示lua脚本所占用的内存用量。
- used_memory_scripts_human，该参数表示脚本所占用的内存用量。
- mem_clients_slaves，该参数表示因客户端主从复制而使用的内存用量。

如果有内存相关问题，可以先通过 used_memory_human 和 used_memory_peak_human 指标观察当前内存用量和内存峰值，如果值比较大，还可以通过其他指标来观察内存的消耗情况。

4.2.6　通过 command 命令查看 Redis 命令

command 命令会返回 Redis 命令的信息，下面给出 command 命令的部分返回信息。

```
01  127.0.0.1:6379> command
02  ...
03  169) 1) "zadd"
04       2) (integer) -4
05       3) 1) write
06          2) denyoom
07          3) fast
08       4) (integer) 1
09       5) (integer) 1
10       6) (integer) 1
11       7) 1) @write
12          2) @sortedset
13          3) @fast
```

第 1 行运行的 command 命令会返回该 Redis 服务器包含的所有命令的信息，比如在第 3 行到第 13 行里，返回了编号为 169 的 zadd 命令的信息。

此外，通过 command count 命令能统计当前 Redis 服务器命令的个数。下面给出该命令的运行结果。

```
01  127.0.0.1:6379> command count
02  (integer) 204
```

从第 2 行的输出结果里能看出，当前 Redis 服务器包含了 204 个命令。如果要看各命令的明细信息，则可以运行 4.2.6 节给出的 command 命令。

4.2.7 查看指定 Redis 命令的信息

可以通过 command info 命令查看指定命令的详细信息（可以同时查看多个命令），该命令的格式如下：

```
command info key [key...]
```

通过如下的命令，能查看 set 和 get 这两个命令的详细信息。

```
01  127.0.0.1:6379> command info set get
02  1) 1) "set"
03     2) (integer) -3
04     3) 1) write
05        2) denyoom
06     4) (integer) 1
07     5) (integer) 1
08     6) (integer) 1
09     7) 1) @write
10        2) @string
11        3) @slow
12  2) 1) "get"
13     2) (integer) 2
14     3) 1) readonly
15        2) fast
16     4) (integer) 1
17     5) (integer) 1
18     6) (integer) 1
19     7) 1) @read
20        2) @string
21        3) @fast
```

第 1 行 command info 命令后包含了 set 和 get 这两个参数，也就是说要查看这两个命令的详细信息。从第 2 行到第 11 行返回的是 set 命令的详细信息，从第 12 行到第 21 行返回的是 get 命令的详细信息。

4.2.8 获取指定命令的所有键

通过 command getkeys 命令能获取指定命令的所有键。通过如下的范例，大家能理解该命令的用法。

```
01  127.0.0.1:6379> command getkeys mset name Peter age 18 score 100
02  1) "name"
03  2) "age"
04  3) "score"
```

```
05  127.0.0.1:6379> command getkeys set name Mary
06  1) "name"
```

通过 mset 能同时设置多个键值对信息。像第 1 行那样在 mset 命令前再加上 command getkeys 命令就能看到 mset 命令所对应的所有键的信息。该命令的返回结果如第 2 行到第 4 行所示，和第 1 行 mset 命令对应的设置是完全一致的。

第 5 行给出的 set 命令只能设置一对键值对，所以加上 command getkeys 命令只能看到如第 6 行所示的键，该返回结果也和第 5 行 set 命令的参数完全一致。

4.3 查看并修改服务器的常用配置

之前在启动 Redis 服务器时用到的都是默认的配置，所以连接密码和端口等参数都是默认的。除此之外，还能通过命令来修改服务器的配置，从而实现基于项目的定制化效果。

4.3.1 查看服务器的配置

可以通过 config get 命令来查看服务器的配置，该命令的用法如下。

```
01  config get *
02  config get p*
```

通过第 1 行的命令能看到所有的服务器配置，通过第 2 行的命令能看到以 p 开头的配置。也就是说，config get 命令支持包含通配符的模糊查询。

命令 config get *的运行结果很长，这里就不展示了，如果要看详细结果，大家可以自行运行。下面给出的是 config get p*的运行结果。

```
01  127.0.0.1:6379> config get p*
02  1) "protected-mode"
03  2) "no"
04  3) "pidfile"
05  4) ""
06  5) "port"
07  6) "6379"
08  7) "proto-max-bulk-len"
09  8) "536870912"
```

从第 2 行到第 9 行的运行结果大家能看到以 p 开头的配置项，其中第 5 行和第 6 行是描述端口号的配置项，说明默认的 Redis 连接端口是 6379。

4.3.2 通过修改服务器配置设置密码

通过 config set 命令能修改服务器的配置，该命令的语法如下：

```
config set key value
```

其中，key 是待设置的配置项，value 是设置后的值。注意，通过该命令修改后的配置项无须重启即可生效。在默认情况下，连接当前 Redis 服务器无须密码，通过如下代码可以设置连接密码为 123456。

```
01  127.0.0.1:6379> config set requirepass 123456
02  OK
```

设置完成后，通过 redis-cli 连接到服务器，再通过 config get *查看配置，就会提示没有权限，如下面的第 3 行所示。

```
01  root@d17f57dbef82:/data# redis-cli
02  127.0.0.1:6379> config get *
03  (error) NOAUTH Authentication required.
```

此时需要通过 auth password 命令输入密码后才能进行查看和设置配置项等操作，相关代码如下所示。

```
01  127.0.0.1:6379> auth 123456
02  OK
03  127.0.0.1:6379> config get port*
04  1) "port"
05  2) "6379"
```

也就是说，通过 config set 命令能有效修改 Redis 服务器的配置，但是通过 config set 命令修改的配置值在当前 Redis 服务器重启后会失效。

由于本书是在 Docker 虚拟机环境上运行 Redis 服务器的，因此通过如下命令重启 Redis 服务器后，用 config set 命令设置的配置项会失效。

```
01  c:\work>docker stop myFirstRedis
02  myFirstRedis
03  c:\work>docker start myFirstRedis
04  myFirstRedis
05  c:\work>docker exec -it myFirstRedis /bin/bash
06  root@6fa3794c8899:/data# redis-cli
```

这里用第 1 行和第 3 行的代码停止并启动了包含 Redis 的 myFirstRedis 容器，从而达到重启 Redis 服务器的效果。随后通过第 5 行和第 6 行的命令连接到 Redis 服务器，此时再用 config get requirepass 命令查看密码，就会发现上次的修改已经失效。

4.3.3　用 config rewrite 命令改写 Redis 配置文件

之前已经提到，用 config set 命令修改的配置项会在 Redis 服务器重启后失效，如果想让修改后的配置项一直生效，则需要在 config set 命令后运行 config rewrite 命令。

通过 config rewrite 命令，可以把修改后的配置项写入 redis.conf 配置文件，所以执行该命令的前提是这个文件存在，如果不存在就会报错，如下所示。

```
01  127.0.0.1:6379> config set requirepass 123456
02  OK
03  127.0.0.1:6379> config rewrite
04  (error) ERR The server is running without a config file
```

这里在运行完第 1 行的 config set 命令后，想要通过第 3 行的 config rewrite 命令把修改写入 redis.conf 配置文件，但是此时对应的配置文件不存在，所以会出现第 4 行所给出的错误提示。

后文将给出生成 redis.conf 配置文件的详细步骤，通过这些步骤在启动时加载 redis.conf 文件后，就能正确地运行 config rewrite 命令了。

4.3.4　启动 Redis 服务器时加载配置文件

由于本书是在 Docker 环境里安装的 Redis，因此需要通过如下步骤编写 redis.conf 配置文件，并在启动时加载该文件。

步骤 01 创建 C:\work\redis\redisConf 目录，并在其中新建 redis.conf。在该文件里，编写如下配置项。

```
01  port 6379
02  bind 127.0.0.1
03  timeout 300
```

在第 1 行里设置了 Redis 服务器的工作端口为 6379，在第 2 行里设置了绑定的 IP 地址为 12.7.0.0.1，这里用的都是默认项，在第 3 行里设置了超时时间为 300 秒，即连上的客户端出现 300 秒空闲后 Redis 服务器将终止该客户端的连接。

需要说明的是，放置配置信息的 redis.conf 文件可以放在其他路径，甚至文件名也可以用其他的。如果改成其他的，在第二步里用 docker 命令启动 Redis 服务器时，相关参数也需要对应修改。

步骤 02 通过 docker 命令，用 Redis 的镜像创建容器，具体命令如下所示：

```
docker run -itd --name redisWithConfig -v C:\work\redis\redisConf\
redis.conf:/redisConfig/redis.conf -p 6379:6379 redis:latest
redis-server/redisConfig/redis.conf
```

其中，通过--name 的方式指定该容器的名字为 redisWithConfig，用-v 指定本机和 Docker 虚拟机内目录和文件的映射关系，具体是把 C:\work\redis\redisConf\redis.conf 映射成 Docker 虚拟机里的 redisConfig/redis.conf 文件，用-p 参数来指定 Docker 虚拟机的 6379 端

口映射到本机的 6379 端口上，以 redis:latest 的方式指定本容器的镜像为最新版本的 Redis 镜像，再用 redis-server /redisConfig/redis.conf 的方式指定启动 redisWithConfig 镜像时需要运行的命令是 redis-server /redisConfig/redis.conf，即用 redis-server 命令启动 Redis 服务器时需要装载对应的 redis.conf 文件。

该 docker 命令的关键点有两个：第一个是在 redis-server 命令里指定了需要加载的 Redis 配置文件，第二个是通过-v 参数把第一步创建的 redis.conf 文件映射到 Docker 容器里。运行该命令后，再通过 docker ps 命令能看到如下结果。

```
01  c:\work>docker ps
02  CONTAINER ID       IMAGE              COMMAND                    CREATED
    STATUS            PORTS                 NAMES
03  228ef06d15a2       redis:latest        "docker-entrypoint.s..."   6
    seconds ago       Up 5 seconds        0.0.0.0:6379->6379/tcp
    redisWithConfig
```

这说明基于 redis:latest 镜像的 redisWithConfig 容器已经成功启动，如果当前该容器不是处于 UP 状态，那么也可以通过 docker start redisWithConfig 命令启动该容器。

步骤 03 通过第二步的 docker run 命令能在启动 redisWithConfig 容器的同时以加载 redis.conf 配置文件的方式启动 Redis 服务器。所以，可以通过 docker exec -it redisWithConfig /bin/bash 命令进入该容器。进入后再次通过 redis-cli 命令连接到 Redis 服务器时就可以通过 config rewrite 命令把配置项写入 redis.conf 里了。

```
01  c:\work>docker exec -it redisWithConfig /bin/bash
02  root@228ef06d15a2:/data# redis-cli
03  127.0.0.1:6379> config set requirepass 123456
04  OK
05  127.0.0.1:6379> config rewrite
06  OK
```

在第 3 行里通过 config set 命令修改密码后，再通过第 5 行的 config rewrite 命令把该修改写入配置文件时，不会再报错，而是会提示成功。再打开 redis.conf 文件，就能看到新增的配置项，如下面的第 4 行到第 7 行所示。

```
01  port 6379
02  bind 127.0.0.1
03  timeout 300
04  # Generated by CONFIG REWRITE
05  user default on
    #8d969eef6ecad3c29a3a629280e686cf0c3f5d5a86aff3ca12020c923adc6c92
    ~* +@all
06  dir "/data"
07  requirepass 123456
```

这里给出了在启动 Redis 服务器时装载配置文件的做法。在此基础上，可以在配置文件里定制启动参数。在后继的章节里，将根据不同的应用场景编写对应的 redis.conf 配置文件，由此让 Redis 服务器提供不同的服务功能。

4.4　多个客户端连接远端服务器

在之前的范例中，Redis 服务器和客户端是在同一个 Docker 容器中的，即用本地的 Redis 客户端连接本地的 Redis 服务器。在实际的项目里，作为 Redis 客户端的应用程序往往会连接到远端（非本地）的 Redis 服务器上，而且一个 Redis 服务器上会有多个 Redis 客户端连接。

本节将基于 Docker 容器演示多个 Redis 客户端连接远端 Redis 服务器的效果，而且在成功连接后还将在 Redis 服务器上实践针对客户端的操作命令。

4.4.1　多个 Redis 客户端连接远端服务器

在本节中，将新建三个 Docker 容器，以此模拟三台主机。在这三个 Docker 容器里，包含了一个 Redis 服务器、两个 Redis 客户端，并且两个 Redis 客户端会连接到 Redis 服务器上，以此模拟两台主机上的 Redis 客户端远程连接到 Redis 服务器上的效果，具体的效果图如图 4.1 所示。

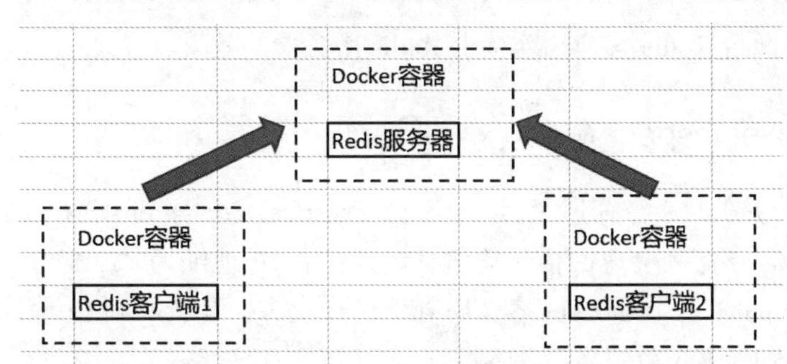

图 4.1　两台 Redis 客户端远程连接到 Redis 服务器的效果

具体的操作步骤如下所示。

步骤 01 打开一个命令窗口，并在其中运行 docker run --name redis-server -d redis:latest 命令，用 redis:latest 镜像创建一个名为 redis-server 的容器（作为 Redis 的服务器）。执行该命令后，包含在该容器里的 Redis 服务器将会自动启动。

步骤 02 打开一个新的命令窗口，用 redis:latest 镜像新建一个名为 redis-client1 的容器，命令如下：

```
docker run -it --name redis-client1 --link redis-server:server
redis:latest /bin/bash
```

该容器是 Redis 客户端，并且通过上述命令里的--link redis-server:server 参数项连接到了第一步所建的 redis-server 服务器上。这里的:server 表示为该 redis-server 容器起个一个别名。

步骤 03 运行完第二步所给出的命令后，就会进入容器内的命令窗口，在其中通过如下的 redis-cli -h 命令即可连接到 server 别名所指向的 redis-server 服务器：

```
redis-cli -h server -p 6379
```

连接上以后，即可执行诸如 set 等命令了，具体效果如图 4.2 所示。

```
c:\work>docker run -it --name redis-client1 --link redis-server:server redis:latest /bin/bash
root@c1f7ff9dcb68:/data# redis-cli -h server -p 6379
server:6379> set Name 'Peter'
OK
server:6379>
```

图 4.2　Redis 客户端连接到服务器的效果图

步骤 04 打开一个新的命令窗口，在其中运行如下命令，新建一个名为 redis-client2 的 Redis 客户端容器，并连接到 redis-server 这个 Redis 服务器。

```
docker run -it --name redis-client2 --link redis-server:server
redis:latest /bin/bash
```

在这个命令里，依然是用--link 参数连接到 Redis 服务器，执行该命令后同样可以进入到 Docker 容器内部的命令窗口，在其中依然能通过 redis-cli -h server -p 6379 命令连接到 Redis 服务器。

至此，实现了两台 Redis 客户端连接上 Redis 服务器的效果。

4.4.2　通过 docker inspect 命令观察 IP 地址

在 redis-server 所在的命令窗口里，运行 docker inspect redis-client1 命令，以此观察该 Redis 客户端的详细信息，该命令会返回很长的信息，其中的 IP 地址为 172.17.0.3，如图 4.3 所示。注意，如果 redis-client1 这个 Docker 容器不处于运行状态，是看不到 IP 地址的，在这种情况下，可以再通过 docker run 命令启动该容器。

```
"Networks": {
    "bridge": {
        "IPAMConfig": null,
        "Links": null,
        "Aliases": null,
        "NetworkID": "2819fcadfa027e4ed85c652e4ba2edc5892230ecaad4fe58d40fe5cbbe965edb",
        "EndpointID": "e10fdfb239600833e9b6998f584806139bc2c381f4b079f72223e56c8aa065bd",
        "Gateway": "172.17.0.1",
        "IPAddress": "172.17.0.3",
        "IPPrefixLen": 16,
```

图 4.3　docker inspect 命令的部分结果

通过运行 docker inspect redis-client2 命令，能看到 redis-client2 这个客户端的 IP 地址是 172.17.0.4。如果用 docker inspect redis-server 命令，则能看到 Redis 服务器的 IP 地址是 172.17.0.2。

如果大家在自己电脑上运行，得到的 IP 地址可能和本书给出的不同，但一台 Redis 服务器和两台 Redis 客户端占用的是不同的 IP 地址。在真实的项目环境里，Redis 服务器和客户端就很有可能运行在不同的主机上，而不是像本书这样运行在同一主机上用 Docker 容器模拟出来的不同虚拟主机上。

4.4.3　实践客户端命令

在 redis-client1 所在的命令窗口里，用 redis-cli 命令连接到 Redis 服务器后，可以用 client list 命令来查看连接到 Redis 服务器的所有客户端信息，具体的效果如图 4.4 所示。

```
c:\work>docker run -it --name redis-client1 --link redis-server:server redis:latest /bin/bash
root@15920b6d962c:/data# redis-cli -h server -p 6379
server:6379> client list
id=5 addr=172.17.0.3:40238 fd=8 name= age=7 idle=0 flags=N db=0 sub=0 psub=0 multi=-1 qbuf=26 qbuf-free=32742 obl=0 oll=
0 omem=0 events=r cmd=client user=default
server:6379> client list
id=5 addr=172.17.0.3:40238 fd=8 name= age=24 idle=0 flags=N db=0 sub=0 psub=0 multi=-1 qbuf=26 qbuf-free=32742 obl=0 oll
=0 omem=0 events=r cmd=client user=default
id=6 addr=172.17.0.4:38328 fd=9 name= age=3 idle=3 flags=N db=0 sub=0 psub=0 multi=-1 qbuf=0 qbuf-free=0 obl=0 oll=0 ome
m=0 events=r cmd=command user=default
```

图 4.4　运行 client list 后的效果图

从中能看到有两个 Redis 客户端连在主机上，而且这两个客户端所对应的 IP 地址和 4.4.2 节里描述的一致。

进入 redis-client2 对应的命令窗口，再运行 info 命令查看 Redis 客户端信息，也能看到类似的效果，这里就不再给出具体的结果了。

这里大家还能通过如下命令把当前客户端的名字设置为 client1。

```
01  server:6379> client getname
02  (nil)
03  server:6379> client setname client1
04  OK
05  server:6379> client getname
06  "client1"
```

由于在初始化连接时，没有设置当前客户端的名字，因此通过第 1 行的 client getname 命令，得到的结果是 nil，当通过第 3 行的 client setname 命令，设置当前客户端的名字为 client1 后，再通过第 5 行的 client getname 命令就能得到如第 6 行所示的设置好的客户端名字了。

如果再运行 shutdown 命令，就会发现一台 Redis 服务器和两台 Redis 客户端都会关闭连接，由此大家能看到在项目里运行该命令一定要慎重。如果当前有几十台 Redis 客户端连着 Redis 服务器，并存有不少缓存数据，不慎运行该命令，就会造成数据丢失，从而导致事故。

4.4.4　通过 info 观察服务器状态

当两个 Redis 客户端连接上名为 redis-server 的服务器后，可以在两个客户端中的任意一个里通过运行 info 命令来观察服务器的状态。这里将给出在 redis-client2 客户端上运行 info 命令的部分结果。

```
01  c:\work>docker exec -it redis-client2 /bin/bash
02  root@607dc23b16e4:/data# redis-cli -h server -p 6379
03  server:6379> info
04  # Server
05  redis_version:6.0.1
06  redis_git_sha1:00000000
```

在第 1 行里通过 docker exec 命令进入 redis-client2 这个 Redis 客户端的容器命令行后，在第 2 行里通过 redis-cli -h 命令启动一个客户端，连接到 Redis 服务器，连接完成后，在第 3 行里通过 info 命令查看服务器的状态，这里给出了部分运行结果。

通过 redis-client1 这个客户端连接到 Redis 服务器后，运行诸如 set name 'Peter'等命令后，再次运行 info 命令，会发现描述服务器相关统计信息的 Stats 部分数据会有变化，比如第 3 行描述“已处理命令个数”的统计数据会变成 3，此外其他数据也会对应地发生变化。在实际项目里，也经常会通过 info 命令来观察 Redis 服务器的状态，由此来排查和定位问题。

```
01  # Stats
02  total_connections_received:2
03  total_commands_processed:3
```

4.5 本章小结

本章给出了针对 Redis 服务器和客户端的相关操作命令，具体包括管理 Redis 客户端的相关命令、查看 Redis 服务器相关信息的命令和查看并修改服务器常用配置的相关命令。在此基础上，还讲述在启动 Redis 服务器时加载配置文件的实践技巧。

在实际项目的场景里，一般是多台 Redis 客户端同时连接到远端 Redis 服务器上。对此，本章也用 Docker 容器模拟了这一效果，并且在完成连接后还进一步综合实践了服务器和客户端的相关命令。

通过本章的学习，大家不仅能掌握服务器和客户端管理的相关命令，还能掌握服务器和客户端方面基于项目实战的相关技巧，这将为后继的学习打下扎实的基础。

第 5 章 Redis 数据库操作实战

Redis 是 NoSQL 类型的数据库，是以键值对的方式存储数据，而不是类似关系型数据库以数据表的形式存储数据。所以，在 Redis 数据库方面，大家无须了解针对表的操作，比如增加/删除字段或删除数据记录等，而需要掌握诸如切换数据库和事务等方面的操作。

本章除了会给出上述 Redis 数据库相关的操作外，还会讲述基于 Redis 的地理位置查询和操作的相关命令，以及 Redis 位图数据的相关操作命令。

此外，性能监控也是项目里非常实用的一个技术点，更会结合 Redis 的实际给出慢查询的相关配置和命令。也就是说，通过本章的学习，大家能掌握本章也会比较实用的数据库层面的项目实践要点。

5.1 切换数据库操作

在默认情况下，Redis 服务器在启动时会创建 16 个数据库，不同的应用程序可以连到不同的数据库上，通过键值对的形式实现缓存等操作。

在实际项目里，常见的操作有通过修改配置更改在启动 Redis 服务器时创建数据库的个数，以及通过 select 命令切换当前程序所用的 Redis 数据库。

5.1.1 查看和设置默认的数据库个数

这里在创建基于 Docker 的 Redis 数据库环境时，将通过第 4 章讲过的 Docker -v 参数，在 Docker 容器里为 Redis 加载容器外的配置文件，具体步骤如下。

步骤 01 通过 docker ps 命令，查看名为 redis-server 容器是否处于启动状态，如果是，就用 docker stop redis-server 命令停止该容器，否则不用做任何操作。

步骤 02 通过 docker ps -a 命令，查看当前是否有名为 redis-server 的 Docker 容器，如果有，就通过 docker rm redis-server 命令删除该容器，因为这里要创建一个新的容器。如果该容器不存在，就可以直接运行第三步的操作。

步骤 03 到 C:\work\redis\redisConf 目录里创建一个名为 redis.conf 的文件，该文件的内容可以是空。这里目录名和文件名都可以修改，但后继的 docker 命令里的参数也应当与此一致。

步骤 04 通过如下命令用 redis:latest 镜像创建名为 redis-server 的容器并启动该容器。

```
docker run -itd --name redis-server -v C:\work\redis\redisConf\redis.conf:
/redisConfig/redis.conf -p 6379:6379 redis:latest redis-server
/redisConfig/redis.conf
```

其中，通过--name 所带的参数，指定该容器的名字为 redis-server，通过-v 参数，把 C:\work\redis\redisConf 目录里的 redis.conf 文件映射到容器中的/redisConfig 目录里，通过-p 参数，指定 Docker 虚拟机的 6379 端口映射到外部主机的 6379 端口，同时在最后一行 redis-server 的后面指定启动该容器里的 Redis 服务器时加载/redisConfig/redis.conf 这个配置文件，当然这时该配置文件里没有内容，所以启动时还是会加载各种默认的参数。

至此，完成了环境的设置工作，随后通过 docker exec -it redis-server /bin/bash 命令，以命令行的方式进入 redis-server 容器，并在其中通过 redis-cli 命令以客户端的方式连接到 Redis 服务器。随后可以运行如下第 2 行所示的 config get databases 命令。

```
01  root@1b9968da8463:/data# redis-cli
02  127.0.0.1:6379> config get databases
03  1) "databases"
04  2) "16"
```

从第 3 行和第 4 行的输出里能看到当前客户端所连接的服务器数据库的个数是 16。

如果要修改数据库的个数，可以修改 C:\work\redis\redisConf 目录里的 redis.conf 文件，在其中加入如下代码。

```
databases 12
```

该 redis.conf 文件会在 Redis 服务器启动时被装载，这里在其中增加了关于数据库个数的配置。随后，可以通过 docker stop redis-server 命令停止该容器，并通过 docker start redis-server 命令再次启动该容器，启动后通过 docker exec -it redis-server /bin/bash 命令以命令行的方式进入容器，再用 redic-cli 命令进入客户端。

在此基础上，如果在如下的第 7 行中运行 config get databases 命令，就会看到数据库个数被修改成 12 个，这与之前在 redis.conf 里的配置数值是一致的。

```
01  c:\work>docker stop redis-server
02  redis-server
03  c:\work>docker start redis-server
04  redis-server
```

```
05  c:\work>docker exec -it redis-server /bin/bash
06  root@1b9968da8463:/data# redis-cli
07  127.0.0.1:6379> config get databases
08  1) "databases"
09  2) "12"
```

5.1.2　用 select 命令切换数据库

前文提到，Redis 服务器在启动后能创建多个数据库，默认情况下是 16 个，具体的值还能通过修改配置文件来更改。当通过 redis-cli 命令以 Redis 客户端的身份连接到服务器后，可以通过 client list 命令查看客户端用的是哪个数据库，具体如下所示。

```
01  127.0.0.1:6379> client list
02  id=4 addr=127.0.0.1:40096 fd=8 name= age=1205 idle=0 flags=N db=0 sub=0
    psub=0 multi=-1 qbuf=26 qbuf-free=32742 obl=0 oll=0 omem=0 events=r
    cmd=client user=default
```

第 1 行 client list 命令返回的结果如第 2 行所示，其中 db=0 表示当前客户端用的是 0 号数据库。此外，还能通过 select 命令切换到指定的数据库，相关操作如下所示。

```
01  127.0.0.1:6379> set name 'Peter'
02  OK
03  127.0.0.1:6379> get name
04  "Peter"
05  127.0.0.1:6379> select 1
06  OK
07  127.0.0.1:6379[1]> client list
08  id=4 addr=127.0.0.1:40096 fd=8 name= age=1580 idle=0 flags=N db=1 sub=0
    psub=0 multi=-1 qbuf=26 qbuf-free=32742 obl=0 oll=0 omem=0 events=r
    cmd=client user=default
09  127.0.0.1:6379[1]> get name
10  (nil)
11  127.0.0.1:6379[1]> select 0
12  OK
13  127.0.0.1:6379> get name
14  "Peter"
```

当前用的是编号为 0 的数据库，在第 1 行里通过 set 命令设置了键是 name 的数据，并能通过第 3 行的 get 命令观察到效果。

在第 5 行里，通过 select 1 命令实现了切换数据库的操作，此时通过第 7 行的 client list 命令就能在第 8 行看到 db=1，说明当前已经切换到 1 号数据库。切换后再通过第 9 行的 get 命令就会发现键为 name 的数据不存在，因为之前是在 0 号数据库设置的 name 值，而不是在 1 号数据库。

随后可以通过第 11 行的 select 0 命令切换回 0 号数据库，切换完成后通过第 13 行的 get 命令就能看到存储在 0 号数据库里的 name 值了。

在实际应用中，一般不会更改 Redis 服务器的数据库个数，但是当不同的应用同时使用同一个 Redis 服务器时，建议让不同的应用使用不同的数据库，比如让订单应用模块使用 0 号数据库，会员应用模块使用 1 号数据库。

5.2 Redis 事务操作

事务具有 ACID 特性，即原子性、一致性、隔离性和持久性。通过事务，可以让一段代码要么全都执行要么全都不执行。

由于 Redis 是 NoSQL 类型的键值对数据，因此操作事务的方式和关系型数据库有差别，这里将围绕事务的特性讲述针对 Redis 事务的相关操作命令和技巧。

5.2.1 事务的概念与 ACID 特性

在数据库层面，事务是指一组操作，这些操作要么全都被成功执行，要么全都不执行。比如某转账的事务里包含两个操作，操作 1 是从 Mike 的账户里扣除 100 元，操作 2 是在 Peter 的账户里加 100 元。假设第二步给 Peter 账户加 100 元的操作失败，那么“从 Mike 账户扣除 100”这个操作即使已经成功执行，也需要回归，从而保证“要么全做要么全都不做”的特性。具体而言，事务具有 ACID 特性。

- A表示原子性（Atomicity），即事务是一个不可分割的实体，事务中的操作要么都做，要么全都不执行。
- C表示一致性（Consistency），即事务前后数据完整性必须一致，假设数据库里有很多完整性约束，比如ID字段不能为空，且必须是10位，在事务执行前后，这些完整性约束不能被违反。
- I表示隔离性（Isolation），即一个事务内部操对其他事务是隔离的，并发执行的各事务间不能互相干扰。
- D表示持久性（Durability），这是指一个事务一旦提交，它对数据库的改变就是永久性的，哪怕数据库出现故障，事务执行后的操作也该丢失。

在事务的 ACID 特性方面，Redis 和传统的关系型数据库有相似点也有差别，在下文里就将围绕 ACID 详细说明 Redis 的事务操作。

5.2.2 实现 Redis 事务的相关命令

在 Redis 里，有 4 个命令和事务有关：可以用 multi 命令开启 Redis 事务，用 exec 命令提交事务，用 discard 命令取消事务，用 watch 命令来监视指定的键值对，从而让事务有条件地执行。通过如下的范例，大家能看到执行事务的相关做法。

```
01  c:\work>docker exec -it redis-server /bin/bash
02  root@1b9968da8463:/data# redis-cli
03  127.0.0.1:6379> set name 'Peter'
04  OK
05  127.0.0.1:6379> multi
06  OK
07  127.0.0.1:6379> set id '001'
08  QUEUED
09  127.0.0.1:6379> get id
10  QUEUED
11  127.0.0.1:6379> set depName 'Dev'
12  QUEUED
13  127.0.0.1:6379> set age 25
14  QUEUED
15  127.0.0.1:6379> exec
16  1) OK
17  2) "001"
18  3) OK
19  4) OK
20  127.0.0.1:6379> get age
21  "25"
```

对于第 3 行的 set 命令，由于此时还没有开启事务，因此返回的结果是 OK。在第 5 行里通过 multi 开启了事务状态，从这里到第 15 行的 exec 命令间的若干操作组成了一个事务。从第 8 行的输出里能看到，第 7 行的 set 命令返回的结果不是 OK，而是 QUEUED，表示该命令当前没有执行，而是放到了事务队列中。对于第 9 行的 get 命令，由于是在事务里，因此从第 10 行的输出里能看到该命令并没有返回 name 的值，也放到了事务队列中。

当第 15 行通过 exec 命令执行事务后，会一次性地返回包含在该事务队列中的诸多命令，返回结果如第 16 行到第 19 行所示。一旦执行完 exec 命令，就退出了状态，所以第 20 行的 get 命令是立即返回结果，而不再返回表示把该命令加入事务队列的 QUEUED。

通过上述范例，大家能理解事务在 Redis 里的表现：当通过 multi 开启事务状态后，之后的命令不是立即执行，而是会被放入事务队列，当 exec 命令出现后，则会一次性地执行事务队列中的命令。

5.2.3　通过 discard 命令撤销事务中的操作

前文已经提到，事务里的操作要么全都做，要么全都不做，通过 exec 能执行事务里的所有操作，与之对应，通过 discard 命令能撤销事务里的所有操作。通过如下的范例，大家能理解 discard 命令在事务里的用法。

```
01  127.0.0.1:6379> multi
02  OK
03  127.0.0.1:6379> set name 'Peter'
```

```
04  QUEUED
05  127.0.0.1:6379> set age 19
06  QUEUED
07  127.0.0.1:6379> discard
08  OK
09  127.0.0.1:6379> get age
10  (nil)
11  127.0.0.1:6379> get name
12  (nil)
```

在第 1 行通过 multi 命令启用事务之前，经确认键为 name 和 age 的值均不存在。在启动事务后的第 3 行和第 5 行里，通过 set 命令分别给 name 和 age 这两个键设置了值，由于是在事务里，因此这两句命令返回的均为 QUEUED，表示这两个命令进入事务队列。

在之后的第 7 行里，并不是像之前那样通过 exec 执行事务，而是通过 discard 命令撤销了事务里的所有操作。撤销后，在第 9 行和第 11 行里通过 get 命令获取两个键时，返回的都是 nil，从中能看到两个含义：第一，在 discard 命令后已经退出了事务状态；第二，由于 discard 命令撤销了事务里的所有操作，因此之前通过 set 命令设置的值均没有生效，这里返回了 nil。

在实际的应用中，如果能确保 multi 后的命令均能正确执行，那么可以通过 exec 来提交事务；反之，则可以通过 discard 命令来撤销操作，以此体现事务的“原子性”。

5.2.4 Redis 持久化与事务持久性

Redis 会把数据缓存在内存中，这在带来性能便利的同时，会给事务的持久性带来一定的障碍。事务的持久性是指，一旦 Redis 的事务通过 exec 命令执行完成后，对 Redis 数据库的影响应当是永久性的。不过假设某事务执行后 Redis 服务器因断电重启，那么保存在该服务器内存里的 Redis 数据就会丢失，所以在这种场景里出现故障时无法确保事务的持久性。

对此，可以通过 Redis 的持久化来确保事务的持久性。Redis 持久化是指把 Redis 缓存数据从内存中保存到硬盘上。Redis 持久化的方式有两种：一种是 Append Only File（AOF），另一种是 Redis DataBase（RDB）。

在后继章节里会详细讲述这两种能确保事务持久性的方式，这里仅给出实现 AOF 和 RDB 持久化的基本配置，以此来讨论这两种持久化与事务持久性的关系。

Redis 的 AOF 持久化方式能确保事务的持久性，而 RDB 方式则不能。通过如下的命令能让 Redis 服务器实现基于 AOF 的持久化。

```
01  127.0.0.1:6379> config set appendfsync always
02  OK
03  127.0.0.1:6379> config rewrite
04  OK
```

通过第 1 行的 config set 命令能把 Redis 服务器配置文件里的 appendfsync 属性设置为 always，并能通过第 3 行的 config rewrite 命令把这个修改提交到 redis.conf 文件里，以此实现基于AOF的持久化。通过这种持久化的方式，针对Redis数据的事务能即时存入硬盘文件里，这样一旦出现故障，数据也不会丢失，由此能确保事务的持久性。

通过如下的命令，能实现基于RDB的持久化。

```
01  127.0.0.1:6379> config set dir /
02  OK
03  127.0.0.1:6379> config set dbfilename redisRDB.rdb
04  OK
05  127.0.0.1:6379> config rewrite
06  OK
```

通过第1行的config set命令能设置待持久化文件的路径，通过第3行的命令则能设置持久化文件的文件名，由此Redis服务器会把内存数据存入该文件。基于RDB的持久化方式是需要满足一定条件后才会被触发的，比如1分钟内至少有100个键被修改时才会触发持久性，反之不能。

所以，在某些场合里无法即时把Redis的修改记录到硬盘上，如果此时发生故障，数据就无法恢复，也就是说，Redis的RDB持久化方式无法确保事务的持久性。

5.2.5　用watch命令监视指定键

如果两个或多个事务同时对某个键对应的值进行操作，就需要考虑因并发而导致的影响。

比如某个账户里有1000元，有两个事务同时对该账户进行读取值并加100元的操作。事务A和B读账户时，读到的值均是1000，但事务B在加100元前，事务A已经把账户值修改为1100，此时事务B就不应该继续把账户值加为1200，而应当终止。

在进行Redis事务相关操作时，可以通过watch命令来监控一个或多个键，如果被监控的键只被本事务修改，在其他场合没有修改，那么该事务能正确执行，反之被监控的键不仅被本事务修改，在本事务执行时还被其他客户端修改，本事务就不能正确执行。通过如下的范例，大家能看到watch命令在正常情况下的表现。

```
01  127.0.0.1:6379> watch balance salary
02  OK
03  127.0.0.1:6379> multi
04  OK
05  127.0.0.1:6379> set balance 1000
06  QUEUED
07  127.0.0.1:6379> set salary 2000
08  QUEUED
09  127.0.0.1:6379> exec
10  1) OK
11  2) OK
12  127.0.0.1:6379> get salary
13  "2000"
```

```
14  127.0.0.1:6379> get balance
15  "1000"
```

注意，watch 命令一般在开启事务前执行，比如在第 1 行里，通过 watch 命令同时监控了 balance 和 salary 这两个键。在通过第 3 行的 multi 命令开启事务后，在第 5 行和第 7 行里分别用 set 命令设置了 balance 和 salary 这两个值。随后在第 9 行里用 exec 命令执行了事务里的两个命令。

由于 balance 和 salary 这两个值仅在本事务内被修改，所以第 9 行的 exec 命令能正确执行，通过第 10 行和第 11 行的输出能确认这一点，而且在事务执行后用第 12 行和第 14 行的 get 命令能正确地得到 salary 和 balance 这两个键所对应的值。

通过如下的范例，大家能看到因监控的值被其他客户端修改而导致本事务运行失败的场景。首先在一个客户端里运行如下命令：

```
01  127.0.0.1:6379> watch bonus
02  OK
03  127.0.0.1:6379> multi
04  OK
05  127.0.0.1:6379> set bonus 1000
06  QUEUED
```

在第 1 行里通过 watch 命令监控了 bonus 变量，随后在第 3 行里通过 multi 命令开启事务，在该事务中通过第 5 行的 set 命令设置了 bonus 键所对应的值为 1000。此时先不执行 exec 命令，而是开启另一个命令窗口，执行如下命令：

```
01  c:\work>docker exec -it redis-server /bin/bash
02  root@1b9968da8463:/data# redis-cli
03  127.0.0.1:6379> set bonus 2000
04  OK
```

在第 1 行里，通过 docker exec 命令再次以命令行的方式进入 redis-server 容器，通过第 2 行的 redis-cli 命令连接到服务器后，通过第 3 行的命令设置 bonus 的值为 2000，从第 4 行的输出结果能看到该命令执行正确。

再次回到已经启动事务的前一个命令窗口，在其中继续执行 exec 等命令，如下所示。

```
01  127.0.0.1:6379> watch bonus
02  OK
03  127.0.0.1:6379> multi
04  OK
05  127.0.0.1:6379> set bonus 1000
06  QUEUED
07  127.0.0.1:6379> exec
08  (nil)
09  127.0.0.1:6379> get bonus
10  "2000"
```

其中第 1 行到第 6 行是之前运行的结果，在此基础上继续执行第 7 行的 exec 命令。此时被 watch 监控的 bonus 变量已经被其他客户端修改，所以该 exec 命令返回的是 nil，表示该事务里第 5 行的 set bonus 1000 命令没有被执行，而且第 9 行的 get bonus 命令的返回结果是 2000，这说明在其他客户端修改 watch 监控的变量会阻止本事务对该变量的修改，这是符合预期的。

和 watch 命令相对应的是 unwatch 命令，即能取消对所有指定键的监控。通过如下的范例，大家能理解 unwatch 命令的用法。

```
01  127.0.0.1:6379> unwatch bonus
02  (error) ERR wrong number of arguments for 'unwatch' command
03  127.0.0.1:6379> unwatch
04  OK
```

注意，unwatch 命令只能撤销对所有键的监控，如第 3 行所示，而不能撤销对指定键的监控。如果像第 1 行那样企图通过加参数撤销对指定键的监控，就会提示如第 2 行所示的错误。

5.3 地理位置相关操作

可以在 Redis 3.2 及以后的版本里存储描述地理位置的数据，并能用这些地理数据进行“测距”等运算。这些功能在外卖或物流配送等应用里用得非常广泛，下面将给出 Redis 中和地理位置有关的操作命令。

5.3.1 用 geoadd 命令存储地理位置

通过 geoadd 命令能存储指定名字的地址位置，该命令的格式如下：

```
geoadd key longitude latitude member [longitude latitude member ...]
```

其中，longitude 和 latitude 分别表示 key 所指定的地理位置的经度和维度，member 表示该地理位置的别名。从网上能搜到上海的经纬度是东经 120° 52′ 到 122° 12′ 、北纬 30° 40′ 到 31° 53′ 之间。通过如下的命令，能添加上述 4 个地理位置的数据。

```
01  127.0.0.1:6379> geoadd pos 120.52 30.40 pos1
02  (integer) 1
03  127.0.0.1:6379> geoadd pos 120.52 31.53 pos2
04  (integer) 1
05  127.0.0.1:6379> geoadd pos 122.12 30.40 pos3
06  (integer) 1
07  127.0.0.1:6379> geoadd pos 122.12 31.53 pos4
08  (integer) 1
```

从上述范例中能看到，4 个地理位置的键均是 pos，但它们有不同的别名。如果成功添加，就会返回 1，如果像如下第 1 行那样用错误的经纬度来设置地理位置，则会出现如下第 2 行所示的错误提示信息。

```
01  127.0.0.1:6379> geoadd errorPos 1221.12 311.53 errorPos
02  (error) ERR invalid longitude,latitude pair 1221.120000,311.530000
```

5.3.2 获取地理位置的经纬度信息

当通过 geoadd 命令向 Redis 数据库里成功设置地理信息数据后，就可以通过 geopos 命令获取指定键指定别名的地理位置数据，该命令的格式如下所示。

```
geopos key member [member ...]
```

通过如下的范例，大家能查询到之前设置的若干地理位置的数据。

```
01  127.0.0.1:6379> geopos pos pos1
02  1) 1) "120.52000075578689575"
03     2) "30.39999952668997452"
04  127.0.0.1:6379> geopos pos pos4
05  1) 1) "122.11999744176864624"
06     2) "31.53000103201371473"
07  127.0.0.1:6379> geopos notExist notExist
08  1) (nil)
```

在第 1 行和第 4 行里，用 geopos 命令通过传入键和别名查询指定地理位置的数据，从之后的输出里能看到 geopos 命令返回的是该地理位置的经纬度。如果像第 7 行那样传入了一个不存在的地理位置信息，则会像第 8 行那样返回 nil，表示没找到。

5.3.3 查询指定范围内的地理信息

可以通过 georadius 命令查询指定 key 里指定范围内的地理信息，该命令的格式如下：

```
georadius key longitude latitude radius m|km|ft|mi [WITHCOORD] [WITHDIST]
[WITHHASH] [COUNT count] [ASC|DESC]
```

其中，longitude 和 latitude 分别指定待查询地理信息的中心点，radius 表示半径，之后的 m|km|ft|mi 参数表示距离单位是米、千米、英尺或英里。如果加上 WITHCOORD 参数，则会把对应地理信息的经纬度一起返回。如果加上 WITHDIST 参数，则会把地理信息同中心点的距离一起返回。如果加上 WITHHASH 参数，则会返回地理信息对应的哈希编码，这在实际项目里并不常用。通过 COUNT 参数可以指定返回数据的数量，通过 ASC 或 DESC 则能指定数据返回的顺序。

georadius 命令会返回同一 key 里满足距离条件的相关地理信息。通过如下的范例，大家能理解该命令的用法。

```
01  127.0.0.1:6379> georadius pos 120.52 30.40 200 km withcoord withdist  desc
02  1) 1) "pos4"
03     2) "197.6902"
04     3) 1) "122.11999744176864624"
05        2) "31.53000103201371473"
06  2) 1) "pos3"
07     2) "153.4932"
08     3) 1) "122.11999744176864624"
09        2) "30.39999952668997452"
10  3) 1) "pos2"
11     2) "125.6858"
12     3) 1) "120.52000075578689575"
13        2) "31.53000103201371473"
14  4) 1) "pos1"
15     2) "0.0001"
16     3) 1) "120.52000075578689575"
17        2) "30.39999952668997452"
```

在第 1 行的 georadius 命令里，将查询 pos 这个键里距离指定中心点经纬度 200 公里的所有地理信息，返回时将包含该地理信息的经纬度，以及同指定中心点的距离，而且按距离长度的降序返回。第 2 行到第 17 行给出了该命令的返回结果，其中包含了 4 个地理信息，每个地理信息里不仅包含经纬度，还包含距离中心点的距离。

5.3.4 查询地理位置间的距离

可以通过 geodist 命令来计算两个地理位置间的距离，该命令的格式如下所示。

```
geodist key member1 member2 [m|km|ft|mi]
```

可以计算同一 key 下由 member1 和 member2 指定的地理位置的距离，同样还可以通过 m|km|ft|mi 参数指定返回距离的单位。通过如下的范例，大家能理解这个命令的用法。

```
01  127.0.0.1:6379> geodist pos pos1 pos2 km
02  "125.6859"
03  127.0.0.1:6379> geodist pos pos1 posNotExist km
04  (nil)
```

通过第 1 行的命令，计算键为 pos 中的 pos1 和 pos2 这两个地理位置间的距离，同时指定返回单位是千米；从第 2 行的输出里能看到返回结果。如果待计算距离的地理位置有不存在的情况，比如像第 3 行那样，就会像第 4 行那样返回 nil。

5.4 位图数据类型的应用

在 Redis 里，位图（Bitmap）是由一串二进制数字组成的，它不是一种数据类型，而是基于字符串、能面向字节操作的对象。位图的长度不固定，但是在计算机里 8 位（bit）能组成一个字节（Byte），所以位图的长度一般是 8 或者是 8 的倍数。

5.4.1 setbit 和 getbit 操作

可以通过 setbit 命令设置并修改指定键的位图数据，该命令的格式如下：

```
setbit key offset value
```

其中，key 表示待设置位图的键，offset 表示偏移量，value 表示待设置的值。通过该命令，可以在 key 指定位图的 offset 位置设置 value。

和 setbit 命令对应的是读取位图指定位数据的 getbit 命令，该命令的格式如下：

```
getbit key offset
```

通过该命令，能读取指定 key 位图里指定偏移量位置的数据。通过如下的范例，大家能掌握 setbit 和 getbit 命令的用法。

```
01  127.0.0.1:6379> setbit myBitmap 0 1
02  (integer) 0
03  127.0.0.1:6379> setbit myBitmap 1 1
04  (integer) 0
05  127.0.0.1:6379> setbit myBitmap 2 0
06  (integer) 0
07  127.0.0.1:6379> setbit myBitmap 3 0
08  (integer) 0
09  127.0.0.1:6379> setbit myBitmap 5 2
10  (error) ERR bit is not an integer or out of range
11  127.0.0.1:6379> getbit myBitmap 1
12  (integer) 1
13  127.0.0.1:6379> getbit myBitmap 5
14  (integer) 0
15  127.0.0.1:6379> getbit notExist 5
16  (integer) 0
```

通过第 1 行、第 3 行、第 5 行和第 7 行的命令，分别向 myBitmap 键所指定的位图的第 0 位、第 1 位、第 2 位和第 3 位设置 1、1、0 和 0 这 4 个数，设置完成后，myBitmap 位图所保存的数据是 0011。这里设置了位图数据的 4 位。注意，在设置位图数据时只能传入二进制数据 0 或 1，如果向第 9 行那样传入 2，则会出现如第 10 行所示的错误提示。

设置完成后，可以像第 11 行那样用 getbit 命令获取 myBitmap 位置里第 1 位的数据，返回结果如第 12 行所示。如果像第 13 行那样获取位图里没设置过值的偏移量数据，则会返回 0，如果像第 15 行那样获取一个不存在位图里的数据，则会返回 0。

5.4.2　用 bitop 对位图进行运算

通过 bitop 命令能对多个位图数据进行运算，该命令的格式如下：

```
bitop operation destkey key [key ...]
```

其中，operation 是操作符，可以是 AND，也可以是 OR，还可以是表示异或的 XOR 或者表示取反的 NOT；destkey 可以用来保存运算结果；key 是待运算的位图。通过如下的范例，大家能理解 bitop 命令的用法。

```
01  127.0.0.1:6379> setbit bit1 0 1
02  (integer) 0
03  127.0.0.1:6379> setbit bit1 1 1
04  (integer) 0
05  127.0.0.1:6379> setbit bit1 3 1
06  (integer) 0
07  127.0.0.1:6379> setbit bit2 2 1
08  (integer) 0
```

这里先通过 setbit 命令设置了键为 bit1 和 bit2 的两个位图。从上述代码里，大家能看到这两个位图中各位的数据。

```
09  127.0.0.1:6379> bitop and result bit1 bit2
10  (integer) 1
11  127.0.0.1:6379> get result
12  "\x00"
13  127.0.0.1:6379> bitop or result bit1 bit2
14  (integer) 1
15  127.0.0.1:6379> getbit result 2
16  (integer) 1
```

在第 9 行里，通过 bitop 命令对 bit1 和 bit2 这两个位图进行了 and 操作，由于 bit1 的二进制编码是 1011，而 bit2 是 0100，因此按位进行 and 操作后的结果是 0，通过第 11 行的 get 命令能验证这一点。

在第 13 行里 bitop 命令的操作符是 or，也就是按位进行或操作，结果是 1111，通过第 15 行的 getbit 命令，能验证第 2 位偏移量是 1。

```
17  127.0.0.1:6379> bitop not result bit1
18  (integer) 1
19  127.0.0.1:6379> getbit result 1
20  (integer) 0
```

```
21  127.0.0.1:6379> getbit result 2
22  (integer) 1
23  127.0.0.1:6379> bitop xor result bit1 bit2
24  (integer) 1
25  127.0.0.1:6379> getbit result 2
26  (integer) 1
```

在第 17 行的 bitop 命令里，用 not 操作符对 bit1 进行了取反操作。通过第 19 行的 getbit 命令能看到，原本 bit1 的第 1 个偏移量的数据是 1，取反后变成 0。通过第 21 行的 getbit 命令能看到，原本 bit1 第 2 个偏移量上的数据是 0，取反后变成 1。

在第 23 行 bitop 里的操作符是 xor，表示异或，即如果两个数据相同则返回 0、不同则返回 1，由于 bit1 和 bit2 每个偏移量上的数据都不相同，所以异或的结果都是 1。例如，通过第 25 行的 getbit 命令能查看到结果里第 2 个偏移量的数据是 1，如果大家用 getbit 命令去查看结果的其他偏移量数据，就会发现也都是 1。

5.4.3 bitcount 操作

通过 bitcount 命令能统计键为 key 的位图里 1 出现的次数，该命令的格式如下所示。

```
bitcount key [start end]
```

其中，start 和 end 参数表示统计的字节组范围。比如网站需要统计用户的上线天数，就可以用 bitcount 命令，相关代码如下所示。

```
01  127.0.0.1:6379> setbit user1 0 1
02  (integer) 0
03  127.0.0.1:6379> setbit user1 3 1
04  (integer) 0
05  127.0.0.1:6379> setbit user1 7 1
06  (integer) 0
07  127.0.0.1:6379> bitcount user1
08  (integer) 3
09  127.0.0.1:6379> bitcount user1 0 0
10  (integer) 3
```

在第 1 行到第 6 行里设置了用户 user1 的上线情况，比如在第 1 行里设置了 user1 用户在第 1 天上线，在第 5 行里设置了在第 8 天上线。设置完成后，通过第 7 行的 bitcount 命令统计 user1 这个位图里 1 出现的次数，即该用户上线的天数，结果是 3，从中大家能看到 bitcount 命令的用法。

bitcount 命令里 start 和 end 参数表示的是待统计的开始和结束字节组范围，由于之前 setbit 命令都是在第 0 号索引的字节组里设置，因此第 9 行 bitcount 命令的结果也是 3。

5.5 慢查询实战分析

在 Redis 慢查询日志里，记录了运行超过特定时间的命令，而开发、测试和运维人员能据此来排查运行比较慢的 Redis 命令，优化 Redis 的性能。

在慢查询方面，大家需要掌握如下两方面的实践要点：第一，如何设置衡量慢查询时长的阈值；第二，如何通过查看日志观察慢查询命令的细节。本节将围绕这两点展开。

5.5.1 慢查询相关的配置参数

和慢查询相关的参数有两个：第一个是 slowlog-log-slower-than，该参数的单位是微秒，即超过由该参数指定时间的查询会记录到日志中；第二个是 slowlog-max-len，表示在慢查询日志里可以记录的日志条数，当慢查询日志的数量已经达到该参数、新的慢查询日志到达时，就会把最老的一条日志删除。

可以直接在 redis.conf 里配置这两个参数的值，也可以通过如下的 config set 命令来设置：

```
01  127.0.0.1:6379> config set slowlog-log-slower-than 1
02  OK
03  127.0.0.1:6379> config set slowlog-max-len 100
04  OK
05  127.0.0.1:6379> config rewrite
06  OK
```

在第 1 行里，设置了慢查询时间的阈值为 1，这样当查询时间超过 1 微秒的命令时就会记录到慢查询日志里。为了演示，这里故意把阈值时间设得很短，在实际项目里这个值需要根据实际情况设置。

在第 3 行里，设置了慢查询日志的长度为 100，并在第 5 行里通过 config rewrite 命令把上述两个设置写入了 redis.conf 配置文件。

由于本范例用到的 Docker 容器是 redis-server，在前文里用 Docker run 命令启动该容器里的 Redis 服务器时已经指定了对应的配置文件为 C:\work\redis\redisConf 目录下的 redis.conf，所以在运行好 config rewrite 命令后到该配置文件里能确认上述两个慢查询的参数已经被成功设置。

```
01  slowlog-max-len 100
02  slowlog-log-slower-than 1
```

5.5.2 用 slowlog get 命令观察慢查询

配置好两个慢查询的参数后，可以用 slowlog get 命令观察慢查询。通过如下的范例，大家能掌握 slowlog get 命令的用法。

```
01  127.0.0.1:6379> set name Peter
02  OK
03  127.0.0.1:6379> get name
04  "Peter"
05  127.0.0.1:6379> slowlog get
06  1) 1) (integer) 7
07     2) (integer) 1593261940
08     3) (integer) 4
09     4) 1) "get"
10        2) "name"
11     5) "127.0.0.1:35774"
12     6) ""
13  2) 1) (integer) 6
14     2) (integer) 1593261938
15     3) (integer) 6
16     4) 1) "set"
17        2) "name"
18        3) "Peter"
19     5) "127.0.0.1:35774"
20     6) ""
```

在第 1 行和第 3 行里分别调用了 set 和 get 命令，由于之前设置的慢查询时间阈值很短，因此这两条命令会进入慢查询的日志里。随后运行第 5 行的 slowlog get 命令，能看到第 6 行到第 20 行所返回的慢查询日志。

从返回结果里能看到之前运行的 set 和 get 命令，从第 6 行到第 12 行描述的 get 命令的慢查询日志里能看到慢查询日志包含的诸多要素。具体来讲，第 6 行返回的是该条慢查询日志的 ID，第 7 行返回的是该条命令运行的时间戳，第 8 行返回的是该条命令的运行时长，第 9 行和第 10 行返回的是命令以及对应的参数，第 11 行返回的是执行该命令的客户端地址，第 12 行返回的是执行该命令的客户端名称，如果没有则返回空。

第 13 行到第 20 行返回的是针对第 1 行的 set 命令的慢查询日志信息，其中包含的要素和之前描述的 get 慢查询日志相同，所以就不再重复讲述了。

5.5.3 慢查询相关命令

上文里运行的 slowlog get 命令是返回所有的慢查询日志，此外还可以通过 slowlog get n 命令获取指定 n 条慢查询的日志，下面演示该命令的使用方法。

```
01  127.0.0.1:6379> slowlog get 1
02  1) 1) (integer) 8
03     2) (integer) 1593261945
04     3) (integer) 37
05     4) 1) "slowlog"
06        2) "get"
```

```
07     5) "127.0.0.1:35774"
08     6) ""
```

由于第 1 行 slowlog get 命令所带的参数是 1，因此在第 2 行到第 8 行里只返回了一条慢查询的日志。

此外，还可以通过 slowlog len 命令获取慢查询日志的长度，该命令的运行结果如下所示。

```
01  127.0.0.1:6379> slowlog len
02  (integer) 5
```

表示当前有 5 条慢查询的日志，如果要清空当前慢查询的日志，可以用 slowlog reset 命令，该命令的运行效果如下所示。

```
01  127.0.0.1:6379> slowlog reset
02  OK
03  127.0.0.1:6379> slowlog get
04  1) 1) (integer) 14
05     2) (integer) 1593267365
06     3) (integer) 4
07     4) 1) "slowlog"
08        2) "reset"
09     5) "127.0.0.1:35774"
10     6) ""
```

当通过第 1 行的 slowlog reset 命令清空慢查询日志后，再用第 3 行的 slowlog get 命令获取慢查询日志时只会看到一条描述 slowlog reset 的日志，这说明其他慢查询的相关日志已经被清空。

5.6 本章小结

本章主要讲述了 Redis 数据库的实战操作，首先给出了查看和设置默认数据库的操作方法，并在此基础上给出了切换 Redis 数据库的操作方式，随后讲述了事务的 ACID 特性，以及基于 Redis 的事务相关操作，然后还给出了针对地理位置和位图的相关操作。

数据库调优是开发项目必须掌握的技能，所以本章在讲完相关技术之后还讲述了 Redis 慢查询的相关技巧，包括如何设置慢查询的相关配置以及如何通过命令在慢查询日志里查看执行时间超过指定阈值的做法。

通过本章的学习，大家不仅能了解 Redis 数据库的相关操作，还能了解面向事务的 ACID 开发理念以及通过慢查询分析性能的做法，这将进一步提升大家的实战开发技巧。

第 6 章 Redis 数据持久化操作

Redis 是基于内存的 NoSQL 数据库，所以它的读写速度很快，但存储在内存中的 Redis 数据会在服务器重启后丢失。然而，在一些场景里需要长久地保存数据，所以需要把内存中的 Redis 数据持久化地保存在硬盘中。

Redis 提供了两种持久化的方式，分别是 AOF（Append Only File，只追加文件）和 RDB（Redis DataBase，基于 Redis 数据库）。本章将在讲述这两种方式的配置技巧和实现方式之外综合对比它们的优缺点，并在此基础上给出这两种方式的实现场景和实战技巧。

6.1 Redis 持久化机制概述

对于 Redis 而言，持久化机制是指把内存中的数据存为硬盘文件，这样当 Redis 重启或服务器故障时能根据持久化后的硬盘文件恢复数据。这里将概要讲述 AOF 和 RDB 这两种持久化机制。

6.1.1 基于 AOF 的持久化机制

在 AOF 持久化的过程中，会以日志的方式记录每个 Redis“写”命令，并在 Redis 服务器重启时重新执行 AOF 日志文件中的命令，从而达到“恢复数据”的效果。图 6.1 给出了 AOF 持久化的大致流程。

当 AOF 持久化功能打开时，每当发生写的命令，该命令就会被记录到 AOF 缓冲区里，AOF 缓冲区会根据事先配置的策略定期与硬盘文件进行同步操作，而且当 AOF 文件大到一定程度后该文件会被重写，即在不影响持久化结果的前提下进行压缩。此外，当 Redis 服务器重启时，会加载硬盘上的 AOF 日志文件，以实现数据恢复的效果。

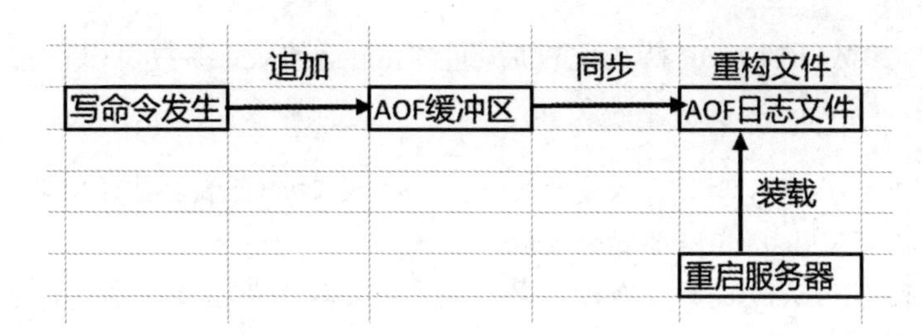

图 6.1　AOF 持久化的大致流程

当 Redis 因发生故障而重启时，Redis 服务器会按照如下步骤根据 AOF 日志文件恢复数据。

（1）创建一个伪客户端（fake client）。之所以叫伪客户端，是因为该客户端在本地，不带任何网络连接，但该伪客户端执行命令的效果和真实的带网络的客户端没有任何差别。

（2）该伪客户端从 AOF 日志文件里依次读取一条写命令并执行，直到完成所有写命令。

执行完上述步骤后，其实就达到了“根据 AOF 日志文件恢复 Redis 现场”的持久化效果。

6.1.2　基于 RDB 的持久化机制

基于 RDB 的持久化方式会把当前内存中所有 Redis 键值对数据以快照（snapshot）的方式写入硬盘文件中，如果需要恢复数据，就把快照文件读到内存中。

RDB 快照文件是经压缩的二进制格式的文件，它的存储路径不仅可以在 Redis 服务器启动前通过配置参数来设置，还可以在 Redis 运行时通过命令来设置。

有两种方式可以触发 RDB 持久化机制：第一种是通过 save 和 bgsave 等命令手动触发；第二种是 Redis 服务器会根据 redis.conf 配置文件里设置的方式定期把内存数据写入快照。

从以上描述里能看出，基于 RDB 的持久化方式比较适合数据备份和灾备场景，但 RDB 无法实现即时备份，即上次生成快照后的修改会丢失。

6.2　AOF 持久化机制实战

可以通过设置配置文件里的参数来启动或停止 AOF 持久化机制，由于基于 AOF 的持久化方式具有实时存储的特性，因此可以在读写关键数据时开启，以防因 Redis 重启或故障而导致的风险。

6.2.1　AOF 配置文件的说明

在默认情况下，Redis 服务器是不会开启 AOF 持久化机制的，如果确有需要，可以在 redis.conf 等配置文件里通过修改 appendonly 参数来开启。如果要关闭基于 AOF 的持久化功能，去掉这段配置即可。

```
appendonly yes
```

用 appendonly 参数开启 AOF 持久化以后，通过 appendfsync 参数可以设置持久化的策略，该参数有三种取值：always、everysec 和 no。

- 当该参数取值为always时，每次发生Redis的写命令时都会触发持久化动作，这样可能会影响到Redis乃至Redis所在服务器的性能。
- 当该参数取值为everysec时，会以一秒的频率触发持久化动作，在这种方式下能很好地平衡持久化需求和性能间的关系，一般情况下取这个值。
- 当该参数取值为no时，会由操作系统来决定持久化的频率，这种方式对其他另外两种而言性能最好，但可能每次持久化操作间的间隔有些长，这样当故障发生时可能会丢失较多的数据。

通过 dir 和 appendfilename 这两个参数能设置持久化文件所在的路径和文件名，而持久化文件的默认文件名是 appendonly.aof。

通过 auto-load-truncated 参数能定义 AOF 文件的加载策略，具体表现为：当 AOF 持久化文件损坏时在启动 Redis 时是否会加载，默认取值是 yes。

前文已经提到了 AOF 文件重写的知识点，随着持久化数据的增多，对应的 AOF 文件会越来越大，这可能会影响到性能。对此，Redis 提供了 AOF 文件重写功能。具体而言，Redis 能创建新的 AOF 文件来替代现有的，在数据恢复时，这两个文件的效果是相同的，但新文件不会包含冗余命令，所以文件大小会比原来的小。

可以通过如下三个参数来定义重写时的策略。

- 通过no-appendfsync-on-rewrite参数来平衡性能和安全性：如果该参数取值为yes，那么在重写AOF文件时能提升性能，但可能在重写AOF文件时丢失数据；如果取值为no，则不会丢失数据，但较取值为yes的性能可能会降低。这个参数的默认取值是no。
- 通过auto-aof-rewrite-percentage参数能指定重写的条件，默认是100，即如果当前的AOF文件比上次执行重写时的文件大100%时会再次触发重写操作。如果该参数取值为0，则不会触发重写操作。
- 通过auto-aof-rewrite-min-size参数可以指定触发重写时AOF文件的大小，默认是64MB。

这里请注意，由 auto-aof-rewrite-percentage 和 auto-aof-rewrite-min-size 两个参数指定的重写条件是“And”的关系，即只有当同时满足这两个条件时才会触发重写操作，比如当前 AOF 文件的大小小于 auto-aof-rewrite-min-size 参数指定的值，哪怕文件增幅达到 no-appendfsync-on-rewrite 参数指定的范围，也不会触发重写操作。

此外，也可以通过 bgrewriteaof 命令来手动触发针对 AOF 持久化文件的重写操作。

6.2.2 实践 AOF 持久化

在前文里，大家已经看到了 AOF 持久化的相关配置参数，这里通过使用这些参数来实践 AOF 持久化的诸多要点。

步骤01 打开之前章节已经用过的 C:\work\redis\redisConf 目录下的 redis.conf 文件，在其中编写如下配置信息。

```
01  appendonly yes
02  appendfsync everysec
03  dir /redisConfig
```

这里通过第 1 行的代码启动 AOF 持久化机制，通过第 2 行的代码设置了持久化的策略，即持久化的频率是“每秒”，通过第 3 行的代码设置了持久化文件的保存路径，该路径需要和后文通过 Docker -v 设置的容器挂载路径保持一致。这里没有通过 appendfilename 参数设置持久化文件的名字，所以会选用默认的 appendonly.aof 文件名。

步骤02 首先用 docker ps 和 docker ps -a 命令确保当前没有名为 redis-server 的容器，如果有，就需要通过 docker stop redis-server 和 docker rm redis-server 这两个命令停止并删除该容器。当确认没有名为 redis-server 的容器后，可以用 Redis 6 的镜像创建该容器，具体命令如下：

```
docker run -itd --name redis-server -v C:\work\redis\redisConf:
/redisConfig:rw -p 6379:6379 redis:latest redis-server /redisConfig/
redis.conf
```

其中通过-v 指定容器挂载路径，这个路径需要和第一步里通过 dir 设置的 AOF 持久化文件路径相同，而且需要在-v 参数指定的/redisConfig 路径后通过-rw 参数指定该路径具有读写权限，否则无法写入持久化文件。另外，还需要在 redis-server 命令后指定启动时需要加载的配置文件，因为在其中包含了 AOF 持久化的相关参数。

步骤03 通过 docker exec -it redis-server /bin/bash 命令进入 redis-server 容器的命令行窗口，并通过 redis-cli 命令以 Redis 客户端的身份连接到 Redis 服务器。随后输入如下的 get 和 set 命令：

```
01  c:\work>docker exec -it redis-server /bin/bash
02  root@3632310b927b:/data# redis-cli
03  127.0.0.1:6379> get name
04  (nil)
05  127.0.0.1:6379> set name "Peter"
06  OK
07  127.0.0.1:6379> set age 18
08  OK
```

步骤04 此时 AOF 持久化机制已经生效，每秒会同步持久化文件，而且之前也运行了若干写命令，所以此时可以观察 AOF 持久化文件里的内容。

根据配置，AOF 持久化文件的保存路径是容器里的/redisConfig，而在第二步通过 docker -v 参数设置该路径绑定了容器外的 C:\work\redis\redisConf 路径，所以在 C:\work\redis\redisConf 路径里能看到新生成的 appendonly.aof 文件，其内容如下所示。

```
01  *2
02  $6
03  SELECT
```

```
04  $1
05  0
06  *3
07  $3
08  set
09  $4
10  name
11  $5
12  Peter
13  *3
14  $3
15  set
16  $3
17  age
18  $2
19  18
```

这里有三条命令，在第 3 行能看到第一条命令是 select 0，表示开启 0 号数据库，在第 8 行和第 15 行能看到第二条和第三条 set 命令，之前运行的 get name 命令是读命令，所以不会写入持久化文件。如果继续输入写命令，那么这些命令将会被写入 AOF 持久化文件。由此大家能直观地看到 AOF 持久化的效果。

6.2.3 观察重写 AOF 文件的效果

6.2.2 节所述 redis-server 容器里的 Redis 服务器已经开启 AOF 持久化机制，这里将通过它来观察 AOF 文件重写的效果，具体步骤如下。

步骤 01 通过 docker exec -it redis-server /bin/bash 命令进入 redis-server 容器的命令行窗口，在其中通过 redis-cli 命令连接到 Redis 服务器，然后输入如下的 lpush 命令，向键为 nameList 的列表里添加若干数据。

```
01  127.0.0.1:6379> lpush nameList "Peter"
02  (integer) 1
03  127.0.0.1:6379> lpush nameList "Mary"
04  (integer) 2
05  127.0.0.1:6379> lpush nameList "Mike"
06  (integer) 3
07  127.0.0.1:6379> lpush nameList "Tom"
08  (integer) 4
```

步骤 02 添加完成后，打开 appendonly.aof 文件，其中记录了 4 条“lpush 列表”的命令，具体内容如下：

```
01  lpush
02  $8
```

```
03 nameList
04 $5
05 Peter
06 *3
07 $5
08 lpush
09 $8
10 nameList
11 $4
12 Mary
13 *3
14 $5
15 lpush
16 $8
17 nameList
18 $4
19 Mike
20 *3
21 $5
22 lpush
23 $8
24 nameList
25 $3
26 Tom
```

步骤 03 运行 bgrewriteaof 命令手动触发 AOF 文件的重写动作，随后打开 appendonly.aof 文件，能看到如图 6.2 所示的效果。

```
REDIS0009ú      redis-ver6.0.1ú
redis-bitsÀ@úctimeÂ¦:ÿ^úused-memÂà3
 ú↑aof-preambleÀþ û  ageÀ namePeternameList##       TomMikeMaryPeterÿÿ.iQz•
```

图 6.2　重写 AOF 文件后的效果图

由于 AOF 文件在重写过程中可能被压缩，因此用记事本打开可能会看到乱码，但依然能从中辨识出之前 AOF 文件里记录的多条 lpush 命令被合并成一条。

在实际项目里，如果没有特殊情况，一般不会主动运行 bgrewriteaof 命令手动触发 AOF 文件的重写动作，而是会通过 auto-aof-rewrite-percentage 和 auto-aof-rewrite-min-size 这两个参数来定义触发重写 AOF 文件的条件。

6.2.4　模拟数据恢复的流程

持久化 Redis 数据是为了数据恢复，通过如下的步骤，大家能掌握 Redis 重启时通过 AOF 持久化文件恢复数据的常规技巧。

步骤01 为了避免干扰数据，先通过 docker stop redis-server 和 docker rm redis-server 命令停止并删除名为 redis-server 的镜像。

步骤02 确保 C:\work\redis\redisConf 目录下的 redis.conf 文件有如下关于 AOF 持久化的相关配置。

```
01  appendonly yes
02  appendfsync everysec
03  dir /redisConfig
```

上述配置在前文里已经给出说明，这里就不再重复叙述了。

在此基础上通过如下的命令创建名为 redis-server 的镜像，并在创建时加载上述 redis.conf 配置文件，该命令之前也分析过。

```
docker run -itd --name redis-server -v C:\work\redis\redisConf:
/redisConfig:rw -p 6379:6379 redis:latest redis-server /redisConfig/
redis.conf
```

步骤03 通过 docker exec -it redis-server /bin/bash 命令进入 redis-server 的命令行后，再通过 redis-cli 命令进入客户端，在其中运行如下的 set 命令和 flushall 命令。

```
01  127.0.0.1:6379> set name 'Peter'
02  OK
03  127.0.0.1:6379> set age 18
04  OK
05  127.0.0.1:6379> flushall
06  OK
```

通过第 5 行的 flushall 命令能清空 Redis 的所有内存数据。运行完上述命令后，能发现对应的 AOF 文件里不仅包含了 set 命令，还包含了 flushall 命令。

步骤04 通过两次输入 exit 命令退出 Redis 客户端和 Docker 容器。在此基础上，再通过第 4 行和第 6 行的命令停止并删除 redis-server 容器。

```
01  127.0.0.1:6379> exit
02  root@54187b99413a:/data# exit
03  exit
04  c:\work>docker stop redis-server
05  redis-server
06  c:\work>docker rm redis-server
07  redis-server
```

通过上述命令，不仅可以模拟 Redis 服务器宕机的场景，还能模拟把本机 AOF 文件复制到其他 Redis 服务器上，在别的 Redis 服务器上恢复数据的场景。

步骤05 打开 AOF 文件，删除最后一行的 flushall 命令，如果不删除，在进行数据恢复时还会运行这条命令，从而把数据清空。随后通过如下的 docker run 命令在 redis-server 这个 Docker 容器里启动 Redis 服务器，启动时由于已经通过配置文件里的 dir 指定了 AOF 文件的位置，因此会进行数据恢复的动作。

```
docker run -itd --name redis-server -v C:\work\redis\redisConf:
/redisConfig:rw -p 6379:6379 redis:latest redis-server /redisConfig/
redis.conf
```

随后通过 docker exec -it redis-server /bin/bash 命令进入 redis-server 命令行，再通过 redis-cli 命令进入客户端，此时如果运行 get name 和 get age 命令，那么看到的不是 nil，而是如下所示的值。

```
01  127.0.0.1:6379> get name
02  "Peter"
03  127.0.0.1:6379> get age
04  "18"
```

从中大家能看到，虽然当前基于 Redis 的 Docker 容器是最新创建的，而且其中包含的 Redis 服务器也没有存储任何内存数据，但是由于启动时从 AOF 文件里恢复了数据，因此两条 get 命令照样会有结果。

由此大家能看到通过 AOF 文件进行数据恢复的一般步骤。

在 Redis 重启时需要加载的配置文件里通过参数指定用于数据恢复的 AOF 文件名和路径。重启 Redis 服务器时，会通过加载 AOF 文件恢复数据。如果 AOF 文件损坏，那么可以通过 redis-check-aof 命令进行修复。

6.2.5 修复 AOF 文件

在用 AOF 文件进行数据恢复时，如果 AOF 文件被损坏，那么可以通过 redis-check-aof --fix 命令来恢复数据，该命令的用法如下所示。

```
01  root@f74c89b152cc:/data# redis-check-aof --fix /redisConfig/
    appendonly.aof
02  AOF analyzed: size=87, ok_up_to=87, diff=0
03  AOF is valid
```

注 意

该命令不能在 Redis 客户端运行，即运行时需要用 exit 命令退出 redis-cli 的状态。从第 1 行的命令能看到该命令的 fix 参数前需要加两个-，而且还需要指明待修复的文件。该命令运行后会给出具体的结果，比如从第 3 行的输出里大家能看到该 AOF 文件正常，无须修复。

6.3 RDB 持久化机制实战

在基于 RDB 的持久化机制里会定时把 Redis 内存数据以快照的方式保存到硬盘上，而在必要的时候可以通过快照文件来恢复数据。这里将给出基于 RDB 持久化的快照保存和数据恢复等实践要点。

6.3.1 编写配置文件，生成 RDB 快照

在 Redis 的 redis.conf 配置文件里，可以通过 save 参数配置生成 RDB 快照的条件，具体代码如下：

```
01  save 600 1
02  save 300 100
03  save 60  1000
```

其中，第 1 行代码表示当在 600 秒内有 1 个或 1 个以上的键被修改时就会生成快照，第 2 行代码表示在 300 秒内有大于或等于 100 个键被修改时就会生成快照，第 3 行表示在 60 秒内有大于或等于 1000 个键被修改时会生成快照。

注意，这三个条件是“或”的关系，即只要有一个条件被满足，就会生成快照。从中能看出，RDB 持久化文件只是当条件满足后生成快照，所以无法即时保存当前状态的内存数据。也就是说，通过 RDB 恢复数据时，会丢失上次生成快照后更新的数据。

同时，在 redis.conf 里加上如下两条描述快照文件路径和文件名的配置：

```
01  dbfilename dump.rdb
02  dir /redisConfig
```

随后通过 docker stop redis-server 和 docker rm redis-server 命令停止并删除名为 redis-server 的镜像，再用如下命令启动 Redis 服务器。注意，在这里启动所加载的配置文件里不仅包含了生成快照的条件，还指定了快照文件的路径和文件名。

```
    docker run -itd --name redis-server -v C:\work\redis\redisConf:
/redisConfig:rw -p 6379:6379 redis:latest redis-server /redisConfig/redis.conf
```

随后通过 docker exec -it redis-server /bin/bash 命令进入 redis-server 的命令行后，再通过 redis-cli 命令进入客户端，运行如下的 set 命令创建两个键值对数据。

```
01  c:\work>docker exec -it redis-server /bin/bash
02  root@fab9e7dacc75:/data# redis-cli
03  127.0.0.1:6379> set empID 001
04  OK
05  127.0.0.1:6379> set empName "Mike"
06  OK
```

此时满足“600 秒里有一个或一个以上键被修改”这个条件，所以大家到/redisConfig 目录里（C:\work\redis\redisConf 目录里）能看到 RDB 持久化文件 dump.rdb。

不过 RDB 持久化文件是二进制格式，所以用记事本打开后看到的是乱码。在后文里，将演示通过该 RDB 持久化文件恢复数据的做法。

除了 save 以外，还有如下和 RDB 持久化有关的配置参数。

- stop-writes-on-bgsave-error：该参数默认是yes，表示当执行bgsave持久化命令时如果有错误，Redis服务器会终止写入操作。如果取值是no，那么即使出现错误也会继续写入。
- rdbcompression：该参数默认是yes，表示在持久化时会压缩文件。
- rdbchecksum：该参数默认是yes，表示在用RDB快照文件进行数据恢复时开启对快照文件的校验。如果设置为no，就无法确保快照文件的正确性。

在实际项目里，上述参数一般会使用默认值。此外，也可以用 dir 参数表示 RDB 快照文件的保存路径，用 dbfilename 参数表示文件的名字。

6.3.2　用快照文件恢复数据

和 AOF 持久化方式一样，通过 RDB 的快照文件也可以恢复数据，这里大家可以通过如下的步骤来查看用 RDB 快照文件恢复数据的效果。

步骤01 确保在 redis.conf 文件用如下正确的 dir 和 dbfilename 参数指向 6.3.1 节所创建的 dump.rdb 快照文件。在这个快照文件里，已经包含了写入 empID 和 empName 这两个键的操作。

```
01  dbfilename dump.rdb
02  dir /redisConfig
```

步骤02 用 docker stop redis-server 和 docker rm redis-server 命令停止并删除 redis-server 容器，并通过如下命令再次创建名为 redis-server 的包含 Redis 服务器的 Docker 容器。

```
docker run -itd --name redis-server -v
C:\work\redis\redisConf:/redisConfig: rw -p 6379:6379 redis:latest
redis-server /redisConfig/redis.conf
```

由于是重新创建，因此在通过该命令启动的 Redis 服务器里不会包含任何数据。而且在该命令里，启动 Redis 服务器所加载的 redis.conf 配置文件已经包含了 RDB 快照的路径和文件名，所以启动时会根据快照文件向该 Redis 服务器里恢复数据。

步骤03 通过 docker exec -it redis-server /bin/bash 命令进入 redis-server 容器的命令行，再通过 redis-cli 命令进入 Redis 服务器，此时再运行如下的第 3 行和第 5 行所示的 get 命令，会看到用快照文件恢复的数据。

```
01  c:\work>docker exec -it redis-server /bin/bash
02  root@fab9e7dacc75:/data# redis-cli
03  127.0.0.1:6379> get empID
04  "001"
05  127.0.0.1:6379> get empName
06  "Mike"
```

通过上述步骤，大家能掌握通过 RDB 快照恢复数据的一般步骤。再重复说一下，在基于 RDB 的持久化机制中，不是即时生成 RDB 快照，所以根据快照恢复的数据可能有缺失，这也是基于 RDB 和 AOF 持久化的差别。

6.3.3 save 和 bgsave 命令

在基于 RDB 的持久化机制中，除了可以在配置文件里定义触发持久化的条件外，还可以通过 save 和 bgsave 这两个命令手动地触发持久化，即把当前内存里的数据写入 RDB 持久化文件中。

在 Redis 客户端运行 save 命令后，Redis 服务器会把当前内存里的数据写入快照文件，在写入的过程中会暂停执行其他命令，直到写完快照文件，该命令的执行效果如下所示，如果成功执行，就会返回 OK。

```
01  root@f9516f4ca9fe:/data# redis-cli
02  127.0.0.1:6379> save
03  OK
```

在实际项目里，如果当前 Redis 内存数据很多，那么一旦执行 save 命令，服务器就会长时间暂停执行命令，造成大量连接阻塞，从而导致线上问题，所以一般在执行 save 命令时需要非常谨慎。

和 save 命令对应的是 bgsave 命令，这里 bg 的含义是 background，即后台运行，该命令的运行效果如下所示。

```
01  127.0.0.1:6379> bgsave
02  Background saving started
```

该命令的返回结果如第 2 行所示。当用户输入 bgsave 命令后，Redis 服务器会创建一个新的进程，在该进程里把内存数据写入快照文件里，在写的过程中 Redis 服务器能继续执行其他来自客户端的命令。

也就是说，运行 bgsave 命令后，把内存数据写入快照文件的动作是在后台（background）运行，而该命令返回的结果仅仅是提示“启动后台写”的操作，如果要查看 bgsave 命令的结果，可以继续执行 lastsave 命令，该命令的运行结果如下所示。

```
01  127.0.0.1:6379> lastsave
02  (integer) 1593951825
```

该命令返回的是一个时间戳，表示最近一次把内存数据存入快照文件的时间，如果该时间和 bgsave 命令的运行时间能对应上，则能说明 bgsave 命令成功执行。

6.4 如何选用持久化方式

在 Redis 里，基于 AOF 和 RDB 的两种持久化方式有各自的优缺点，所以它们有各自的应用场合。在本节里，首先将分析它们的优缺点，并在此基础上给出应用场合，最后还将给出整合使用这两种持久化方式的实践要点。

6.4.1 对比两种持久化方式

AOF 可以设置一秒写一次持久化文件，所以相对 RDB 而言，这种方式能更好地记录内存数据，从而能更好地达到持久化的效果，而且 AOF 是以“在文件末尾追加”的方式写入数据，所以性能较好。不过 AOF 持久化的文件一般会大于 RDB 快照，所以用 AOF 恢复数据时速度会比 RDB 要慢。

在某些个别场景里，Redis 服务器在重启时无法加载 AOF 持久化文件，从而导致无法恢复数据，这种情况虽然出现的概率很小，但是一旦出现，或许就是灾难性的。

相对而言，RDB 的快照是二进制文件，所以一般比 AOF 要小，所以在恢复数据时占优势，而且通过 bgsave 等方式生成快照时，Redis 服务器会新创建一个子进程，所以不会影响 Redis 服务器继续执行命令。不过 RDB 持久化的缺陷之前也已经提到，即无法即时恢复数据。

综合考虑到这两种方式的优缺点，在实际项目里可以同时用到这两种方式，当出现数据误删的情况时，可以用 AOF 持久化文件来恢复数据，在一般情况下，可以用 RDB 快照来恢复数据。一旦出现因 AOF 持久化文件损坏而无法恢复数据的情况，就可以用 RDB 的方式来恢复数据，最大限度地提升 Redis 内存数据的安全性。

6.4.2 综合使用两种持久化方式

要综合使用这两种持久化方式，可以在 C:\work\redis\redisConf 目录下 redis.conf 里做如下配置。

```
01  dir "/redisConfig"
02  save 600 1
03  save 300 100
04  save 60 1000
05  dbfilename "dump.rdb"
06  appendonly yes
07  appendfsync everysec
08  appendfilename "appendonly.aof"
```

在第 1 行里，指定了 AOF 和 RDB 持久化文件的存放路径，通过第 2 行到第 4 行的 save 参数指定了 RDB 快照文件的生成条件，注意这三个条件之间是“或”的关系。通过第 5 行的代码，指定了 RDB 快照文件的名字，通过第 6 行的代码，开启了 AOF 持久化机制，通过第 7 行的代码，指定了在 AOF 持久化机制里每隔 1 秒向第 8 行指定的 appendonly.aof 文件里同步 Redis 内存数据。

随后，删掉 C:\work\redis\redisConf 目录下的 dump.rdb 和 appendonly.aof 文件，并通过 docker stop redis-server 和 docker rm redis-server 命令停止和删除容器。在此基础上，通过如下的命令创建包含 Redis 服务器的 Docker 容器。而且在启动该容器里的 Redis 服务器时加载了上文定义的 redis.conf 配置文件，也就是说该 Redis 服务器同时启用了 AOF 和 RDB 这两种持久化机制。

```
docker run -itd --name redis-server -v C:\work\redis\redisConf:/redisConfig:
rw -p 6379:6379 redis:latest redis-server /redisConfig/redis.conf
```

然后通过 docker exec -it redis-server /bin/bash 命令进入 redis-server 容器的命令行，再通过 redis-cli 命令以客户端的方式进入 Redis 服务器，在客户端里再运行如下第 5 行到第 10 行的 set 命令和 bgsave 命令。

```
01  c:\work>docker run -itd --name redis-server -v C:\work\redis\redisConf:
    /redisConfig:rw -p 6379:6379 redis:latest redis-server /redisConfig/
    redis.conf
02  7781d9d7bb18279e13be5574e36cf97e144d53fbdab8a57b9ce8eb539d257051
03  c:\work>docker exec -it redis-server /bin/bash
04  root@7781d9d7bb18:/data# redis-cli
05  127.0.0.1:6379> set name 'Tom'
06  OK
07  127.0.0.1:6379> set age 19
08  OK
09  127.0.0.1:6379> bgsave
10  Background saving started
```

运行完成后，能在 Docker 容器里的/redisConfig 目录（对应映射的 C:\work\redis\redisConf 目录）里看到 appendonly.aof 和 dump.rdb 这两个持久化文件，说明两种持久化方式已经同时启用。在这种情况下，Redis 重启时会默认用 AOF 持久化文件来恢复数据。

6.4.3 查看持久化状态的命令

输入 info persistence 命令，就能看到当前 Redis 服务器的持久化状态，该命令的运行效果如下所示。

```
01  127.0.0.1:6379> info persistence
02  # Persistence
03  loading:0
04  rdb_changes_since_last_save:0
05  rdb_bgsave_in_progress:0
06  rdb_last_save_time:1594080645
07  rdb_last_bgsave_status:ok
08  rdb_last_bgsave_time_sec:1
09  rdb_current_bgsave_time_sec:-1
10  rdb_last_cow_size:217088
11  aof_enabled:1
12  aof_rewrite_in_progress:0
13  aof_rewrite_scheduled:0
14  aof_last_rewrite_time_sec:-1
15  aof_current_rewrite_time_sec:-1
```

```
16  aof_last_bgrewrite_status:ok
17  aof_last_write_status:ok
18  aof_last_cow_size:0
19  module_fork_in_progress:0
20  module_fork_last_cow_size:0
21  aof_current_size:85
22  aof_base_size:0
23  aof_pending_rewrite:0
24  aof_buffer_length:0
25  aof_rewrite_buffer_length:0
26  aof_pending_bio_fsync:0
27  aof_delayed_fsync:0
```

从第 6 行里，大家能看到上次 RDB 持久化快照的生成时间，从第 11 行里能看到同时启用了 AOF 持久化机制，通过第 17 行的输出能看到上次 AOF 同步数据的动作是成功的，而通过第 15 行的输出能看到 AOF 持久化文件并没有被重写。也就是说，通过上述输出结果能实时观察 Redis 持久化的状态，并可以由此制定相关的数据恢复策略。

6.5　本章小结

本章首先综合概要讲述 Redis 里 AOF 和 RDB 这两种持久化机制，随后通过实例讲述了这两种持久化机制的配置方式和恢复数据的步骤，最后通过对比它们的优缺点给出“综合使用 AOF 和 RDB”的实现方法。

对于基于内存数据的 Redis 而言，数据持久化是大多数项目组必须考虑的问题，通过本章的学习，大家不仅能学到 AOF 和 RDB 这两种持久化方式的实践要点，还能掌握“综合使用 AOF 和 RDB 提升数据安全性”这个高级技能，从而能更有效地提升 Redis 的实战经验。

第7章 搭建 Redis 集群

在实际项目里，一般不会简单地只在一台服务器上部署 Redis 服务器，因为单台 Redis 服务器不能满足高并发的压力，另外如果该服务器或 Redis 服务器失效，整个系统就可能崩溃。所以，项目里一般会用主从复制的模式来提升性能，用集群模式来提升吞吐量并提升可用性。

学习 Redis 集群最大的问题不是掌握相关配置，而是搭建环境，因为大家未必有多台服务器。对此，本章将用 Docker 容器来模拟服务器，用启动多个 Docker 容器的方法来模拟“在多个服务器上安装 Redis”的效果。在本章里，大家不仅能掌握集群相关的配置和语法，更能实践 Redis 集群相关的操作。

7.1 搭建基于主从复制模式的集群

在主从复制模式的集群里，主节点一般是一个，从节点一般是两个或多个，写入主节点的数据会被复制到从节点上，这样一旦主节点出现故障，应用系统就能切换到从节点去读写数据，提升系统的可用性。再采用主从复制模式里默认的读写分离机制，就能提升系统的缓存读写性能。对性能和实时性不高的系统而言，主从复制模式足以满足一般的性能和安全性方面的需求。

7.1.1 主从复制模式概述

在实际应用中，如果有相应的设置，在向一台 Redis 服务器里写数据后，这个数据可以复制到另外一台（或多台）Redis 服务器，这里数据源服务器叫主服务器（Master Server），复制数据目的地所在的服务器叫从服务器（Slave Server）。

这种主从复制模式能带来两个好处：第一，可以把写操作集中到主服务器上，把读操作集中到从服务器上，以提升读写性能；第二，由于出现了数据备份，因此能提升数据的安全性，比如当主Redis服务器失效后，能很快切换到从服务器上读数据。

如果在项目中并发要求不高，或者说哪怕从Redis缓存里读不到数据对性能也不会有太大的损害，就可以用一主一从的复制模式，效果图如图7.1所示。

也可以设置一主多从的复制效果。图7.2给出一主二从的主从复制效果图，即写到主节点的数据会同步到两个从节点上，其他一主多从的模式与此相似。

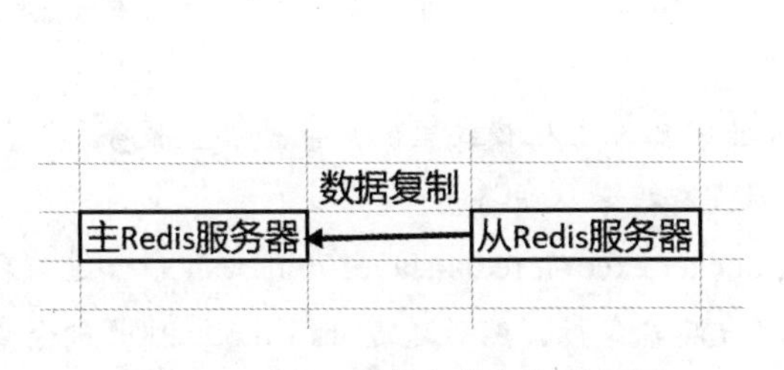

图7.1　一主一从的主从复制效果图

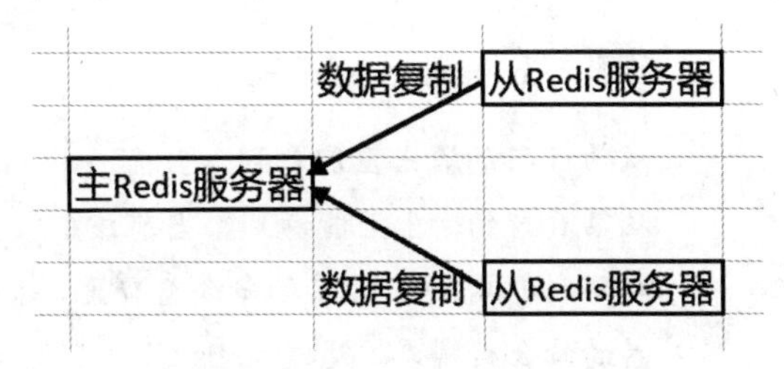

图7.2　一主二从的主从复制效果图

关于主从复制模式，请大家注意如下要点。

（1）一个主服务器可以带一个或多个从服务器，从服务器可以再带从服务器，但在复制数据时只能把主服务器的数据复制到从服务器上，反之不能。

（2）一台从服务器只能跟随一台主服务器，不能出现一从多主的模式。

（3）在Redis 2.8以后的版本里，采用异步的复制模式，即进行主从复制时不会影响主服务器上的读写数据操作。

7.1.2　用命令搭建主从集群

这里将用Docker容器来搭建一主二从模式的集群，在配置主从关系时，需要在从节点上使用slaveof命令，具体的步骤如下。

步骤01 打开一个命令窗口，在其中运行如下命令创建一个名为redis-master的Redis容器。注意，它的端口是6379。

```
docker run -itd --name redis-master -p 6379:6379 redis:latest
```

步骤02 新开一个命令窗口，在其中运行如下命令创建一个名为redis-slave1的容器。注意，它的端口是6380。这里是在一台电脑上运行，所以用端口号来区别一台主Redis容器和另外两台从Redis容器。在真实项目里，多台Redis会部署在不同的服务器上，所以可以都用6379端口。

```
docker run -itd --name redis-slave1 -p 6380:6380 redis:latest
```

步骤03 回到包含redis-master容器的命令窗口，在其中运行docker inspect redis-master命令，查看redis-master容器的信息，在其中能通过IPAddress项看到该容器的IP地址，这里是172.17.0.2。在真实项目里，Redis服务器所在的IP地址是固定的，而通过Docker容器启动的Redis服务器的IP地址是动态的，所以这里要用上述命令来获取IP地址。

步骤 04 在 redis-master 容器的命令窗口里，运行 docker exec -it redis-master /bin/bash 命令，进入命令行窗口。在其中用 redis-cli 命令进入 Redis 客户端命令行，通过 info replication 命令查看当前的主从模式状态，能看到如下所示的部分结果。

```
01  c:\work>docker exec -it redis-master /bin/bash
02  root@9433cd584d80:/data# redis-cli
03  127.0.0.1:6379> info replication
04  # Replication
05  role:master
06  connected_slaves:0
```

从第 5 行的输出里能看到，当前 redis-master 容器在主从模式里的角色是“主服务器”。从第 6 行的输出里能看到，当前该主服务器没有携带从服务器。

再到 redis-slave1 容器的命令窗口里，通过 docker exec -it redis-slave1 /bin/bash 命令进入容器的命令行窗口，通过 redis-cli 命令进入客户端命令行，然后通过 info replication 命令查看该 Redis 服务器的主从模式状态，部分结果如下所示。

```
01  c:\work>docker exec -it redis-slave1 /bin/bash
02  root@2e3237c60211:/data# redis-cli
03  127.0.0.1:6379> info replication
04  # Replication
05  role:master
06  connected_slaves:0
```

由于此时还没有通过命令行设置主从模式，因此从第 5 行和第 6 行的输出结果里依然能看到当前服务器是“主服务器”，同时没有携带从服务器。

步骤 05 在 redis-slave1 容器的命令窗口里运行如下的 slaveof 命令，指定当前 Redis 服务器为从服务器。该命令的格式是 slaveof IP 地址端口号，这里是指向 172.17.0.2：6379 所在的主服务器。

```
slaveof 172.17.0.2 6379
```

运行完该命令后，在 redis-slave1 客户端里再次运行 info replication，会看到如下所示的部分结果。从第 3 行的结果里能看到，该 redis-slave1 服务器已经成为从服务器，并能从第 4 行和第 5 行的输出里确认该从服务器是从属于 172.17.0.2:6379 所在的 Redis 主服务器。

```
01  127.0.0.1:6379> info replication
02  # Replication
03  role:slave
04  master_host:172.17.0.2
05  master_port:6379
```

此时回到 redis-master 容器的命令窗口里，在 Redis 客户端里再次运行 info replication 命令查看主从状态，能看到如下所示的部分结果。从第 4 行的输出里能看到该 Redis 主服务器已经携带了一个从服务器。

```
01  127.0.0.1:6379> info replication
02  # Replication
03  role:master
04  connected_slaves:1
```

步骤06 打开一个新的命令窗口，在其中运行如下命令，开启一个新的名为 redis-slave2 的 Redis 容器。注意，它的端口是 6381。

```
docker run -itd --name redis-slave2 -p 6381:6381 redis:latest
```

随后运行 docker exec -it redis-slave2 /bin/bash 命令进入该容器的命令行窗口，再通过 redis-cli 命令进入客户端，运行 slaveof 172.17.0.2 6379 命令，把这个 Redis 服务器也设为从服务器，并连到 redis-master 容器所在的主 Redis 服务器上。

连接完成后，回到 redis-master 容器所在的命令行窗口，运行 info replication 命令，此时能看到如下的部分输出，从第 4 行的输出里能看到当前的主服务器连接着两台从服务器。

```
01  127.0.0.1:6379> info replication
02  # Replication
03  role:master
04  connected_slaves:2
```

至此，配置完成一主二从模式的主从模式。此时到两台从服务器里运行 get name 命令，返回是空；到 redis-master 容器所在的命令行窗口运行 set name Peter 后，再到两台从服务器里运行 get name 命令，就能看到返回值。这说明主从模式配置成功，主服务器里的数据会自动同步到各从服务器上。

7.1.3　通过配置搭建主从集群

在项目里除了可以用 slaveof 命令搭建主从模式的集群外，还可以用配置参数的方式来搭建，具体的步骤如下。

步骤01 搭建主服务器 redis-master 的命令不变，并且还是用 6379 端口。

```
docker run -itd --name redis-master -p 6379:6379 redis:latest
```

用 docker inspect redis-master 命令确认该 Redis 服务器所在容器的 IP 地址依然是 172.17.0.2。

步骤02 到 C:\work\redis\redisConf 目录里创建配置文件 redisSlave1.conf，并在其中编写如下内容。

```
01  port 6380
02  slaveof 172.17.0.2 6379
```

通过第 1 行的命令设置该 Redis 的端口为 6380，通过第 2 行的 slaveof 配置把该 Redis 服务器设置成“从模式”，并连接到 redis-master 所在的主服务器上。

步骤03 在新的命令窗口里运行如下的命令，创建名为 redis-slave1 的 Redis 服务器。该服务器的工作端口是 6380，并且用 redis-server 后的参数指定在启动 Redis 服务器时加载 redisSlave1.conf 配置文件。

```
docker run -itd --name redis-slave1 -v C:\work\redis\redisConf:
/redisConfig:rw -p 6380:6380 redis:latest redis-server /redisConfig/
redisSlave1.conf
```

随后通过 docker exec -it redis-slave1 /bin/bash 命令进入到该容器的命令行，由于 Redis 工作端口已经变成 6380，所以需要通过 redis-cli -h 127.0.0.1 -p 6380 命令进入 Redis 客户端。在其中运行 info replication 命令，能看到如下的部分结果，由此能进一步确认 redis-slave1 服务器已经从属于 redis-master 服务器。

```
01  root@80e7ae14a322:/data# redis-cli -h 127.0.0.1 -p 6380
02  127.0.0.1:6380> info replication
03  # Replication
04  role:slave
05  master_host:172.17.0.2
06  master_port:6379
```

步骤 04 到 C:\work\redis\redisConf 目录里创建配置文件 redisSlave2.conf，并在其中编写如下内容。

```
01  port 6381
02  slaveof 172.17.0.2 6379
```

这里用到了 6381 端口，同样也通过 slaveof 命令连接到 redis-master 服务器上。随后在新的命令窗口里运行如下的命令，创建名为 redis-slave2 的 Redis 服务器。该服务器的工作端口是 6381，并且用 redis-server 后的参数指定在启动 Redis 服务器时加载 redisSlave2.conf 配置文件。

```
docker run -itd --name redis-slave2 -v C:\work\redis\redisConf:
/redisConfig:rw -p 6381:6381 redis:latest redis-server /redisConfig/
redisSlave2.conf
```

随后通过 docker exec -it redis-slave2 /bin/bash 命令进入该容器的命令行，由于 Redis 工作端口已经变成 6381，所以需要通过 redis-cli -h 127.0.0.1 -p 6381 命令进入 Redis 客户端。这里可以再通过 info replication 命令确认配置效果，部分运行结果如下所示。

```
01  root@6017108b97c4:/data# redis-cli -h 127.0.0.1 -p 6381
02  127.0.0.1:6381> info replication
03  # Replication
04  role:slave
05  master_host:172.17.0.2
06  master_port:6379
```

至此，完成了以配置文件设置主从复制集群的设置，此时如果到主服务器 redis-master 所在的客户端里运行 set age 18 命令，再到 redis-slave1 和 redis-slave2 这两台从服务器里运行 get age 命令，就能看到 age 的值，由此能再次确认主从服务器之间能同步数据。

7.1.4　配置读写分离效果

在上文里配置的 redis-slave1 和 redis-slave2 这两台从服务器里运行 info replication 命令，还能看到“slave_read_only:1”这项配置，说明从服务器默认是“只读”的。到 redis-slave1 的 Redis 客户端命令行里输入 set val 1，就会看到如下面第 2 行所示的错误，从而能进一步验证该 Redis 服务器的“只读”属性。

```
01  127.0.0.1:6380> set val 1
02  (error) READONLY You can't write against a read only replica.
```

对于 Redis 从服务器而言，建议采用默认的“只读”配置，因为在项目里一般不会向作为数据同步目的地的“从服务器”上写数据。如果业务上确实需要，可以通过如下步骤设置“可读可写”的效果。

步骤 01 在上文提到的 redisSlave2.conf 配置文件里再加入一行“slave-read-only no”的配置，指定该服务器可读可写。

步骤 02 如果上文提到的 redis-slave2 容器还处于活动状态，则需要先用 docker stop redis-slave2 停止该容器，再用 docker rm redis-slave2 命令删除该容器，之后可以用如下命令再次创建 redis-slave2 容器。

```
docker run -itd --name redis-slave2 -v C:\work\redis\redisConf:
/redisConfig:rw -p 6381:6381 redis:latest redis-server /redisConfig/
redisSlave2.conf
```

在 redis-server 命令后所带的 redisSlave2.conf 配置文件里，用“slave-read-only no”配置项设置了“可读可写”的模式。

步骤 03 通过 docker exec -it redis-slave2 /bin/bash 命令进入该容器的命令行，再通过 redis-cli -h 127.0.0.1 -p 6381 命令进入 Redis 客户端，此时运行 set val 1 命令，就能成功写入数据。

7.1.5　用心跳机制提高主从复制的可靠性

在 Redis 主从复制模式里，如果主从服务器之间有数据同步的情况，那么从服务器会默认以一秒一次的频率向主服务器发送 REPLCONF ACK 命令，依次来确保两者间连接通畅。这种定时交互命令确保连接的机制就叫“心跳”机制。在上文开启的 redis-master 这个主服务器的命令行里，运行 info replication 命令，就能看到它从属服务器的“心跳”状况。

```
01  127.0.0.1:6379> info replication
02  # Replication
03  role:master
04  connected_slaves:2
05  slave0:ip=172.17.0.3,port=6380,state=online,offset=16185,lag=1
06  slave1:ip=172.17.0.4,port=6381,state=online,offset=16185,lag=1
```

在第 5 行和第 6 行里通过 lag 表示该从属服务器发送 REPLCONF ACK 命令的时间，这里均是 1 秒，表示两台从服务器和主服务器的连接均属通畅。

这里大家可以想象一下，如果从服务器宕机，那么主从复制就没有意义了。对此，可以通过如下的步骤来关联心跳机制和主动复制的动作。

步骤 01 在 C:\work\redis\redisConf 目录里新建 redisMaster.conf 文件，在其中编写如下的代码。

```
01  min-slaves-to-write 2
02  min-slaves-max-lag 15
```

第 1 行的参数表示实现主从复制的从服务器个数最少是 2 台，第 2 行的参数表示如果由第 1 行参数指定的从服务器个数（这里是 2 台）的心跳延迟时间（lag 值）大于 15 秒，就不执行主从复制。

这两个条件是“或者”的关系，即只要出现从服务器个数小于 2，或者 2 台从服务器的心跳延迟时间大于 15 秒，主服务器即停止主从复制的操作。

步骤 02 通过如下的命令启动 redis-master 容器，由于此时启动 Redis 服务器时已经加载了上述配置，因此该 Redis 主服务器在执行主从复制时会检测第一步所设置的条件，从而提升主从复制的可靠性。

```
docker run -itd --name redis-master -v C:\work\redis\redisConf:
/redisConfig:rw -p 6379:6379 redis:latest redis-server /redisConfig/
redisMaster.conf
```

7.1.6 用偏移量检查数据是否一致

在上文开启的 redis-master 主服务器的命令行里，运行 info replication 命令，能看到表示复制数据偏移量的 master_repl_offset 数据，效果如下第 6 行所示。这里的数据是 276，表示主服务器向从服务器发送数据的字节数。

```
01  127.0.0.1:6379> info replication
02  # Replication
03  role:master
04  connected_slaves:1
05  ...
06  master_repl_offset:276
```

同样，到 redis-slave1 从服务器的命令行里也能通过 info replication 查看该偏移量，效果如下第 7 行所示。

```
01  127.0.0.1:6380> info replication
02  # Replication
03  role:slave
04  master_host:172.17.0.2
```

```
05  master_port:6379
06  ...
07  slave_repl_offset:276
```

在从服务器里，该数据表示从主服务器中接收到的数据字节数，如果主从服务器中两者的数据一致，就说明主从服务器间的数据是同步的。

当在主服务器 redis-master 里运行 set nextVal 1 命令后，再用 info replication 查看 master_repl_offset 数值，就会发现有变化，此时再到 redis-slave1 从服务器运行 info replication 命令，就会发现从服务器的 master_repl_offset 数值依然和主服务器一致，说明用 set nextVal 1 命令在主服务器里增加的数据已经成功同步到从服务器。也就是说，如果出现 Redis 问题，可以通过 master_repl_offset 数值来检查同步数据是否正确，由此再进一步排查问题。

7.2　搭建哨兵模式的集群

在上文提到的主从复制模式的集群里，一方面可以提升数据的安全性，比如主服务器失效后，可以启动从服务器上的备份数据，另一方面也可以通过读写分离来提升性能。但是当主服务器发生故障后，需要手动进行数据恢复动作，比如让应用程序连到从服务器上，同时需要重新设置主从关系。

也就是说，基于主从复制模式的集群在发生故障时可能会出现数据丢失等情况，对此可以在主从模式的基础上再引入“哨兵（Sentinel）”机制，一方面用哨兵进程监控主从服务器是否可用，另一方面当主服务器故障发生时通过哨兵机制可以实现“故障自动恢复”的效果。

7.2.1　哨兵模式概述

一般来说，哨兵机制会和主从复制模式整合使用，在基于哨兵的模式里会在一台或多台服务器上引入哨兵进程，这些节点也叫哨兵节点。

哨兵节点一般不存储数据，它的作用是监控主从模式里的主服务器节点。当哨兵节点监控的主服务器发生故障时，哨兵节点会主导“故障自动恢复”的流程，具体来讲就是会在该主服务器下属的从服务器里选出一个新的主服务器，并完成相应的数据和配置更改等动作。

也就是说，如果采用这种模式，可以让故障自动修复，从而提升系统的可用性。在项目里，一般会配置多个主从模式集群，所以会引入多个哨兵节点。基于哨兵模式的集群效果如图 7.3 所示。

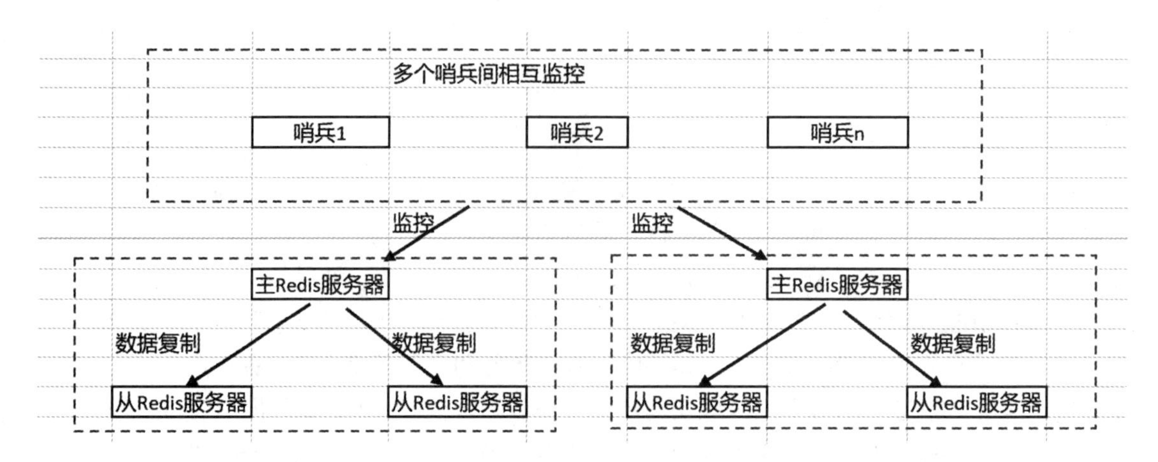

图 7.3　基于哨兵模式集群的效果图

7.2.2　搭建哨兵模式集群

通过如下的步骤，大家可以用 Docker 容器搭建基于哨兵的集群，由此可以感受到各节点的作用以及整个集群的工作方式。

步骤 01 按 7.1.3 节所给出的方法搭建一个一主二从的 Redis 集群，其中 redis-master 是主服务器，redis-slave1 和 redis-slave2 是从服务器。

步骤 02 在 C:\work\redis\redisConf 目录里创建 sentinel1.conf 配置文件，该配置文件会在启动哨兵节点时被读取，代码如下：

```
01  port 16379
02  sentinel monitor master localhost 6379 2
03  dir /
04  logfile "sentinel1.log"
```

其中，在第 1 行指定了哨兵节点的工作端口是 16379，在第 2 行指定了监控对象，master 是哨兵节点为所监控服务器指定的名字，localhost 和 6379 分别是 redis-master 这台主服务器的 IP 地址和端口号，而最后的 2 表示至少需要有 2 台哨兵节点认可才能认定该主服务器失效。在第 3 行和第 4 行里分别定义了该哨兵节点的日志文件位置和文件名。

完成编写上述配置文件后，新开一个命令窗口，在其中运行如下的命令，新启一个名为 redis-sentinel1 的 Docker 容器，并在其中启动哨兵（sentinel）节点。

```
docker run -itd --name redis-sentinel1 -v C:\work\redis\redisConf:
/redisConfig:rw -p 16379:16379 redis:latest redis-sentinel /redisConfig/
sentinel1.conf
```

这里通过-v 挂载了 C:\work\redis\redisConf 目录，同时用-p 参数指定了 Docker 容器 16379 端口映射到本机 16379 端口。这里用 redis-sentinel 命令启动了哨兵节点，启动时加载了 sentinel1.conf 配置文件。

步骤03 通过上述命令启动一个哨兵节点后，可以通过 docker exec -it redis-sentinel1 /bin/bash 命令进入Docker容器里的命令行，然后用 redis-cli -h 127.0.0.1 -p 16379 命令进入Redis客户端。在Redis客户端里，再通过 info sentinel 命令查看哨兵节点的信息，该命令的具体输出如下所示。

```
01  c:\work>docker exec -it redis-sentinel1 /bin/bash
02  root@0d896510f6d7:/data# redis-cli -h 127.0.0.1 -p 16379
03  127.0.0.1:16379> info sentinel
04  # Sentinel
05  sentinel_masters:1
06  sentinel_tilt:0
07  sentinel_running_scripts:0
08  sentinel_scripts_queue_length:0
09  sentinel_simulate_failure_flags:0
10  master0:name=master,status=ok,address=172.17.0.2:6379,slaves=2,sen
    tinels=1
```

从第10行的输出里能看到，该哨兵节点监控的主服务器状态（status）是ok，slaves数量是2，即该主服务器有两个从服务器，这和之前的配置情况是一致的。

步骤04 在C:\work\redis\redisConf目录里创建sentinel2.conf配置文件，其中的代码如下。

```
01  port 16380
02  sentinel monitor master localhost 6379 2
03  dir "/"
04  logfile "sentinel2.log"
```

该配置文件和哨兵节点 redis-sentinel1 所用到的很相似，只不过是把端口改为16380，同时更改了日志文件名。

随后开启一个命令窗口，在其中通过如下命令再创建一个哨兵节点。

```
docker run -itd --name redis-sentinel2 -v C:\work\redis\redisConf:
/redisConfig:rw -p 16380:16380 redis:latest redis-sentinel /redisConfig/
sentinel2.conf
```

该节点的名字是redis-sentinel2，工作端口是16380，依然是通过redis-sentinel命令启动哨兵节点。随后用 docker exec -it redis-sentinel2 /bin/bash 命令进入该哨兵节点的命令行，通过 redis-cli -h 127.0.0.1 -p 16380 命令进入Redis客户端，在Redis客户端里通过 redis-cli -h 127.0.0.1 -p 16380 命令查看哨兵节点的状态信息，能看到如下结果。

```
01  c:\work>docker exec -it redis-sentinel2 /bin/bash
02  root@82d8e3f62600:/data# redis-cli -h 127.0.0.1 -p 16380
03  127.0.0.1:16380> info  sentinel
04  # Sentinel
05  sentinel_masters:1
06  sentinel_tilt:0
```

```
07  sentinel_running_scripts:0
08  sentinel_scripts_queue_length:0
09  sentinel_simulate_failure_flags:0
10  master0:name=master,status=ok,address=172.17.0.2:6379,slaves=2,sen
    tinels=2
```

从第 10 行的输出里能看到，该哨兵节点正在监控 172.17.0.2:6379 指向的主服务器，再观察 sentinels 的值是 2，表示 172.17.0.2:6379 指向的主服务器（redis-master 主服务器）被两台哨兵节点监控。

至此，完成了哨兵模式集群的搭建工作，该集群的架构如图 7.4 所示，具体说明如下：两个哨兵节点同时监控 redis-master 这台主 Redis 服务器。主服务器和从服务器之间依然存在着“数据同步”的复制模式。这里哨兵节点只监控着一个“一主二从”的集群。在实际项目里，可以通过配置让哨兵节点监控多个集群。

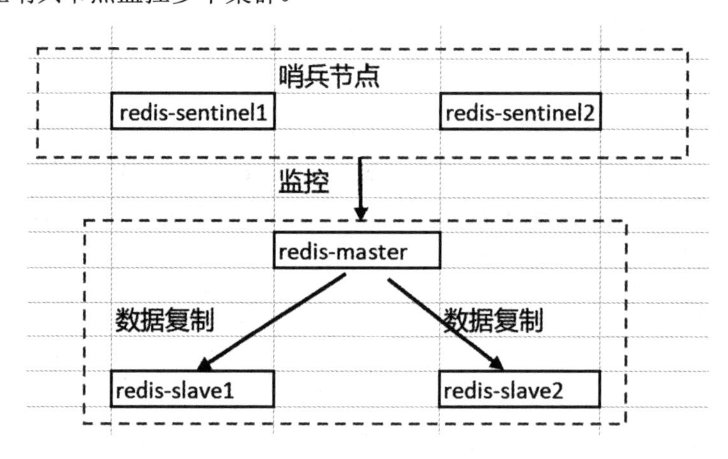

图 7.4　哨兵集群架构图

7.2.3　哨兵节点的常用配置

在上文里，通过 sentinel monitor master 172.17.0.2 6379 2 配置参数来设置该节点所监控的主机，此外还可以通过 sentinel down-after-milliseconds 参数来指定判断下线时间的阈值，下面给出一个具体的用法。

```
sentinel down-after-milliseconds master 60000
```

其中，master 表示该哨兵节点监控的服务器名，需要和 sentinel monitor 配置项里指定的服务器名保持一致，而 60000 表示时间，单位是毫秒。也就是说，如果在 60 秒里该哨兵节点没有收到 master 服务器的正确响应，就会认为该服务器已经下线失效。

之前配置了“sentinel monitor master 172.17.0.2 6379 2”参数，所以只有当 2 个哨兵节点都通过“sentinel down-after-milliseconds”判断该服务器失效时才会认定该服务器失效，从而启动故障恢复机制。

此外，还可以通过如下配置来设置“故障恢复的时效”，该时效参数的单位是毫秒，这里的含义是，在进行故障恢复时，如果在180秒里还没有完成主从服务器的切换动作，就会认定本次恢复动作失败。

```
sentinel failover-timeout master 180000
```

7.2.4 哨兵模式下的故障自动恢复效果

通过上文的配置，能实现用哨兵节点监控主从复制模式里主服务器的效果。这里将演示主服务器失效后故障自动恢复的效果。

步骤01 到 redis-master 这个 Docker 容器所在的命令窗口里，用 exit 命令退出 Docker 容器，并通过 docker stop redis-master 命令停止该容器里的 Redis 服务器，以此来模拟主服务器失效的效果。

步骤02 到 redis-sentinel1 这个哨兵节点所在的命令行窗口，通过 info sentinel 命令观察该哨兵节点所监控的主从集群状态，能看到如下的结果。

```
01  127.0.0.1:16379> info sentinel
02  # Sentinel
03  sentinel_masters:1
04  sentinel_tilt:0
05  sentinel_running_scripts:0
06  sentinel_scripts_queue_length:0
07  sentinel_simulate_failure_flags:0
08  master0:name=master,status=ok,address=172.17.0.3:6380,slaves=2,sen
    tinels=2
```

从第 8 行的输出结果里能看到，在该哨兵节点所监控的主从集群里，主服务器已经从172.17.0.2:6379 变成 172.17.0.3:6380。也就是说，整个主从复制集群并没有因为主服务器的失效而终止服务，这里哨兵节点把从服务器“提升”为主服务器，从而让该主从复制集群恢复了工作。

到 redis-sentinel2 这个哨兵节点所在的命令行窗口，通过 info sentinel 命令观察该哨兵节点所监控的主从集群状态，也能看到类似的结果。

步骤03 到 172.17.0.3:6380 所指向的服务器 redis-slave1 所在的命令窗口，运行 info replication 命令，能看到如下的部分结果。

```
01  127.0.0.1:6380> info replication
02  # Replication
03  role:master
04  connected_slaves:1
05  slave0:ip=172.17.0.4,port=6381,state=online,offset=722512,lag=1
```

从第 3 行的输出能进一步确认，该服务器已经从“从服务器”升级成“主服务器”。如果到 redis-slave2 所在的命令窗口运行 info replication 命令，就能看到如下的部分结果，从第 3 行和第 4 行的输出里能看到该 Redis 服务器在 redis-master 失效后确实已经从属于 172.17.0.3:6380 所指向的服务器。

```
01  # Replication
02  role:slave
03  master_host:172.17.0.3
04  master_port:6380
```

通过本步骤里得到的输出结果，能进一步确认“故障自动恢复”动作已经成功完成。

7.2.5 通过日志观察故障恢复流程

由于在启动 redis-sentinel1 和 redis-sentinel2 节点时指定了日志的路径和位置，这里可以在对应的 Docker 容器里通过日志观察具体的故障恢复流程。

先到 redis-sentinel2 所在的容器里用 cat /sentinel2.log 命令观察该哨兵节点在故障恢复时的动作，能看到如下的输出内容。

```
01  1:X 11 Jul 2020 14:48:19.603 # +sdown master master 172.17.0.2 6379
02  1:X 11 Jul 2020 14:48:19.661 # +odown master master 172.17.0.2 6379 #quorum
    2/2
03  1:X 11 Jul 2020 14:48:19.661 # +new-epoch 1
04  1:X 11 Jul 2020 14:48:19.661 # +try-failover master master 172.17.0.2 6379
05  1:X 11 Jul 2020 14:48:19.668 # +vote-for-leader
    6a4ccecae3a1818644b16ba15485f29350a102fc 1
06  1:X 11 Jul 2020 14:48:19.676 # 82228ee57153bea32a2a0400c28f73c75d0f8806
    voted for 6a4ccecae3a1818644b16ba15485f29350a102fc 1
07  1:X 11 Jul 2020 14:48:19.769 # +elected-leader master master 172.17.0.2
    6379
08  1:X 11 Jul 2020 14:48:19.769 # +failover-state-select-slave master master
    172.17.0.2 6379
09  1:X 11 Jul 2020 14:48:19.827 # +selected-slave slave 172.17.0.3:6380
    172.17.0.3 6380 @ master 172.17.0.2 6379
10  1:X 11 Jul 2020 14:48:19.827 * +failover-state-send-slaveof-noone slave
    172.17.0.3:6380 172.17.0.3 6380 @ master 172.17.0.2 6379
11  1:X 11 Jul 2020 14:48:19.882 * +failover-state-wait-promotion slave
    172.17.0.3:6380 172.17.0.3 6380 @ master 172.17.0.2 6379
12  1:X 11 Jul 2020 14:48:20.131 # +promoted-slave slave 172.17.0.3:6380
    172.17.0.3 6380 @ master 172.17.0.2 6379
13  1:X 11 Jul 2020 14:48:20.131 # +failover-state-reconf-slaves master master
    172.17.0.2 6379
```

```
14  1:X 11 Jul 2020 14:48:20.217 * +slave-reconf-sent slave 172.17.0.4:6381
    172.17.0.4 6381 @ master 172.17.0.2 6379
15  1:X 11 Jul 2020 14:48:20.810 # -odown master master 172.17.0.2 6379
16  1:X 11 Jul 2020 14:48:21.150 * +slave-reconf-inprog slave 172.17.0.4:6381
    172.17.0.4 6381 @ master 172.17.0.2 6379
17  1:X 11 Jul 2020 14:48:22.210 * +slave-reconf-done slave 172.17.0.4:6381
    172.17.0.4 6381 @ master 172.17.0.2 6379
18  1:X 11 Jul 2020 14:48:22.272 # +failover-end master master 172.17.0.2 6379
19  1:X 11 Jul 2020 14:48:22.272 # +switch-master master 172.17.0.2 6379
    172.17.0.3 6380
20  1:X 11 Jul 2020 14:48:22.273 * +slave slave 172.17.0.4:6381 172.17.0.4 6381
    @ master 172.17.0.3 6380
21  1:X 11 Jul 2020 14:48:22.273 * +slave slave 172.17.0.2:6379 172.17.0.2 6379
    @ master 172.17.0.3 6380
22  1:X 11 Jul 2020 14:48:52.280 # +sdown slave 172.17.0.2:6379 172.17.0.2 6379
    @ master 172.17.0.3 6380
```

第 1 行的日志里有 sdown 的字样，sdown 的含义是“主观下线”，与之对应的有表示客观下线的 odown。当本哨兵节点发现所监控的 master 服务器下线后，会如第 1 行所示先把它标记为“主观下线”，当多个哨兵节点（根据设置，这里需要是 2 个）都判断该服务器下线后，如第 2 行日志所示，把该服务器标志成“客观下线”。

当检测到客观下线后，会如第 4 行日志所示，启动故障恢复（failover）流程，通过第 5 行到第 18 行的日志，能看出故障恢复的各步骤，这些细节可以不用关心。完成故障恢复后，会如第 19 行日志所示，切换主服务器，切换完成后，会如第 20 行到第 22 行所示，加载从服务器。至此，完成了故障自动恢复的流程，当前主从模式集群的效果如图 7.5 所示。

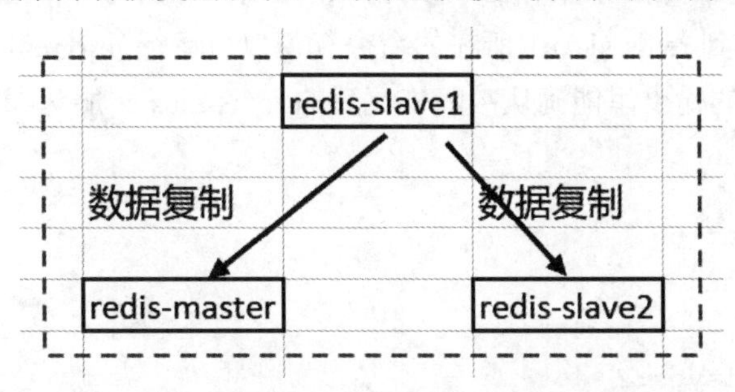

图 7.5　故障恢复后的主从集群效果图

然后到 redis-sentinel1 所在的容器，通过 cat /sentinel1.log 命令查看该哨兵节点的日志，其中和故障恢复相关的内容如下所示。

```
01  1:X 11 Jul 2020 14:48:19.547 # +sdown master master 172.17.0.2 6379
02  1:X 11 Jul 2020 14:48:19.672 # +new-epoch 1
03  1:X 11 Jul 2020 14:48:19.676 # +vote-for-leader
    6a4ccecae3a1818644b16ba15485f29350a102fc 1
```

```
04  1:X 11 Jul 2020 14:48:20.217 # +config-update-from sentinel
    6a4ccecae3a1818644b16ba15485f29350a102fc 172.17.0.6 16380 @ master
    172.17.0.2 6379
05  1:X 11 Jul 2020 14:48:20.217 # +switch-master master 172.17.0.2 6379
    172.17.0.3 6380
06  1:X 11 Jul 2020 14:48:20.217 * +slave slave 172.17.0.4:6381 172.17.0.4 6381
    @ master 172.17.0.3 6380
07  1:X 11 Jul 2020 14:48:20.217 * +slave slave 172.17.0.2:6379 172.17.0.2 6379
    @ master 172.17.0.3 6380
08  1:X 11 Jul 2020 14:48:50.219 # +sdown slave 172.17.0.2:6379 172.17.0.2 6379
    @ master 172.17.0.3 6380
```

由于只能由一个哨兵节点完成故障自动恢复的动作，因此如果有多个哨兵节点同时监控到主服务器失效，那么最终只能有一个哨兵节点通过竞争得到故障恢复的权力。

从上文的日志里能看到，由于故障恢复的权力已经被 redis-sentinel2 节点竞争得到，所以当 redis-sentinel1 节点发现主服务器失效后，只能停留在第 1 行所示的主观下线(sdown)阶段，而无法继续进行故障恢复动作。只有当 redis-sentinel2 节点完成故障恢复动作后，redis-sentinel1 节点才能如第 5 行到第 8 行的日志所示，感知到重构后的主从复制模式集群，并继续监控该集群里的节点。

7.2.6 故障节点恢复后的表现

从上文的日志里能看到，此时虽然 redis-master 服务器依然处于失效状态，但是在新的主从复制集群里依然会把该服务器当成“从服务器”。再到 redis-master 所在的命令行窗口用 docker start redis-master 命令启动服务器，以此来模拟该服务器排除故障后的效果。

运行完命令后，再到 redis-slave1 所在的命令行窗口里运行 info replication 命令，就能看到如下的输出，从第 6 行的输出里能确认故障恢复后的 redis-master 服务器会自动以“从服务器”的身份接入。

```
01  info replication
02  # Replication
03  role:master
04  connected_slaves:2
05  slave0:ip=172.17.0.4,port=6381,state=online,offset=835835,lag=0
06  slave1:ip=172.17.0.2,port=6379,state=online,offset=0,lag=1
```

从中大家能看到，哨兵节点不仅能自动恢复故障，而且当故障节点恢复后会自动把它重新加入到集群中，而无须人工干预。也就是说，与简单的“主从复制模式集群”相比，基于哨兵模式的集群能很好地提升系统的可靠性。

7.3　搭建 cluster 集群

因为 cluster 的中文翻译是“集群”，所以在一些资料里会把本书提到的 cluster 集群称为 Redis 集群。从广义上来讲，只要两台服务器之间有关联，它们就可以构成一个集群，所以在前文里把由“一主二从”和“哨兵节点加一主二从”等构成的系统称为“集群”。这里为了避免混淆，将提到的集群称为 cluster 集群。

相比于哨兵模式，cluster 集群能支持扩容，且无须额外的节点来监控状态，所以使用这种模式集群的系统会用得更多些。

7.3.1　哈希槽与 cluster 集群

在 cluster 集群里会有 16384 个哈希槽（hash slot），在设置 Redis 的键（key）时，会先用 CRC16 算法对 key 运算，并用 16384 对运算结果取模，结果是多少，就把这个 key 放入该结果所编号的哈希槽里。具体的数学算法如下所示，其中 slotIndex 表示该 key 所存放的槽的编号。

```
slotIndex = HASH_SLOT=CRC16(key) mod 16384
```

读取 key 的操作和写操作相反，先用上述公式求得对应的槽编号，再到对应的哈希槽里取值。

注 意

上文提到的 cluster 集群里有 16384 个哈希槽，并不意味着在这种集群模式中一定要有 16384 个节点。哈希槽是虚拟的，是会被分配到若干台集群里的机器上的。

比如某 cluster 集群由三台 Redis 服务器组成，那么编号从 0 到 5460 号哈希槽会被分配到第一台 Redis 服务器，5461 到 10922 号哈希槽会被分配到第二台服务器，10923 到 16383 号哈希槽会被分配到第三台服务器上，具体效果如图 7.6 所示。

同理，如果某 cluster 集群是由六台 Redis 服务器组成的，那么每台服务器上也会被平均分配一定数量的哈希槽。此外，cluster 集群里也支持主从复制模式，即分配到一定数量哈希槽的 Redis 服务器也可以携带一个或多个从节点。在图 7.7 里，大家能看到包含三主三从的 cluster 集群的效果。

读写所用的Key
CRC16(key) mod 16384 到对应节点上找
0到5460号哈希槽放节点1
5461到10922号哈希槽放节点2
10923到16383号哈希槽放节点3

图 7.6　三台服务器容纳 16384 个哈希槽的效果图

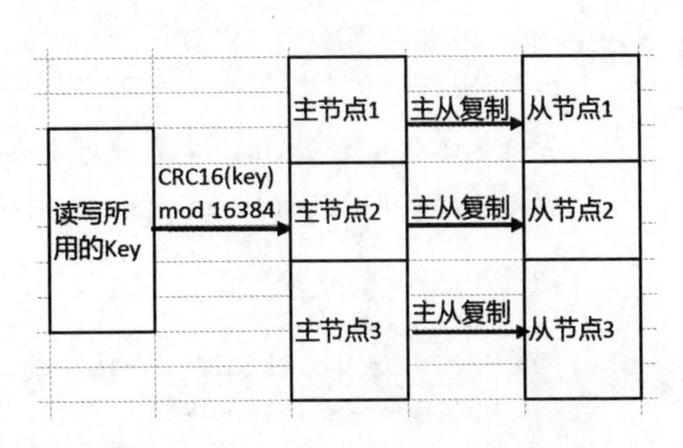

图 7.7　三主三从的 cluster 集群效果图

7.3.2 初步搭建 cluster 集群

这里将通过如下步骤搭建如图 7.7 所示的三主三从的 cluster 集群，由此大家能进一步理解 cluster 集群。其他类型的 cluster 集群，比如包含 4 个主节点，或者每个主节点里再带 2 个从节点，可以照此步骤搭建。

步骤 01 在 C:\work\redis\redisConf 目录里，新建名为 clusterMaster1.conf 的配置文件，该配置文件用于配置 cluster 集群中的一个主节点，具体代码如下：

```
01  port 6379
02  dir "/redisConfig"
03  logfile "clusterMaster1.log"
04  cluster-enabled yes
05  cluster-config-file nodes-6379.conf
```

其中在第 1 行里指定了该 Redis 服务器的端口为 6379，通过第 2 行和第 3 行的代码，指定了该节点的日志路径和文件名。这里的关键是第 4 行，通过把 cluster-enabled 配置设置成 yes，开启 cluster 集群模式，并把该节点加入集群。通过第 5 行的代码，设置了该节点 cluster 集群相关的配置文件，该文件会自动生成。

依照上述配置文件，为第二个主节点创建名为 clusterMaseter2.conf 的配置文件，具体代码如下：

```
01  port 6380
02  dir "/redisConfig"
03  logfile "clusterMaster2.log"
04  cluster-enabled yes
05  cluster-config-file nodes-6380.conf
```

该配置文件里，设置端口号为 6380，同时对应地更改了 logfile 和 cluster-config-file 的值。

同样再为第三个主节点创建名为 clusterMaseter3.conf 的配置文件，具体代码如下：

```
01  port 6381
02  dir "/redisConfig"
03  logfile "clusterMaster3.log"
04  cluster-enabled yes
05  cluster-config-file nodes-6381.conf
```

这里的端口号改成 6381，也需要对应地更改 logfile 和 cluster-config-file 的值。

然后创建 clusterSlave1.conf 配置文件，用以配置第一个从节点，在其中编写如下代码。

```
01  port 16379
02  dir "/redisConfig"
03  logfile "clusterSlave1.log"
04  cluster-enabled yes
05  cluster-config-file nodes-16379.conf
```

通过第 1 行的代码，设置第一个从节点的端口为 16379，同时对应地修改 logfile 和 clster-config-file 的值。注意，在该配置文件里并没有设置主从关系，而主从关系将在后继的步骤里设置。

再创建 clusterSlave2.conf 文件，用以配置第二个从节点（端口为 16380），代码如下：

```
01  port 16380
02  dir "/redisConfig"
03  logfile "clusterSlave2.log"
04  cluster-enabled yes
05  cluster-config-file nodes-16380.conf
```

再创建 clusterSlave3.conf 文件，用以配置第三个从节点（端口为 16381），代码如下：

```
01  port 16381
02  dir "/redisConfig"
03  logfile "clusterSlave3.log"
04  cluster-enabled yes
05  cluster-config-file nodes-16381.conf
```

步骤02 在完成编写上述配置文件的基础上，打开一个命令窗口，在其中运行如下的 docker 命令，创建名为 redisClusterMaster1 的 Docker 容器，并在其中通过 redis-server 命令启动容器中的 Redis 服务器。

```
docker run -itd --name redisClusterMaster1 -v C:\work\redis\redisConf:
/redisConfig:rw -p 6379:6379 redis:latest redis-server /redisConfig/
clusterMaster1.conf
```

由于在通过 redis-server 命令启动 Redis 服务器时传入了 clusterMaster1.conf 配置文件，因此该容器里的 Redis 会自动加入 cluster 集群，当然现在集群中就只有这一个节点。由于在 clusterMaster1.conf 配置文件里指定了 cluster 集群相关的配置文件是 nodes-6379.conf，因此在启动时会自动生成该文件，此时在与容器里/redisConfig 映射的 C:\work\redis\redisConf 目录中就能看到生成的 nodes-6379.conf 文件。

随后开启一个新的命令窗口，用如下的 docker 命令再创建并启动 cluster 集群中的第二个节点。注意，这里的端口是 6380，启动 Redis 服务器时加载的配置文件是 clusterMaster2.conf。

```
docker run -itd --name redisClusterMaster2 -v C:\work\redis\redisConf:
/redisConfig:rw -p 6380:6380 redis:latest redis-server /redisConfig/
clusterMaster2.conf
```

以此类推，再新建 4 个命令窗口，在这 4 个命令窗口里分别运行如下的 docker run 命令，这些命令大同小异，只不过是端口号和加载的配置文件不同。

```
01  docker run -itd --name redisClusterMaster3 -v
    C:\work\redis\redisConf:/redisConfig:rw -p 6381:6381 redis:latest
    redis-server /redisConfig/clusterMaster3.conf
```

```
02  docker run -itd --name redisClusterSlave1 -v C:\work\redis\redisConf:
    /redisConfig:rw -p 16379:16379 redis:latest redis-server
    /redisConfig/clusterSlave1.conf
03  docker run -itd --name redisClusterSlave2 -v C:\work\redis\redisConf:
    /redisConfig:rw -p 16380:16380 redis:latest redis-server
    /redisConfig/clusterSlave2.conf
04  docker run -itd --name redisClusterSlave3 -v C:\work\redis\redisConf:
    /redisConfig:rw -p 16381:16381 redis:latest redis-server
    /redisConfig/clusterSlave3.conf
```

运行完上述命令后，可以在任意一个开启着的命令窗口运行 docker ps，确认上述 Redis 服务均已启动。由于这里是在一台主机上通过不同的 Docker 实例来启动多个 Redis 服务，因此用不同的端口号来区分每个 Redis 服务。在真实项目里，不同的 Redis 服务一般是安装在不同服务器上的，所以可以用 IP 地址来区分不同的 Redis 服务，而它们所用的端口可以都是 6379。

此时打开描述 redisClusterMaster1 节点集群连接配置的 nodes-6379.conf 文件，就会看到如下的内容。

```
01  81b8a3ed387ce09d354ea09a54f2cd0ce9ef92cd :6379@16379 myself,master -
    0 0 0 connected 741 5798
02  vars currentEpoch 0 lastVoteEpoch 0
```

从第 1 行的输出里能看到该节点属于 master（主）节点，它只连接到 myself 自身，没有同其他 Redis 节点关联。观察 nodes-6380.conf 等配置文件，也会发现当前这些节点均没有关联其他节点，在后继的步骤里，将用 meet 命令关联各节点。

步骤 03 先通过 docker inspect redisClusterMaster1 等命令查看上述各节点所在的 IP 地址，这其实也是诸多 Redis 服务器的 IP 地址（见表 7.1）。大家在自己电脑上实践的时候用 dokcer run 命令所创建的 Redis 服务器 IP 地址未必和本书一致，如果有不一致的，就需要对应地修改下文给出的 meet 命令。

表7.1　cluster集群中诸多节点IP地址一览表

节点名	IP 地址	端口	查看 IP 地址所用的 Docker 命令
redisClusterMaster1	172.17.0.2	6379	docker inspect redisClusterMaster1
redisClusterMaster2	172.17.0.3	6380	docker inspect redisClusterMaster2
redisClusterMaster3	172.17.0.4	6381	docker inspect redisClusterMaster3
redisClusterSlave1	172.17.0.5	16379	docker inspect redisClusterSlave1
redisClusterSlave2	172.17.0.6	16380	docker inspect redisClusterSlave2
redisClusterSlave3	172.17.0.7	16381	docker inspect redisClusterSlave3

在得到所有 Redis 容器的 IP 地址后，回到 redisClusterMaster1 容器所在的命令窗口，通过如下的 docker exec 命令进入该容器的命令行。

```
docker exec -it redisClusterMaster1 /bin/bash
```

在其中用如下的命令连接该节点和其他节点。注意，这里的 IP 地址是 Docker 容器工作的 IP 地址，而不是 127.0.0.1。

```
01  redis-cli -p 6379 cluster meet 172.17.0.3 6380
02  redis-cli -p 6379 cluster meet 172.17.0.4 6381
03  redis-cli -p 6379 cluster meet 172.17.0.5 16379
04  redis-cli -p 6379 cluster meet 172.17.0.6 16380
05  redis-cli -p 6379 cluster meet 172.17.0.7 16381
```

在第 1 行里，通过 cluster meet 命令连接工作在 172.17.0.3:6380 的 redisCluterMaster2 节点，其他命令的含义以此类推。运行完成后，通过 redis-cli 命令用客户端进入当前 redisCluterMaster1 服务器，再运行 cluster info 命令，就能看到如下所示的部分结果。

```
01  127.0.0.1:6379> cluster info
02  cluster_state:fail
03  ...
04  cluster_known_nodes:6
```

从第 4 行的输出里能看到当前 cluster 集群里有 6 个节点，从第 2 行的输出里能看到当前的集群处于 fail（失败）状态，原因是还没有给集群中的每个节点分配哈希槽，在后继步骤里将执行分配哈希槽的相关操作。

步骤 04 为三个主节点分配哈希槽。分配哈希槽的命令格式如下：

```
redis-cli -h 172.17.0.2 -p 6379 CLUSTER ADDSLOTS n
```

通过-h 和-p 指向 Redis 服务器节点，通过 cluster addalots 命令添加哈希槽，其中 n 是哈希槽的编号。根据上文的描述，需要把 0 到 5460 号哈希槽分配到 redisClusterMaster1 节点上，如果要运行命令则要运行 5000 多次，所以用如下名为 setHashSlots.sh 的脚本来分配，该脚本也是放在 C:\work\redis\redisConf 目录里，以便各 Docker 容器能映射到。

```
01  for i in $(seq 0 5460)
02  do
03  /usr/local/bin/redis-cli -h 172.17.0.2 -p 6379 CLUSTER ADDSLOTS $i
04  done
```

如果大家是在 Windows 环境下编写上述脚本，那么在 Docker 容器所在的 Linux 环境里要先转换格式再运行此命令，具体命令如下：

```
01  root@d2128ef0334f:/redisConfig# sed -i 's/\r//g'
    /redisConfig/setHashSlots.sh
02  root@d2128ef0334f:/redisConfig# /redisConfig/setHashSlots.sh
```

其中，第 1 行是转换格式，去掉 Windows 格式下的\r 换行符，第 2 行则是运行该脚本。随后更改 setHashSlots.sh 脚本里的哈希槽值和端口，到 redisClusterMaster2 所在的窗口里运行，为该节点分配 5461 到 10922 号哈希槽。注意，该节点工作在 6380 端口，所以下面第 3 行-p 后的值是 6380。

```
01  for i in $(seq 5461 10922)
02  do
03  /usr/local/bin/redis-cli -h 172.17.0.3 -p 6380 CLUSTER ADDSLOTS $i
04  done
```

更改 setHashSlots.sh 脚本，并到 redisClusterMaster3 所在的命令窗口里运行该脚本，代码如下：

```
01  for i in $(seq 10923 16383)
02  do
03  /usr/local/bin/redis-cli -h 172.17.0.4 -p 6381 CLUSTER ADDSLOTS $i
04  done
```

运行完成后，就可以把 16384 个哈希槽分配到 redisClusterMaster1、redisClusterMaster2 和 redisClusterMaster3 这三个主节点上了。然后回到 redisClusterMaster1 所在的窗口，用 redis-cli 进入客户端后，再运行 cluster info 命令查看当前 cluster 集群的情况，能看到有如下的部分输出结果。

```
01  root@d2128ef0334f:/data# redis-cli
02  127.0.0.1:6379> cluster info
03  cluster_state:ok
04  cluster_slots_assigned:16384
05  cluster_slots_ok:16384
06  cluster_known_nodes:6
```

此时能通过第 3 行的输出结果确认该 cluster 集群工作正常，并且还能通过第 4 行和第 5 行的输出结果确认 16384 个哈希槽已经被分配到该 cluster 集群中。通过第 6 行的输出，能确认当前 cluster 集群中有 6 个节点。

步骤 05 把 cluster 集群中的 3 个节点设置为“从”节点。设置从节点的方式是用 redis-cli 命令进入从节点 Redis 服务器，并运行 cluster replicate <对应主节点的 node-id>。

这里涉及一个问题：如何查看主节点的 node-id？回到 redisClusterMaster1 所在的命令行窗口，用 redis-cli 命令连接到服务器，再运行 cluster nodes 命令，虽然还没有设置主从关系，但是各节点已经互联，所以可以从运行结果里看到各节点的 node-id，相关操作如下所示。

```
01  127.0.0.1:6379> cluster nodes
02  6b3963de5e7b4737b2ce6c8257ca3255458464e2 172.17.0.3:6380@16380
    master - 0 1595146594008 2 connected 5461-5797
03  5799-10922d801ae066ee8e4a4e3703fdf3b3cdabae82c6cf9
    172.17.0.7:16381@26381 slave
    280bd9f453de153f115be37b26deebdddd8edba2 0 1595146595013 1 connected
04  280bd9f453de153f115be37b26deebdddd8edba2 172.17.0.2:6379@16379
    myself,master - 0 1595146592000 1 connected 0-5460 5798
05  a621b16c110a8fb8346f5726ad54abfc91751e98 172.17.0.5:16379@26379
    slave fc5ae550e465733a7fbe19c02f5b046a2bbd9d01 0 1595146594000 1
    connected
```

```
06  1d45c0cd3bb10fc9941ce082451e5bb7aae6a4ac 172.17.0.6:16380@26380
    slave 6b3963de5e7b4737b2ce6c8257ca3255458464e2 0 1595146592000 2
    connected
07  fc5ae550e465733a7fbe19c02f5b046a2bbd9d01 172.17.0.4:6381@16381
    master - 0 1595146593003 0 connected 10923-16383
```

从第2行里能看到172.17.0.3:6380对应节点的node-id是6b3963de5e7b4737b2ce6c8257ca3255458464e2，从第4行里能看到172.17.0.2:6379对应的node-id是280bd9f453de153f115be37b26deebdddd8edba2，以此类推。

得到各node-id后，可以进入redisClusterSlave1所对应的命令行窗口，再通过docker exec -it redisClusterSlave1 /bin/bash命令进入该容器的命令行，通过redis-cli -p 16379命令以客户端的命令连上redisClusterSlave1节点里的Redis服务器，随后用cluster replicate命令设置主从关系，具体命令如下：

```
01  root@225512bf0f6c:/data# redis-cli -p 16379
02  127.0.0.1:16379> cluster replicate
    280bd9f453de153f115be37b26deebdddd8edba2
03  OK
```

其中，第2行cluster replicate命令后跟随的参数是172.17.0.2:6379对应的node-id，由此可以把redisClusterSlave1这个节点设置为redisClusterMaster1的从节点。

进入redisClusterSlave2所在的命令行窗口，通过如下的命令把redisCluterSlave2设为redisCluterMaster2的从节点，其中6b3963de5e7b4737b2ce6c8257ca3255458464e2是redisClusterMaster2所对应的node-id。

```
cluster replicate 6b3963de5e7b4737b2ce6c8257ca3255458464e2
```

进入redisClusterSlave3所对应的命令行窗口，用如下的命令把redisClusterSlave3设为redisClusterMaster3的从节点，其中fc5ae550e465733a7fbe19c02f5b046a2bbd9d01是redisCluster3所对应的node-id。

```
cluster replicate fc5ae550e465733a7fbe19c02f5b046a2bbd9d01
```

至此，完成搭建cluster集群里三主三从节点的工作，通过如下的命令可以验证集群节点之间的关系。可以用redis-cli命令进入任意节点的服务器，比如用redis-cli -p 16379接入redisClusterSlave1所在的服务器，再运行 cluster nodes命令，就能看到如下的输出结果。

```
01  127.0.0.1:16381> cluster nodes
02  fc5ae550e465733a7fbe19c02f5b046a2bbd9d01 172.17.0.4:6381@16381
    master - 0 1595149055972 0 connected 10923-16383
03  d801ae066ee8e4a4e3703fdf3b3cdabae82c6cf9 172.17.0.7:16381@26381
    myself,slave fc5ae550e465733a7fbe19c02f5b046a2bbd9d01 0
    1595149055000 0 connected
```

```
04  a621b16c110a8fb8346f5726ad54abfc91751e98 172.17.0.5:16379@26379
    slave 280bd9f453de153f115be37b26deebdddd8edba2 0 1595149054000 1
    connected
05  6b3963de5e7b4737b2ce6c8257ca3255458464e2 172.17.0.3:6380@16380
    master - 0 1595149055000 2 connected 5461-5797 5799-10922
06  1d45c0cd3bb10fc9941ce082451e5bb7aae6a4ac 172.17.0.6:16380@26380
    slave 6b3963de5e7b4737b2ce6c8257ca3255458464e2 0 1595149052000 2
    connected
07  280bd9f453de153f115be37b26deebdddd8edba2 172.17.0.2:6379@16379
    master - 0 1595149053960 1 connected 0-5460 5798
```

从第 3 行的输出里能看到 172.17.0.7:16381 对应的节点是 Slave（从）节点，对应主节点的 node-id 是 fc5ae550e465733a7fbe19c02f5b046a2bbd9d01，即第 2 行所示的 172.17.0.4:6381 节点，这同之前的设置相符。而且，从第 4 行和第 6 行的输出能确认两个 slave 节点也能正确地关联到主节点。

7.3.3 在 cluster 集群中读写数据

先用 redis-cli -p 16379 命令接入 redisClusterSlave3 所在的服务器，此时输入 set 命令，就能看到如下第 3 行所给出的错误提示信息。

```
01  root@8dc4896fd329:/data# redis-cli -p 16381
02  127.0.0.1:16381> set name 'Peter'
03  (error) MOVED 5798 172.17.0.2:6379
```

根据之前描述的 cluster 集群知识，在 set 命令时会先对键（name）进行 CRC16 运算，再根据结果把这个键放入对应哈希槽所在的节点，从第 3 行的输出能看到这个 name 键应当放入 172.17.0.2:6379 所在的 5798 哈希槽里。在操作中，用户希望是透明地进行数据的读写操作，而不希望看到此类的读写错误。

为了达到这个效果，需要在 redis-cli 命令后加入-c 参数，以实现互联的效果，具体的命令及运行结果如下所示。

```
01  root@8dc4896fd329:/data# redis-cli -p 16381 -c
02  127.0.0.1:16381> set name 'Peter'
03  -> Redirected to slot [5798] located at 172.17.0.2:6379
04  OK
05  172.17.0.2:6379> get name
06  "Peter"
```

注 意

在第 1 行的 redis-cli 命令后带了-c 参数，所以当第 2 行执行 set 命令时，虽然不该把 name 键放入本节点对应的哈希槽里，但是在 cluster 集群中的 Redis 服务器会自动把该数据重新定位到 172.17.0.2:6379 节点上，从第 3 行的输出里能得到验证。在第 5 行的 get 命令里，虽然 name 键对应的数据没有存在该节点上，但同样可以读到 name 键对应的数据。这种“自动定位”带来的“读写透明”效果正是开发项目所需要的。

如果大家用 docker stop redisClusterMaster1 命令停止 172.17.0.2:6379 所对应的主节点，然后用 set 命令设置键为 name 的数据，就会发现该键会被设置到其他节点上。也就是说，当节点失效后，cluster 集群会自动再分配哈希槽，从而实现故障自动修复的效果。

7.3.4 模拟扩容和数据迁移动作

在上文的三主三从的 cluster 集群里，针对键的读写操作将会均摊到三个主节点上，比如当前针对 Redis 缓存的并发量是每秒 3000 次访问，那么均摊到三台主节点上的访问请求也就每秒 1000 次，也就是说 cluster 集群能很好地应对高并发带来的挑战。

随着项目业务量的增加，对 cluster 集群的访问压力有可能会增大，此时就需要通过向 cluster 集群里新增节点来承受更大的并发量。通过如下的步骤，将会向上述搭建的三主三从的 cluster 集群里再增加一个主节点一个从节点，以此实现扩容的效果。

步骤 01 在 C:\work\redis\redisConf 目录里，新增 clusterMasterNew.conf 配置文件，用以配置新增主节点的信息，代码如下所示。

```
01  port 6385
02  dir "/redisConfig"
03  logfile "clusterMasterNew.log"
04  cluster-enabled yes
05  cluster-config-file nodes-6385.conf
```

随后用 docker run 命令启动该容器以及其中的 Redis 服务器。

```
docker run -itd --name redisClusterMasterNew -v C:\work\redis\redisConf:
/redisConfig:rw -p 6385:6385 redis:latest redis-server /redisConfig/
clusterMasterNew.conf
```

启动后再执行 docker inspect redisClusterMasterNew 命令，能看到该 Redis 服务器节点的 IP 地址是 172.17.0.8。

步骤 02 在 C:\work\redis\redisConf 目录里，新增 clusterSlaveNew.conf 配置文件，用以配置新增从节点（将使用 16385 端口）的信息，代码如下所示。

```
01  port 16385
02  dir "/redisConfig"
03  logfile "clusterSlaveNew.log"
04  cluster-enabled yes
05  cluster-config-file nodes-16385.conf
```

随后用如下的 docker 命令启动该容器以及其中的 Redis 服务。

```
docker run -itd --name redisClusterSlaveNew -v C:\work\redis\redisConf:
/redisConfig:rw -p 16385:16385 redis:latest redis-server /redisConfig/
clusterSlaveNew.conf
```

启动后，通过 docker inspect redisClusterSlaveNew 命令可以看到该 Redis 服务器的 IP 地址是 172.17.0.9。

这里请注意，在 cluster 集群模式里不能通过 slaveof 的方式设置主从模式，所以需要先把节点加入 cluster 集群，再通过命令设置两者的主从关系。

步骤 03 通过 redis-cli 命令，进入 redisClustrerMaster1 节点所对应的 Redis 服务器，再通过如下的两条 meet 命令把上述两个节点加入 cluster 集群。

```
01  c:\work>docker exec -it redisClusterMaster1 /bin/bash
02  root@d2128ef0334f:/data# redis-cli
03  127.0.0.1:6379> cluster meet 172.17.0. 6385
04  OK
05  127.0.0.1:6379> cluster meet 172.17.0.9 16385
06  OK
```

步骤 04 用 redis-cli 命令进入 redisClusterSlaveNew 节点所对应的 Redis 服务器，设置主从关系，具体命令如下所示。

```
01  c:\work>docker exec -it redisClusterSlaveNew /bin/bash
02  root@cb45b9a742f2:/data# redis-cli -p 16385
03  127.0.0.1:16385> cluster replicate
    0cc02a6a73b5bf3dbb518b333ae0548682d34ac0
04  OK
```

其中，第 3 行 cluster replicate 命令后跟的参数是 redisClusterMasterNew 节点对应的 node-id。

步骤 05 通过上述步骤，确实能把两个节点加入 cluster 集群中，但是没有分配哈希槽，所以这两个节点还无法真正地承载缓存数据。此时进入 redisClusterMasterNew 容器对应的命令行窗口，通过如下命令可以给 redisClusterMasterNew 节点分配哈希槽：

```
redis-cli --cluster reshard 127.0.0.1:6379 --cluster-from
6b3963de5e7b4737b2ce6c8257ca3255458464e2,
a621b16c110a8fb8346f5726ad54abfc91751e98,
fc5ae550e465733a7fbe19c02f5b046a2bbd9d01 --cluster-to
0cc02a6a73b5bf3dbb518b333ae0548682d34ac0 --cluster-slots 1024
```

其中，reshard 后面的 127.0.0.1:6379 参数表示由这个 Redis 服务器执行重新分配哈希槽的命令，--cluster-from 后面跟随的三个参数是原来三个主节点的 node-id，即分配哈希槽的源节点，--cluster-to 后面跟随的参数表示目标节点，--cluster-slots 后面跟随的参数表示分配哈希槽的数量。

上述命令执行后会从原来三个主节点里各取 1024 个哈希槽分配到 redisClusterMasterNew 节点上，从而使该节点也能用哈希槽存放对应的键。

至此，完成了扩容动作。如果此时运行 cluster info 命令，就能看到如下所示的部分输出效果。

```
01  root@d2128ef0334f:/data# redis-cli
02  127.0.0.1:6379> cluster info
03  cluster_state:ok
04  cluster_slots_assigned:16384
05  cluster_slots_ok:16384
06  cluster_known_nodes:8
07  cluster_size:4
```

从第3行的输出里能确认该cluster集群工作正常，从第4行和第5行的输出里能看出该集群有16384个哈希槽，通过第6行的输出能确认该cluster集群有8个节点，确认扩容成功。由于当前该cluster集群包含了4个主节点4个从节点，而哈希槽是分摊在4个主节点上，所以第7行表示集群大小的数值是4。

在扩容时请注意，在迁移哈希槽以及其中的数据这段时间内，这部分数据是不可用的，由此可能会出现缓存失效的现象，所以建议一般在业务请求比较空闲时进行扩容动作，比如将扩容的时间放在周末的凌晨。

在扩容时，不必精确地让cluster集群里的主节点包含相同数量的哈希槽，有些误差也是可以接受的，而且如果cluster集群里某台Redis服务器性能较好，还可以在其中适当多分配些哈希槽，从而进一步提升cluster集群的吞吐量。

7.3.5 cluster集群的常用配置参数

在之前搭建cluster集群时用到了如下的配置参数：

- cluster-enabled：该参数用来表示Redis节点是否支持cluster集群。如果取值是yes，就表示支持集群；如果取值是no，就表示以普通Redis服务器节点的方式启动。
- cluster-config-file：该参数用来指定cluster集群配置文件的名称。在之前的实践中能看到这个文件不是由使用者创建或更改的，而是在Redis服务器第一次以cluster节点身份启动时自动生成的。在该文件里，保存了cluster集群里本节点和其他节点的信息和关联方式。
- dir：该参数用来指定cluster-config-file文件和日志文件的路径。
- logfile：该参数用来设置集群中当前Redis节点的日志文件名。

此外，在项目里一般还会用到如下的常用配置参数。

- cluster-require-full-coverage：该参数表示当cluster集群中有节点失效时该集群是否继续对外提供写服务。出于容错性的考虑，建议把该参数设置成no。如果设成yes，那么集群中有节点失效时，该集群只能提供读服务。
- cluster-node-timeout：该参数用来设置cluster集群中节点里的最长不可用时间，参数的单位是毫秒。如果主节点的不可用时间超过该参数指定的值，那么会向对应的从节点进行故障转移动作。
- cluster-migration-barrier：该参数用来设置主节点的最小从节点数量。假设该值设置为1，当某主节点的从节点个数小于1时，就会从其他从节点个数大于1的主节点那边调剂一个从节点过来。这样做的目的是避免出现不包含从节点的主节点，因为一旦出现这种情况，当主节点失效后，就无法再用从节点进行故障恢复的动作。也就是说，合理地设置该参数能提升cluster集群系统的可靠性。

7.4 本章小结

本章首先讲述了搭建主从复制模式集群的步骤以及在其中配置读写分离的方式，随后给出了搭建哨兵模式集群的步骤，并用模拟故障的方式观察了哨兵模式中故障恢复的流程和效果，最后讲述了 cluster 集群的搭建方法以及在 cluster 集群中扩充节点和迁移数据的实践要点。

由于本章给出的操作是基于 Docker 容器的，因此大家在自己的电脑上能较方便地依照说明搭建这三种集群。通过本章的学习，大家不仅能理解这三种集群的概念和搭建方法，还能掌握这三种集群在项目里的实践要点，通过模拟故障查看这三种集群进行故障转移和恢复的动作。

第 8 章

Java 整合 MySQL 与 Redis

通过之前章节的学习，大家已掌握 Redis 本身的相关技能，包括基于键值对的语法、服务器和客户端的实践技能以及 Redis 集群的相关操作。在实际项目里，Redis 一般是和 Java 与 MySQL 整合使用的。比如在基于电商的高并发系统里，可以在 MySQL 数据库里存储数据，同时还会引入 Redis，以键值对的方式缓存数据。也就是说，如果三者整合，一方面可以用 MySQL 等传统数据库存放数据，另一方面还可以用 Redis 这种基于内存的 NoSQL 数据库“缓存”数据。

在这个章节里，会先给出 Java 读写 Redis 的相关做法，随后以 Docker 容器的方式引入 MySQL，在此基础上给出 Java 整合 MySQL 与 Redis 的效果。通过学习本章的内容，大家能在掌握 Redis 语法的基础上进一步掌握 Redis 在项目里整合 Java 和 MySQL 的相关技能，以及 Redis 在缓存方面的实战要点。

8.1 Java 通过 Jedis 读写 Redis

就像 Java 可以用 JDBC 连接 MySQL 等数据库一样，Java 可以用 Jedis 连接并读写 Redis 数据。Jedis 是 Redis 官方推荐的 Java 客户端开发包，在本节里，首先会讲述以 Maven 等方式在项目里引入 Jedis 包的步骤，随后给出用 Jedis 连接并读写 Redis 数据的做法。

8.1.1 以 Maven 方式引入 Jedis 包

本书用 IDEA 集成开发环境来开发 Java 读写 Redis 等相关代码。首先在 IDEA 开发环境里创建一个名为 Chapter8 的 Maven 项目，确认该项目的 JDK 开发环境是 Java 11 版本，随后在 pom.xml 中通过如下代码引入 Jedis 依赖包。

```
<?xml version="1.0" encoding="UTF-8"?>
<project xmlns="http://maven.apache.org/POM/4.0.0"
        xmlns:xsi="http://www.w3.org/2001/XMLSchema-instance"
        xsi:schemaLocation="http://maven.apache.org/POM/4.0.0
http://maven.apache.org/xsd/maven-4.0.0.xsd">
    <modelVersion>4.0.0</modelVersion>
    <groupId>org.example</groupId>
    <artifactId>Chapter8</artifactId>
    <version>1.0-SNAPSHOT</version>
    <dependencies>
        <dependency>
            <groupId>redis.clients</groupId>
            <artifactId>jedis</artifactId>
            <version>3.3.0</version>
        </dependency>
    </dependencies>
</project>
```

在第 10 行到第 14 行里，通过 dependency 元素，以依赖的方式引入了 3.3.0 版本的 Jedis 包。引入完成后，能在项目的依赖文件里看到被引入的 jedis-3.3.0.jar，如图 8.1 所示。

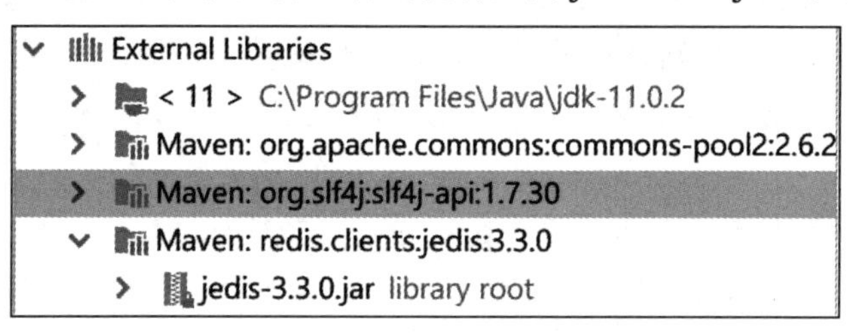

图 8.1　引入 Jedis 包的效果图

用 Gradle 等方式开发 Redis 程序时，只要确保该 Redis 包成功导入项目即可。

8.1.2　通过 Jedis 读写 Redis 字符串

在如下的 SimpleJedisDemo.java 范例中，将用 Jedis 连接 Redis 服务器，并进行基本的读写操作。为了能正确地读写 Redis 服务器里的数据，需要用如下命令确保 myFirstRedis 容器里的 Redis 服务正确启动。

```
docker run -itd --name myFirstRedis -p 6379:6379 redis:latest
```

在上述的 docker run 命令里，通过-p 参数把 docker 容器里的 6379 端口映射到了本机（也就是 Windows 主机）的 6379 端口上，这样 Java 程序、本机和 Docker 容器里的 Redis 服务器的关系如图 8.2 所示，在 Java 程序里通过本机 6379 端口连接到 Docker 的 Redis 服务器上。

图 8.2　Java 程序、本机和 Docker 容器的关系图

具体的 SimpleJedisDemo.java 范例代码如下所示。

```
01  import redis.clients.jedis.Jedis;
02  public class SimpleJedisDemo {
03      public static void main(String[] args) {
04          //用 IP 地址和端口连接到 Redis 服务器
05          Jedis jedis = new Jedis("localhost", 6379);
06          //测试连接
07          System.out.println(jedis.ping());//输出 PONG
08          //存取字符串类型的数据
09          //输出 OK
10          System.out.println(jedis.set("name", "Peter"));
11          System.out.println(jedis.get("name"));//输出 Peter
12          System.out.println(jedis.get("notExistKey"));//输出 null
13      }
14  }
```

在第 1 行通过 import 语句引入了连接 Redis 所需要的 Jedis 包，这个包是通过 pom 文件引入本项目的。

在第 3 行的 main 函数里，用第 5 行的构造函数创建 Jedis 实例，该构造函数的参数分别是 Redis 服务器的 IP 地址和端口，通过它们可以指向 Redis 服务器。由于之前用 docker run 启动包含 Redis 的 Docker 容器时已经把容器的 6379 端口映射到本机的 6379 端口，因此这里可以通过本机 localhost 的 6379 端口连接到 Redis 服务器上。

连接完成后，可以通过第 7 行的 ping 方法来确认连接，如果连接成功，第 7 行的打印语句会输出“PONG”。随后是在第 10 行里通过 set 方法向 Redis 服务器里设置了键为“name”、值为“Peter”的字符串类型的键值对，设置完成后，可以用第 11 行的 get 方法获取键为“name”的值，这里会返回“Peter”，和第 10 行的设置相对应。如果像第 12 行那样用 get 命令去获取一个不存在的键，就会返回 null。

如果在运行上述范例时，在第 5 行输入了错误的 Redis 连接地址或端口号，或者 Redis 干脆没有启动，就会抛出异常信息，如下给出了部分异常提示语句。通过第 8 行具体的异常提示语句能很方便地定位到出错代码。

```
01  Exception in thread "main"
    redis.clients.jedis.exceptions.JedisConnectionException: Failed
    connecting to localhost:6379
02      at redis.clients.jedis.Connection.connect(Connection.java:165)
03      at redis.clients.jedis.BinaryClient.connect(BinaryClient.java:109)
```

```
04       at redis.clients.jedis.Connection.sendCommand(Connection.java:114)
05       at redis.clients.jedis.Connection.sendCommand(Connection.java:109)
06       at redis.clients.jedis.BinaryClient.ping(BinaryClient.java:125)
07       at redis.clients.jedis.BinaryJedis.ping(BinaryJedis.java:198)
08       at SimpleJedisDemo.main(SimpleJedisDemo.java:7)
```

8.1.3 操作各种 Redis 命令

通过 Jedis 连接上 Redis 服务器以后，除了能执行 get 和 set 之类的读写命令外，还能执行 exists、keys 和 del 之类的其他命令。在如下的 JedisOtherCommand.java 范例中，会给出通过 Jedis 执行其他 Redis 命令的做法。

```
01  import redis.clients.jedis.Jedis;
02  public class JedisOtherCommand {
03     public static void main(String[] args) {
04        //用 IP 地址和端口连接到 Redis 服务器
05        Jedis jedis = new Jedis("localhost", 6379);
06        //设置若干键
07        jedis.set("name", "Peter");
08        jedis.set("age", "18");
09        jedis.set("salary", "10000");
10        System.out.println(jedis.exists("name"));//输出 true
11        System.out.println(jedis.exists("notExistKey"));//输出 false
12        //如下语句输出[name, salary, age]
13        System.out.println(jedis.keys("*a*"));
14        System.out.println(jedis.del("name")); //输出 1
15        //如下语句输出[age, salary]
16        System.out.println(jedis.keys("*a*"));
17     }
18  }
```

这里在第 5 行通过 Jedis 的构造函数连接到 Redis 服务器以后，先是在第 7 行到第 9 行的代码里用 set 命令创建了 3 组键值对数据，随后在第 10 行和第 11 行里通过 exists 命令查看对应的键是否存在。由于第 10 行的 name 键存在，因此该条输出语句会返回 true，而第 11 行的 notExistKey 键不存在，所以会返回 false。

在第 13 行里，通过 keys 命令查找名字中带 a 的键，返回结果如第 12 行所示，这个结果和第 7 行到第 9 行的设置是相符的。然后在第 14 行里用 del 命令删除了名为 name 的键，由于成功删除 1 个键，因此该条输出语句返回 1，删除后再用第 16 行的 keys 命令查看对应的键，就能确认 name 键已被删除。

在本范例中，仅给出了 3 个命令的用法，其实 Jedis 包里提供的方法能和 Redis 的命令一一对应上，也就是说，在 Java 端能通过 Jedis 包使用各种 Redis 命令。

8.1.4　以事务的方式操作 Redis

在之前的章节里，大家能看到 Redis 操作事务的实践要点，在如下的 JedisTransactionDemo.java 范例中，演示了用 Jedis 操作 Redis 事务的相关做法。

```
01  import redis.clients.jedis.Jedis;
02  import redis.clients.jedis.Transaction;
03  public class JedisTransactionDemo {
04      public static void main(String[] args) {
05          //用 IP 地址和端口连接到 Redis 服务器
06          Jedis jedis = new Jedis("localhost", 6379);
07          //开启 Redis 事务
08          Transaction t1 = jedis.multi();
09          t1.set("UnSet1", "1");
10          t1.set("UnSet2", "2");
11          t1.discard(); //回滚事务
12          System.out.println(jedis.keys("*"));//看不到 UnSet1 和 UnSet2
13          //再开启一个事务
14          jedis.set("flag","true");
15          jedis.watch("flag");
16          Transaction t2 = jedis.multi();
17          t2.set("key1", "1");
18          t2.set("key2", "2");
19          t2.exec();
20          System.out.println(jedis.keys("*"));//能看到 key1 和 key2
21          jedis.unwatch();
22      }
23  }
```

在第 8 行里，通过 jedis.multi()方法开启一个事务，该方法返回的是一个 Transaction 类型的对象，通过该对象能在第 9 行和第 10 行的代码里以 set 的方式设置数据。注意，随后的第 11 行是通过 Transaction 类型的 discard 方法回滚事务，回滚后第 9 行和第 10 行的 set 动作均不会生效，通过第 12 行的 keys 命令能确认这点。

在第 14 行里创建了一个名为 flag 的键，而在第 15 行里通过 watch 命令监控这个键，这也是 Redis 事务里防止因并发而导致误操作的常规操作。watch 命令的含义请参见之前章节的相关内容，这里要注意 watch 命令以及第 21 行 unwatch 命令的操作主体是 jedis 对象，而不是 Transaction 类型的对象。

在第 16 行里创建了名为 t2 的事务，在第 17 行和第 18 行里通过 t2 来 set 数据，设置完成后是通过第 19 行的 exec 语句来提交事务的，提交后通过第 20 行的 keys 命令能确认提交后的结果。提交事务后，需要用第 21 行的 unwatch 命令撤销对相关数据的监控，否则如果一直保持不必要的监控，就会造成不必要的系统性能损耗。

8.1.5 Jedis 连接池

如果在项目里有多个 Java 客户端需要连接并操作 Redis 对象，那么每一次访问 Redis 的请求都需要经历“创建连接”“打开 Redis 并操作”和“释放连接”等步骤。连接和关闭数据库的操作比较费资源，如果频繁操作，就会影响到 Redis 乃至整个系统的性能，所以在这种场景里可以用 Jedis 连接池来管理 Redis 的连接。

如果引入了 Jedis 连接池，那么诸多客户端不是直接向 Redis 服务器申请连接，而是向 Jedis 连接池申请连接，并且指向 Redis 的连接资源是由连接池管理。当客户端完成 Redis 操作后，连接池并不是释放连接资源，而是继续让该连接维持“可用”状态，以供其他客户端使用，这样就能避免因频繁创建和释放连接而导致的性能问题。

可以用 JedisPool 对象来进行连接池的相关操作，用 JedisPoolConfig 对象来管理 Jedis 连接池的相关配置。在表 8.1 里，给出了 Jedis 连接池的常用配置参数。

表8.1 Jedis连接常用配置项列表

配 置 项	说 明
maxTotal	该连接池最多可以创建多少个 Redis 连接实例
maxIdle	该连接池最多可以维持多少个空闲连接
minIdle	该连接池最少可以维持多少个空闲连接
maxWait	客户端在向连接池申请连接资源时最长的等待时间，如果超过这个时间，就会抛出异常
blockWhenExhausted	当连接池里的连接被分配完以后，如果再有客户端申请连接，是否需要阻塞

表 8.1 里提到的 blockWhenExhausted 参数取值为 false 时，表示没有可用的 jedis 实例时不分配连接，而是抛出 NoSuchElementException 异常；取值为 true 时，表示阻塞当前客户端，如果在阻塞的时间段内有可用连接则继续，或者阻塞时间到达 maxWait 时抛出异常。

在如下的 JedisPoolDemo.java 范例中，将给出通过连接池连接并操作 Redis 的实现方式。

```
01  import redis.clients.jedis.Jedis;
02  import redis.clients.jedis.JedisPool;
03  import redis.clients.jedis.JedisPoolConfig;
04  public class JedisPoolDemo {
05      public static void main(String[] args) {
06          JedisPoolConfig config = new JedisPoolConfig();
07          config.setMaxTotal(10); //最大连接数是 10
08          config.setMaxIdle(5);   //最大空闲连接是 5
09          config.setMaxWaitMillis(100); //客户端最长等待时间是 0.1 秒
10          config.setBlockWhenExhausted(false);//连接耗尽不阻塞
11          //创建连接池
12          JedisPool pool = new JedisPool(config,"127.0.0.1",6379);
13          //从连接池里得到连接
14          Jedis jedis = pool.getResource();
```

```
15          jedis.set("testPool","OK");
16          System.out.println(jedis.get("testPool")); //输出 OK
17          pool.close(); //用完后释放连接池
18      }
19  }
```

在第 6 行到第 10 行的代码里创建了一个 JedisPoolConfig 类型的 config 对象，并通过 config 对象设置了连接池的相关参数，随后在第 12 行的代码里通过 JedisPool 构造函数创建了一个连接池对象。

该构造函数的第一个参数表示待创建连接池的配置参数，第二个和第三个参数表示该连接池指向的 IP 地址和端口号，创建完成后就能像第 14 行那样通过 getResource 方法用连接池对象创建指向 Redis 的连接了。

在第 14 行通过 pool 对象得到 Jedis 连接对象后，就能用它来执行 Redis 的相关命令了，比如在之后的第 15 行和第 16 行里执行了 set 和 get 命令。

本范例的输出结果虽然简单，但大家需要关注的是其中用连接池创建 Jedis 的方法。在一些高并发的场景里，建议用本范例给出的连接池相关方法，因为这样能提升诸多客户端连接并使用 Redis 数据库的性能。

8.1.6　用管道的方式提升操作性能

在单个客户端里，如果要读写大量数据，那么可以采用管道（pipeline）的方式。比如要一次性地进行 20 次的读写，那么每条命令都需要发送到 Redis 服务器，而每条命令的执行结果都需要返回给客户端。如果采用管道的方式，那么这 20 条命令会以批量的方式一次性地发送到服务器，而结果也会一次性地返回到客户端。

也就是说，在大数据操作的场景里，通过管道的方式能大量节省“命令和结果的传输时间”，从而能提升性能。在如下的 PipelineDemo.java 范例中，大家能看到相关的做法，并能对比在大数据操作场景里用管道和不用管道的性能差异。

```
01  import redis.clients.jedis.Jedis;
02  import redis.clients.jedis.Pipeline;
03  public class PipelineDemo {
04      public static void main(String[] args){
05          Jedis jedis = new Jedis("localhost", 6379);
06          long startTime = System.currentTimeMillis();
07          for (int cnt = 0; cnt < 10000; cnt++) {
08              jedis.set("key" + cnt, String.valueOf(cnt));
09              jedis.get("key" + cnt);
10          }
11          long endTime = System.currentTimeMillis();
12          System.out.println("Time cost by Non Pipeline:" + (endTime -
    startTime));
13          startTime = System.currentTimeMillis();
```

```
14         Pipeline pipeline = jedis.pipelined();
15         for (int cnt = 0; cnt < 10000; cnt++) {
16            pipeline.set("key" + cnt, String.valueOf(cnt));
17            pipeline.get("key" + cnt);
18         }
19         pipeline.sync();
20         endTime = System.currentTimeMillis();
21         System.out.println("Time cost by Non Pipeline:" + (endTime - 
   startTime));
22     }
23 }
```

在第 5 行创建完 Jedis 实例后，首先通过第 7 行的 for 循环用 Jedis 实例进行了 10000 次的 set 和 get 操作，并在第 12 行输出了这 10000 次 set 和 get 操作所耗费的时间。

随后在第 14 行到第 19 行里通过 Pipeline 管道的方式同样进行了 10000 次的 set 和 get 操作，管道相关的代码如下所示。

- 在第14行里，通过jedis.pipelined方法创建了管道。
- 在第16行和第17行的for循环里，通过pipeline对象的方法进行set和get操作，但这些操作暂时没有执行。
- 注意，只有执行第19行的pipeline.sync后这10000次set和get操作才会被统一发送到Redis服务器执行，并统一返回结果。

运行这段代码，大家能看到如下的输出。

```
01  Time cost by Non Pipeline:20020
02  Time cost by Non Pipeline:316
```

其中第 1 行表示非管道方式的耗时，第 2 行表示以管道方式批量运行的耗时。每次运行，可能看到的具体数值未必相同，但以管道方式运行的耗时会大大小于非管道方式运行的耗时。所以，如果在项目里需要大批量地向 Redis 服务器读写数据，那么建议采用管道（pipeline）的方式。

8.2 Java 与各种 Redis 数据类型

在 8.1 节里，演示了用 set 和 get 命令设置并读取字符串类型的数据的做法，在本节中将给出 Jedis 操作其他常用数据类型的做法。

8.2.1 读写列表类对象

在项目里用 Redis 缓存数据时，可以按照一定的规范以列表的方式缓存一类对象数据，比如在缓存学生对象时，用 ID 作为键，在列表里以姓名、年龄和分数的顺序存储数据，这样就需要到列表对应的索引位读取对应的属性数据。在如下的 JedisListCommand.java 里，给出了用 Jedis 缓存并读取列表数据的做法。

```
01  import redis.clients.jedis.Jedis;
02  public class JedisListCommand {
03      public static void main(String[] args) {
04          //用 IP 地址和端口连接到 Redis 服务器
05          Jedis jedis = new Jedis("localhost", 6379);
06          //Student 的规范：键是 ID，值是 Name、Age、Score
07          jedis.rpush("001", "Peter");
08          jedis.rpush("001", "15");
09          jedis.rpush("001", "100");
10          if(jedis.exists("001")){
11              //从缓存中取，请注意索引号是从 0 开始的
12              System.out.println(jedis.lindex("001",0)); //输出 Peter
13              System.out.println(jedis.lindex("001",1)); //输出 15
14              System.out.println(jedis.lindex("001",2)); //输出 100
15          }else{
16              System.out.println("Not Exist in Cache, get from DB.");
17          }
18      }
19  }
```

在第 7 行到第 9 行里，通过 jedis 的 rpush 方法向键为 001 的列表尾部添加了 3 个元素，这样的添加方式能保证先添加的元素索引号靠前，该方法第一个参数表示列表的键，第二个参数表示向列表尾部添加的值。

添加完成后，先用第 10 行的 if 语句判断键为 001 的列表是否存在，具体的判断方法用到了 jedis 对象的 exists 方法。这里键为 001 的键存在，所以会通过第 12 行到第 14 行的语句 lindex 方法输出列表里各索引号的值。该方法第一个参数表示列表的键，第二个参数表示待读取列表元素的索引号。从 12 行到第 14 行的注释里，大家能看到具体输出的结果。

通过这段代码，大家可以看到在实际项目里使用列表缓存数据的一般做法。

（1）建议用 rpush 的方式向列表的尾部添加元素，因为一旦用 lpush 方式向列表头部添加元素，元素的索引号就无法和添加顺序相对应。

（2）缓存数据的存放方和接收方事先应当约定好列表数据的规范，即第 n 位应当存放什么数据。

（3）在使用数据前，应当如第 10 行所示，先判断该键是否存在，如果不存在，就需要对应地给出“为空”的处理代码。

8.2.2 读写哈希表对象

与哈希表相比，列表的好处是节省空间，如果待缓存对象里的属性个数过多，那么管理起来不怎么便利，此时就需要用哈希表类型的对象来缓存数据。在如下的 JedisHashCommand.java 范例中，大家能看到用哈希表缓存数据的两种做法。

```
01  import redis.clients.jedis.Jedis;
02  import java.util.HashMap;
03  import java.util.Map;
04  public class JedisHashCommand {
05      public static void main(String[] args) {
06          //用 IP 地址和端口连接到 Redis 服务器
07          Jedis jedis = new Jedis("localhost", 6379);
08          Map<String, String> empHM = new HashMap<String,String>();
09          empHM.put("Name","Mike");
10          empHM.put("Team","CloudTeam");
11          empHM.put("Salary","15000");
12          empHM.put("Level","Senior");
13          //用 HashMap 的形式直接插入 Hash 数据
14          jedis.hset("Emp001", empHM);
15          //用键值对的方式插入 Hash 数据
16          jedis.hset("Emp002","Name","John");
17          jedis.hset("Emp002","Team","HR");
18          jedis.hset("Emp002","Salary","15000");
19          jedis.hset("Emp002","Level","Senior");
20          //获取值
21          System.out.println(jedis.hget("Emp001","Name"));//Mike
22          System.out.println(jedis.hget("Emp002","Team"));//HR
23      }
24  }
```

在第一种做法里，先在第 8 行到第 12 行里用 HashMap 的形式存入一组键值对数据，随后在第 14 行里用 jedis 的 hset 方法存入整个 HashMap 对象。在这种做法里，hset 方法的第一个参数是哈希表的键，第二个参数是包含哈希表键值对的 Map 对象。

第二种做法如第 16 行到第 19 行所示，hset 方法的第一个参数还是表示哈希表的键，第二个和第三个参数用键值对的形式存储哈希表类型的对象。

通过 hset 可以在 Redis 里缓存哈希表类型的数据，用 hget 方法则可以获取此类数据，第 21 行和第 22 行的代码演示了 hget 方法的用法。hget 方法的第一个参数是待读取哈希表的键，第二个参数表示哈希表里的键，由此可以定位到具体的元素。

如果待缓存对象里的属性个数很多，就建议用哈希表对象来缓存：一方面，在哈希表里是用属性名来定位数据的，而不是用属性的顺序；另一方面，在存放对象时，哪怕没存若干属性，也不会影响到对该对象的读取，顶多就是读取这些属性时返回为空。

8.2.3　读写集合对象

在一般项目里，大多是用 Redis 的字符串、列表和哈希表等方式来缓存数据，不过在一些需要去重的场景里会用到集合类型的对象。在如下的 JedisSetCommand.java 范例中，将给出针对集合类型对象的读写操作。

```
01 import redis.clients.jedis.Jedis;
02 public class JedisSetCommand {
03     public static void main(String[] args) {
04         //用 IP 地址和端口连接到 Redis 服务器
05         Jedis jedis = new Jedis("localhost", 6379);
06         //用 sadd 方法向集合里添加元素
07         jedis.sadd("bonusID","1","2","3","1");
08         //如下返回[1, 2, 3]
09         System.out.println(jedis.smembers("bonusID"));
10     }
11 }
```

这里通过第 7 行的 jedis.sadd 方法向键为 bonusID 的集合里添加了 4 个元素，sadd 方法的第一个参数是待存入集合的键，后面的参数是存在集合里的诸多元素。

读取集合数据的 Jedis 方法是 smembers，如第 9 行所示。该方法的参数是待读取集合的键，由于集合能自动实现去重功能，因此 bonusID 集合里虽然有重复的元素，但是在用该方法输出时，原本重复的元素 1 只会展示一次。

8.2.4　读写有序集合对象

和集合相比，在有序集合里可以通过参数来定义集合元素的权重，在第 2 章里也给出了针对有序集合的 Redis 操作命令。在如下的 JedisSortedSetCommand.java 范例中，大家能看到用 Jedis 读写有序集合的方法。

```
01 import redis.clients.jedis.Jedis;
02 public class JedisSortedSetCommand {
03     public static void main(String[] args) {
04         //用 IP 地址和端口连接到 Redis 服务器
05         Jedis jedis = new Jedis("localhost", 6379);
06         //用 zadd 方法向有序集合里添加元素
07         jedis.zadd("emps",1.0,"Peter");
08         jedis.zadd("emps",2.0,"Tom");
09         jedis.zadd("emps",3.0,"John");
10         jedis.zadd("emps",4.0,"Mike");
11         //如下输出[Peter, Tom, John]
12         System.out.println(jedis.zrange("emps",(long)0.5,(long)2.5));
```

```
13          //如下输出[[Peter,1.0], [Tom,2.0], [John,3.0]]
14          System.out.println(jedis.zrangeWithScores("emps", (long)0.5,
    (long)2.5));
15      }
16  }
```

在第 7 行到第 10 行的 zadd 命令里是向键为 emps 的有序集合里添加了若干数据。注意，这里不仅添加了集合元素，还添加了 double 类型的该元素的权重。从中能看到 zadd 方法的第一个参数是有序集合的键，第二个参数是元素的权重，第三个参数是元素的值。

完成添加后，如果用第 12 行的 zrange 方法来查看有序集合里的元素，那么该方法第一个参数是待读取有序集合的键，后两个参数是权重范围。从第 11 行的输出结果里能看到该方法只会输出指定权重间的元素值，不会输出该元素对应的权重。

如果要同时显示权重值，就需要用第 14 行的 zrangeWithScores 方法，该方法的参数和 zrange 方法一致，第一个参数表示有序集合的键，后两个参数表示权重范围，具体的输出如第 13 行所示（不仅返回了元素，还返回了元素对应的权重值）。

8.2.5 操作地理位置数据

在之前的章节里，大家能看到 Redis 读写地理数据的相关命令，在基于 Java 的应用系统里，也可以通过 Jedis 操作地理数据。在如下的 JedisGeoCommand.java 范例中，将给出读写地理数据、获取指定范围内地理位置以及计算地理位置间距离等的相关代码。

```
01  import redis.clients.jedis.GeoRadiusResponse;
02  import redis.clients.jedis.GeoUnit;
03  import redis.clients.jedis.Jedis;
04  import redis.clients.jedis.params.GeoRadiusParam;
05  import java.util.HashMap;
06  import java.util.Iterator;
07  import java.util.List;
08  import java.util.Map;
09  public class JedisGeoCommand {
10      public static void main(String[] args) {
11          //用 IP 地址和端口连接到 Redis 服务器
12          Jedis jedis = new Jedis("localhost", 6379);
13          //设置 4 个地理位置
14          jedis.geoadd("pos",(long)120.52,(long)30.40,"pos1" );
15          jedis.geoadd("pos",(long)120.52,(long)31.53,"pos2" );
16          jedis.geoadd("pos",(long)122.12,(long)30.40,"pos3" );
17          jedis.geoadd("pos",(long)122.12,(long)31.53,"pos4" );
18          //如下输出[(120.00000089406967,30.000000249977013),
    (122.00000077486038,30.000000249977013)]
19          System.out.println(jedis.geopos("pos","pos1","pos3"));
20          //获取指定地点 200 公里范围内的地理位置
```

```
21          List<GeoRadiusResponse> geoList = jedis.georadius("pos",
      (long)120.52,(long)30.40,(double)200, GeoUnit.KM);
22          Iterator<GeoRadiusResponse> it = geoList.iterator();
23          //循环输出 pos1,pos2 和 pos3
24          while(it.hasNext()){
25             System.out.println(it.next().getMemberByString());
26          }
27          //计算距离，输出 111.2264
28        System.out.println(jedis.geodist("pos","pos1","pos2",GeoUnit.KM));
29      }
30  }
```

在第 14 行到第 17 行里，用 jedis 对象的 geoadd 方法向 pos 键里添加了 4 个地理位置的数据。该方法的第一个参数表示地理数据的键，第二个和第三个参数是 double 类型，分别表示该地理位置的经纬度，第四个参数是该地理位置的别名。

完成添加 4 个地理数据后，在第 19 行里用 geopos 方法输出了指定键指定别名的地理数据，该方法的第一个参数是键，第二个以及后继的参数表示位置的别名，该方法的输出效果如第 18 行所示，分别输出两个别名 pos1 和 pos3 的经纬度。

在第 21 行的代码里给出了通过 georadius 方法获取指定位置指定范围内地理数据的做法，该方法的第一个参数是描述地理数据的键，第二个和第三个参数表示中心位置的经纬度，是 double 类型，第四个参数也是 double 类型，表示距离中心位置的距离，第五个参数则指定第四个参数的单位。把第 21 行 getradius 方法的诸多参数结合起来看，就能知道该方法将返回距离由 120.52、30.40 经纬度指定的中心位置 200 千米的地理位置数据，该方法返回了 List<GeoRadiusResponse>类型的 geoList 对象。

得到返回对象后，在第 22 行到第 26 行里通过迭代器和 while 循环遍历了 geoList 对象里的地理元素，具体而言是用第 25 行的 getMemberByString 方法输出指定点 200 千米半径内的地理位置别名。

最后在第 28 行里用 geodist 方法计算了两个地理位置之间的距离。该方法的第一个参数表示描述地理元素的键，第二个和第三个参数分别表示待计算距离的两个地理位置的别名，第四个参数用于指定距离 pos1 和 pos2 之间的距离，并且通过第四个参数指定返回距离的单位，这里是千米，该方法的输出结果如第 27 行所示。

8.3　Redis 与 MySQL 的整合

在一些高并发的场景里，如果读写数据的请求都集中到 MySQL 等关系型数据库上，就可能会把数据库拖垮，从而导致严重的产线问题，此时就有必要引入基于内存读写的 Redis 数据库来缓存数据。在本节里，就将模拟项目需求，给出 Java 整合 MySQL 和 Redis 的开发范例。

在大多数项目里，MySQL 和 Redis 都是安装在 Linux 系统上的，而不是 Windows 系统上。

之前在搭建 Redis 环境时用 Docker 来模拟 Linux 环境，所以这里也将在 Docker 虚拟机上安装并配置 MySQL 开发环境。

8.3.1 通过 Docker 安装 MySQL 开发环境

大家可以通过如下步骤用 Docker 命令安装 MySQL 开发环境。

步骤 01 在命令窗口里，运行 docker pull mysql:latest 命令，下载最新的 MySQL 镜像。运行完成后，可以通过 docker images 命令确认下载的效果，如果能看到如图 8.3 所示的效果，就能验证 MySQL 镜像下载成功。

```
c:\work>docker images
REPOSITORY          TAG                 IMAGE ID            CREATED             SIZE
mysql               latest              e3fcc9e1cc04        9 days ago          544MB
```

图 8.3 确认 MySQL 镜像下载成功的效果图

步骤 02 通过如下的 docker run 命令，用新下载的 docker 镜像创建名为 MySQL 的容器，并启动该容器里的 MySQL 服务。

```
docker run -itd -p 3306:3306 --name mysql -e MYSQL_ROOT_PASSWORD=123456
mysql:latest
```

该命令通过-p 参数指定容器内的 3306 端口映射到本机 3306 端口，通过-itd 参数指定以后台交互的模式运行，通过--name 参数指定该容器的名字叫 mysql，通过-e 的配置，指定该容器里包含的 MySQL 服务器登录密码是 123456，最后通过 mysql:latest 指定容器是基于这个镜像创建的。

步骤 03 在确保 MySQL 容器运行成功的情况下，通过 docker exec -it mysql /bin/bash 进入该容器的命令行窗口，在命令行里用 mysql -u root -p 命令进入 MySQL 命令行，进入时需要输入 123456 这个密码，当看到如图 8.4 所示的“mysql>”提示符时，说明已经正确地进入 MySQL 命令行，随后就可以运行 MySQL 命令了。

```
c:\work>docker exec -it mysql /bin/bash
root@3ac71995f7ac:/# mysql -u root -p
Enter password:
Welcome to the MySQL monitor.  Commands end with ; or \g.
Your MySQL connection id is 12
Server version: 8.0.21 MySQL Community Server - GPL

Copyright (c) 2000, 2020, Oracle and/or its affiliates. All rights reserved.

Oracle is a registered trademark of Oracle Corporation and/or its
affiliates. Other names may be trademarks of their respective
owners.

Type 'help;' or '\h' for help. Type '\c' to clear the current input statement.

mysql>
```

图 8.4 进入 MySQL 容器和命令行的效果图

步骤 04 通过“create database redisDemo;”命令在 MySQL 服务器里创建名为 redisDemo 的数据库，创建完成后能通过 “use redisDemo;” 命令进入该数据库。随后可以通过如下命令创建名为 student 的数据表，该表的主键是 id，并且其中包含了 4 个字段。

```
01  create table student(
02      id int not null primary key,
03      name char(20),
04      age int,
05      score float
06  );
```

步骤 05 可以通过如下的 insert 命令向 student 表里插入三条数据。

```
01  insert into student (id,name,age,score) values (1,'Peter',18,100);
02  insert into student (id,name,age,score) values (2,'Tom',17,98);
03  insert into student (id,name,age,score) values (3,'John',17,99);
```

插入完成后，通过 “select * from student;” 命令能看到如图 8.5 所示的结果。

```
mysql> select * from student;
+----+-------+------+-------+
| id | name  | age  | score |
+----+-------+------+-------+
|  1 | Peter |   18 |   100 |
|  2 | Tom   |   17 |    98 |
|  3 | John  |   17 |    99 |
+----+-------+------+-------+
3 rows in set (0.00 sec)
```

图 8.5　插入数据后的验证效果图

至此，成功安装了 MySQL 数据库，并在其中完成了数据的准备工作。虽然在 Windows 环境下可以通过 MySQL WorkBench 等图形客户端工具方便地连接并操作 MySQL 数据库，但在实际项目里一般都是在 Linux 环境里直接用 MySQL 命令连接到数据库并分析排查问题，所以大家也应当掌握用命令行连接并操作 MySQL 数据库的相关技巧。

8.3.2　通过 JDBC 连接并操作 MySQL 数据库

为了能在 Java 代码里连接并操作 MySQL 数据库，首先需要改写 8.1.1 节创建的 Chapter8 项目里的 pom.xml 配置文件，改写后的文件如下所示。

```
01  <?xml version="1.0" encoding="UTF-8"?>
02  <project xmlns="http://maven.apache.org/POM/4.0.0"
03           xmlns:xsi="http://www.w3.org/2001/XMLSchema-instance"
04           xsi:schemaLocation="http://maven.apache.org/POM/4.0.0
    http://maven.apache.org/xsd/maven-4.0.0.xsd">
05      <modelVersion>4.0.0</modelVersion>
06      <groupId>org.example</groupId>
```

```
07      <artifactId>Chapter8</artifactId>
08      <version>1.0-SNAPSHOT</version>
09      <dependencies>
10          <dependency>
11              <groupId>redis.clients</groupId>
12              <artifactId>jedis</artifactId>
13              <version>3.3.0</version>
14          </dependency>
15          <dependency>
16              <groupId>mysql</groupId>
17              <artifactId>mysql-connector-java</artifactId>
18              <version>8.0.21</version>
19          </dependency>
20      </dependencies>
21  </project>
```

其中第 15 行到第 19 行的代码是新加的，通过这段代码能把 MySQL 的开发包导入项目里。

随后在 Chapter8 的项目里编写如下的 MySQLDemo.java 代码，在其中连接并读写 MySQL 数据库。

```
01  import java.sql.*;
02  public class MySQLDemo {
03      public static void main(String[] args) {
04          //MySQL 的连接参数
05          String mySQLDriver = "com.mysql.jdbc.Driver";
06          String url = "jdbc:mysql://localhost:3306/redisDemo";
07          String user = "root";
08          String pwd = "123456";
09          Connection conn = null;
10          PreparedStatement ps = null;
```

在第 5 行到第 8 行的代码里定义了连接 MySQL 的相关配置参数，其中连接驱动程序如第 5 行所示，如果要连接 MySQL，一般都是这个驱动程序。在第 6 行里定义了连接到 MySQL 的 url，该 url 的格式如下：

```
jdbc:mysql://IP 地址：端口号/数据库名
```

其中，jdbc:mysql://是固定的写法，由于在用 docker run 命令启动 mysql 容器时已经通过-p 参数把容器的 3306 端口映射到本地（localhost）3306 端口，因此 IP 地址和端口号分别是 localhost 和 3306，而在连接后需要使用的数据库是 redisDemo。在第 9 行和第 10 行里分别定义了用来连接的 conn 对象和执行 SQL 语句的 ps 对象。

```
11          try {
12              //加载驱动
```

```
13              Class.forName(mySQLDriver);
14              //创建同数据库的连接
15              conn = DriverManager.getConnection(url, user, pwd);
16              ps = conn.prepareStatement("select * from student");
17              ResultSet rs = ps.executeQuery();
18              while (rs.next()) {
19                 // 输出各字段的数据
20                 System.out.print("id: " + rs.getInt("id") + ",");
21                 System.out.print("name: " + rs.getString("name") + ",");
22                 System.out.print("age: " + rs.getInt("age") + ",");
23                 System.out.print("score: " + rs.getFloat("score"));
24                 System.out.print("\n");
25              }
26          } catch (SQLException se) {
27              se.printStackTrace();
28          } catch (Exception e) {
29              e.printStackTrace();
30          } finally {
31              // 关闭资源
32              try {
33                 if (ps != null) {
34                    ps.close();
35                 }
36              } catch (Exception e) {
37                 e.printStackTrace();
38              }
39              try {
40                 if (conn != null) {
41                    conn.close();
42                 }
43              } catch (Exception e) {
44                 e.printStackTrace();
45              }
46          }
47      }
48  }
```

在第 13 行里，通过 Class.forName 方法装载了 MySQL 驱动程序，随后通过第 15 行的代码创建了同 MySQL 数据库的连接，并通过第 16 行和第 17 行的代码用 PreparedStatement 类型 ps 对象的 executeQuery 方法执行了 SQL 语句。

在执行 SQL 语句后，通过第 18 行的 while 循环依次输出了包含在 rs 结果集里的多条数据，并用第 34 行和第 41 行的代码关闭了 ps 和 conn 对象。在运行该范例时，需要确保 mysql 容器中的 MySQL 服务处于可用状态，运行后能看到如下的输出结果。

```
01  id: 1,name: Peter,age: 18,score: 100.0
02  id: 2,name: Tom,age: 17,score: 98.0
03  id: 3,name: John,age: 17,score: 99.0
```

在本范例中，大家能看到直接连接 MySQL 并读取其中数据的做法。如果在项目里对 MySQL（或 Oracle 等其他关系型数据）的操作频率不高，数据库的压力足以承受，那么这种做法也是可取的。在一些高并发的场景里，访问量动辄每秒几千，就算每次请求只访问一次数据库，数据库也无法承受这种高并发的压力，所以在这种场景里需要引入 Redis 来缓存数据。

8.3.3 引入 Redis 做缓存

在项目里，Java、MySQL 和 Redis 的关系一般如图 8.6 所示。

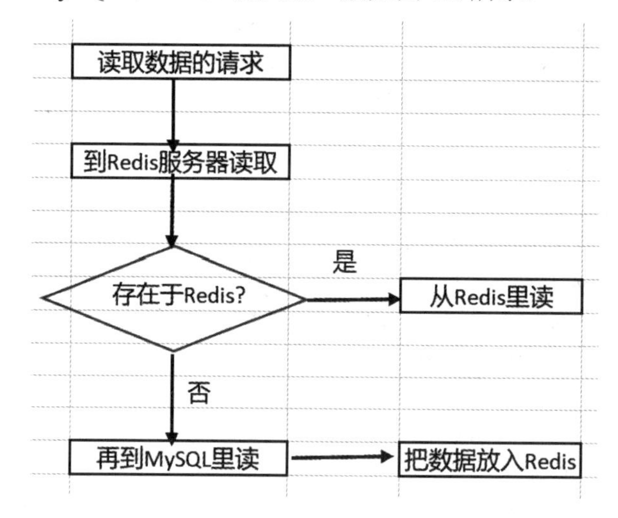

图 8.6 Java 应用程序、MySQL 和 Redis 关系图

当有读取数据的请求时，先用键到 Redis 服务器里去读：如果能读到，就不再访问 MySQL 数据库了，由此可以减少对 MySQL 数据库的访问请求；如果在 Redis 里找不到，就到 MySQL 里去读，读到后再把数据存入 Redis，这样下次读取时就能从 Redis 缓存里读到数据了。

在如下的 MySQLRedisDemo.java 范例中，将根据上述流程演示在 Java 程序里整合使用 MySQL 和 Redis 的做法，其中省略了 import 语句和针对属性的 get 和 set 方法，在本书附带的代码里，大家能看到完整的范例。

```
01  //省略 import 语句
02  //定义和数据库里 Student 表对应的 Student 对象
03  class Student{
04      private int id;
05      private String name;
06      private int age;
07      private float score;
08      //省略针对上述属性的 get 和 set 方法
09  }
```

在第 3 行到第 9 行里定义的 Student 类用于接收从 Student 数据表里得到的数据，其中的属性名和数据表里的字段名一致，并省略了诸多属性的 get 和 set 方法。

```
10 public class MySQLRedisDemo {
11     private Connection conn;
12     private Jedis jedis;
13     //初始化方法
14     private void init(){
15        String mySQLDriver = "com.mysql.jdbc.Driver";
16        String url = "jdbc:mysql://localhost:3306/redisDemo";
17        try{
18           Class.forName(mySQLDriver);
19           conn = DriverManager.getConnection(url, "root", "123456");
20           jedis = new Jedis("localhost", 6379);
21        }catch (Exception e){
22           System.out.println("Init error");
23        }
24     }
25     //构造函数
26     public MySQLRedisDemo(){
27        init();
28     }
```

在第 11 行和第 12 行里定义了本范例将用到的 conn 和 jedis 对象。其中，Connection 类型的 conn 对象将用于访问 MySQL 数据库，Jedis 类型的 jedis 对象将用于访问 Redis 数据库。

在第 14 行的 init 方法里，初始化了 conn 和 jedis 这两个连接对象，具体而言，通过第 19 行的 getConnection 方法创建了指向 MySQL 的连接对象，通过第 20 行的代码创建了指向 Redis 的连接对象。

```
29     public Student getStudentByID(int id){
30        //拼装键
31        String key = "Stu" + Integer.valueOf(id).toString();
32        Student stu = new Student();
33        //如果存在于 Redis，先从 Redis 里获取
34        if(jedis.exists(key)){
35           System.out.println("ID:" + key + " exists in Redis.");
36           List<String> list = jedis.lrange(key,0,2);
37           stu.setAge(id);
38           stu.setName(list.get(0));
39           stu.setAge(Integer.valueOf(list.get(1)));
40           stu.setScore((Float.valueOf(list.get(2))));
41           return stu;
42        } else{ //在 Redis 里没找到，就到 MySQL 中去找
43           System.out.println("ID:" + key + " does not exist in Redis.");
```

```
44            PreparedStatement ps = null;
45            try{
46                ps = conn.prepareStatement("select * from student where id = ?");
47                ps.setInt(1,id);
48                ResultSet rs = ps.executeQuery();
49                //如果找到，返回数据，否则返回 null
50                if(rs.next()){
51                    System.out.println("ID:" + key + " exists in MySQL.");
52                    stu.setId(id);
53                    String name = rs.getString("name");
54                    stu.setName(name);
55                    int age = rs.getInt("age");
56                    stu.setAge(age);
57                    float score = rs.getFloat("score");
58                    stu.setScore(score);
59                    //放入 Redis
60                    jedis.rpush(key,name,Integer.valueOf(age).toString(),
   Float.valueOf(score).toString());
61                    return stu;
62                }else{
63                    System.out.println("ID:" + key + " does not exist in
   MySQL.");
64                    return null;
65                }
66            } catch (Exception e ){
67                e.printStackTrace();
68            }
69            finally{
70                //省略关闭 ps 和 conn 的代码
71            }
72        }
73        return null;
74    }
```

第 29 行的 getStudentByID 方法是本范例的关键，在其中定义了从 Redis 和 MySQL 里获取数据的动作，该方法的参数是待获取 Student 对象的 id。

在第 31 行的代码里，定义了 Student 对象存储在 Redis 里的键，如果单纯把 id 作为键，就有可能和教师等其他类型对象的主键冲突，所以在键之前加上了“Stu”前缀。首先用第 34 行的 jedis.exists 方法判断该 id 是否存在于 Redis 中，如果是，则直接用第 36 行的 jedis.lrange 方法根据 id 获取 Redis 列表类型的对象，并通过第 37 行到第 40 行的代码组装成一个 Student 类型的对象并返回。

如果通过第 34 行的 if 判断语句发现 Redis 里并没有缓存指定 id 的 Student 对象，就会通过第 46 行到第 48 行的代码根据 id 拼装 SQL 语句并到 MySQL 数据库里执行，如果通过第 50 行的代码发现 MySQL 数据库里存在该 id，就会通过第 52 行到第 61 行里的代码用 ResultSet 结果集里的数据拼装成一个 Student 类型的对象并返回。

如果在数据库里找到该 id 的 Student 对象，还用第 60 行的代码把该 Student 对象缓存到 Redis 数据库里（缓存时用“Stu”加 id 作为键），就用 jedis 的 rpush 方法向列表的尾部依次加入 name、age 和 score 数据。这里加入数据的顺序需要和第 36 行到第 40 行从 Redis 读取 Student 对象属性的顺序一致。

```
75      public static void main(String[] args) {
76          MySQLRedisDemo demo = new MySQLRedisDemo();
77          //通过 for 循环，两次获取 Student 数据
78          for(int i=0;i<2;i++){
79              System.out.println("The " +i+" times of getting Student.");
80              Student stu = demo.getStudentByID(1);
81              if(stu != null){
82                  // 输出各字段的数据
83                  System.out.print("id: " + stu.getId() + ",");
84                  System.out.print("name: " + stu.getName() + ",");
85                  System.out.print("age: " + stu.getAge() + ",");
86                  System.out.println("score: " + stu.getScore());
87              }
88          }
89      }
90  }
```

在 main 方法里，首先在第 76 行的代码里初始化 MySQLRedisDemo 类型的 demo 对象，结合第 26 行 MySQLRedisDemo 对象的构造函数，就能发现在创建 demo 对象的同时创建了用于 MySQL 连接的 conn 对象以及用于 Redis 连接的 jedis 对象。

随后在第 78 行到第 88 行的 for 循环里，通过调用第 80 行的 getStudentByID 方法，两次查询了 id 为 1 的数据，查询后如果返回不为空，就将通过第 83 行到第 86 行的代码输出对应 Student 对象的诸多属性。运行本范例，能看到如下的输出结果。

```
01  The 0 times of getting Student.
02  ID:Stu1 does not exist in Redis.
03  ID:Stu1 exists in MySQL.
04  id: 1,name: Peter,age: 18,score: 100.0
05  The 1 times of getting Student.
06  ID:Stu1 exists in Redis.
07  id: 0,name: Peter,age: 18,score: 100.0
```

从第 1 行到第 4 行的输出结果里能看到，第一次调用 getStudentByID 方法时，Redis 没有缓存对应的 Student 对象，所以是从 MySQL 里得到了 id 是 1 的 Student 对象并缓存到 Redis

里。从第 5 行到第 7 行的输出里能看到，第二次调用 getStudentByID 方法时，该对象已经缓存在 Redis 里，所以直接从 Redis 中得到 Student 对象的数据，并没有用 MySQL 数据库。

8.3.4 模拟缓存穿透现象

从 8.3.3 节给出的 MySQLRedisDemo.java 范例中能看出，如果在项目里引入 Redis 缓存，那么在多次请求相同数据且该数据存在于数据库的场景里能直接从 Redis 里读取数据，有效地降低对数据库的访问压力。在高并发的场景里，如果频繁地请求不存在于数据库的数据，就会引发缓存穿透的现象。

在 MySQLRedisDemo.java 范例中，频繁查询 id 是 10 这个不存在于数据库的 Student 对象时，每次查询 Redis 缓存都不可能找到数据，所以都会继续向数据库发查询请求。在此类现象里，高并发的查询请求会 “穿透 Redis 缓存”，集中到数据库上，这样就会给数据库造成很大的压力，严重时数据库甚至会崩溃，从而无法继续接受请求，从而造成严重的产线问题。在如下的 RedisPenetrateDemo.java 范例中，就将模拟此类穿透现象。

```
01  public class RedisPenetrateDemo {
02      public static void main(String[] args) {
03          MySQLRedisDemo demo = new MySQLRedisDemo();
04          //用 for 循环模拟多次请求
05          for(int cnt = 0;cnt<100;cnt++){
06              System.out.println("The " +cnt+" times of getting Student.");
07              //每次请求的数据都不存在于 Redis 里
08              demo.getStudentByID(10);
09          }
10      }
11  }
```

在本范例的第 3 行的代码里初始化了 8.3.3 节定义的 MySQLRedisDemo 对象，并在第 5 行的 for 循环里调用了 100 次其中的 getStudentByID 方法。从第 8 行的语句里能看到，每次调用时都请求了 id 是 10 这个不存在的 Student 对象。本范例运行后的输出结果比较长，下面给出部分有代表性的输出内容。

```
01  The 0 times of getting Student.
02  ID:Stu10 does not exist in Redis.
03  ID:Stu10 does not exist in MySQL.
04  ...
05  The 99 times of getting Student.
06  ID:Stu10 does not exist in Redis.
07  ID:Stu10 does not exist in MySQL.
```

类似于第 1 行到第 3 行的输出会重复 100 次，从中能看到每次请求 id 是 10 的 Student 对象时，费时费力搭建的 Redis 缓存服务器没起到作用，从而导致这些请求都从 Redis 缓存层“穿透”到 MySQL 数据库，这样 MySQL 数据库还是得单独应对高并发的压力。在实际项目里，避免缓存穿透的方法一般是“缓存不存在的数据”，在本章的后继部分中将给出对应的实现代码。

8.3.5　模拟内存使用不当的场景

正是因为 Redis 是把数据缓存在内存里的，所以从 Redis 缓存里读取数据的效率要高于 MySQL 等数据库。如果每次在设置缓存数据时不设置超时时间，那么每次设置的缓存数据就会一直保存在内存中，这样日积月累就会造成内存溢出问题。在如下的 RedisAMemDemo.java 范例中，就将模拟这种不当使用内存的效果。

```
01  import redis.clients.jedis.Jedis;
02  public class RedisMemDemo {
03      public static void main(String[] args) {
04          Jedis jedis = new Jedis("localhost", 6379);
05          System.out.println(Runtime.getRuntime().freeMemory()/1024/1024 +
    "M");
06          //通过 for 循环，频繁向 Redis 里缓存数据
07          for(int i=0;i<500000;i++){
08              //省略从 MySQL 得到对象的代码
09              //拼装键
10              String key = "Stu" + Integer.valueOf(i).toString();
11              jedis.rpush(key,"name" + Integer.valueOf(i).toString(),
    "18","100");
12          }
13          System.out.println(Runtime.getRuntime().freeMemory()/1024/1024 +
    "M");
14      }
15  }
```

在本范例中，通过第 7 行的 for 循环模拟发出了 50 个缓存数据的指令。在每条指令中，通过第 11 行的代码用 jedis.rpush 方法向 Redis 里插入一条不带超时时间的列表数据。由于不含超时时间，因此插入的列表数据将永久存在于内存中。通过第 5 行和第 13 行的代码，输出了缓存列表数据前后的内存用量。

运行本范例，大家能看到如下所示的输出结果，即运行前 JVM 虚拟机有 250MB 内存，而运行后内存大小降低到 226MB。每次运行前后的具体数值可能不同，但是每次运行都能见到内存用量降低的情况。

```
01  250M
02  226M
```

本范例中模拟的 50 万次请求数量看似很大，但在并发量尚不算高的每秒 1000 次请求的场景里，500 秒（9 分钟都不到）累计的请求就能达到，也就是说 9 分钟就将蚕食 20MB 出头的内存，以这种内存消耗速度，可能只需要持续一天就会出现内存溢出（OOM）异常。所以，在使用 Redis 的场景里合理设置缓存数据的超时时间，不是可选项，而是必选项。

8.4 Redis 缓存实战分析

在 8.3 节给出的范例中，大家能看到因使用 Redis 不当而造成的穿透现象和内存浪费现象。对此，在本节里将结合项目里的实践要点，针对性地给出 Redis 缓存的使用技巧。

8.4.1 缓存不存在的键，以防穿透

从 8.3.4 节给出的范例中，大家能看到 Redis 穿透现象的根本原因是 Redis 缓存没有存放数据库里不存在的数据，所以导致对应的请求还是被发到了 MySQL 数据库。

防止穿透的常用做法是，缓存 null 值和数据库不存在的键，这样这些请求虽然还是无法得到对象，但至少能被 Redis 缓存挡住，就不会再到数据库里查询一遍。在如下的 RedisAvoidPenetrateDemo.java 范例中，将给出防止穿透的相关做法。

```
01  //省略必要的 import 语句
02  public class RedisAvoidPenetrateDemo {
03      //用于连接 MySQL 和 Jedis 的两个对象
04      private Connection conn;
05      private Jedis jedis;
06      //该方法和 MySQLRedisDemo.java 范例中的完全一致
07      private void init(){
08          ...
09      }
10      //在构造函数里，调用 init 方法创建 MySQL 和 Jedis 连接
11      public RedisAvoidPenetrateDemo(){
12          init();
13      }
14      public Student getStudentByID(int id){
15          //拼装键
16          String key = "Stu" + Integer.valueOf(id).toString();
17          Student stu = new Student();
18          //如果存在于 Redis，就先从 Redis 里获取
19          if(jedis.exists(key)){
20              //这部分代码和 MySQLRedisDemo.java 范例中的完全一致
21              return stu;
22          } else{ //没在 Redis 找到，就到 MySQL 去找
23              System.out.println("ID:" + key + " does not exist in Redis.");
24              PreparedStatement ps = null;
25              try{
26                  ps = conn.prepareStatement("select * from student where id = ?");
27                  ps.setInt(1,id);
```

```
28                ResultSet rs = ps.executeQuery();
29                //如果找到，返回数据，并放入 Redis 缓存
30                if(rs.next()){
31                    //这部分代码和 MySQLRedisDemo.java 范例中的完全一致
32                    return stu;
33                }
34                //这里和之前的代码有差别，如果 MySQL 里没找到，依然放入 Redis
35                else{
36                    System.out.println("ID:" + key + " does not exist in
   MySQL.");
37                    jedis.rpush(key,"null","0","0");
38                    return null;
39                }
40            } catch (Exception e ){
41                e.printStackTrace();
42            }
43            finally{
44                //省略关闭 ps 和 conn 的代码
45            }
46        }
47        return null;
48    }
```

上述代码的逻辑是，如果能直接从 Redis 中得到数据，就直接返回，不查找 MySQL 数据库，如果不存在于 Redis，就到 MySQL 的 Student 表里去找，如果找到，就放入 Redis 并缓存。这部分的代码和 MySQLRedisDemo.java 范例中的完全一致，不再额外说明。有差别的是第 35 行到第 39 行的 else 语句，其中处理“Redis 和 MySQL 都找不到”的逻辑。从第 37 行的代码里能看到，哪怕该 id 在 MySQL 中找不到，也会把该键以及对应的数据缓存到 Redis 里，只不过 name 是"null"，age 和 score 都用默认的 0 值。

```
49    public static void main(String[] args) {
50        RedisAvoidPenetrateDemo demo = new RedisAvoidPenetrateDemo();
51        //通过 for 循环多次获取不存在的 Student 数据
52        for(int i=0;i<3;i++){
53            Student stu = demo.getStudentByID(10);
54            if(stu != null) {
55                System.out.println(stu.getName());
56            }
57        }
58    }
59 }
```

在 main 函数里，在第 52 行通过 for 循环多次获取 id 为 10 这个不存在的 Student 数据。运行本范例，大家能看到如下的输出结果。

```
01  ID:Stu10 does not exist in Redis.
02  ID:Stu10 does not exist in MySQL.
03  ID:Stu10 exists in Redis.
04  null
05  ID:Stu10 exists in Redis.
06  null
```

从第 1 行和第 2 行的输出里能看到 id 是 10 的 Student 在 Redis 和 MySQL 里都不存在。为了避免穿透现象，此时依然会缓存入 Redis，只不过 name 是 null，在使用时如果发现此类现象，就可以直接丢弃该 Student 对象。

从第 3 行到第 6 行的输出里能看到，在第一次缓存不存在的 id 为 10 的数据后，后继的两次请求虽然还是得不到该数据，但不会再到 MySQL 里去查询，由此减轻了对数据库的压力。在实际的项目里，可以用此类方法缓存空值（null 值）和不存在的值，由此可以避免缓存穿透的现象。

8.4.2 合理设置超时时间，以防内存溢出

在 8.3.5 节的范例中，大家可以看到在 Redis 缓存里不设置超时时间的坏处。在如下的 RedisExpireTimeDemo.java 范例中，将演示通过设置超时时间优化内存性能的做法。这段代码和之前的 RedisAvoidPenetrateDemo.java 很相似，只不过在 getStudentByID 方法里增加了两处关键代码，修改后的该方法代码如下。

```
01 public Student getStudentByID(int id){
02         //拼装键
03         String key = "Stu" + Integer.valueOf(id).toString();
04         Student stu = new Student();
05         //如果存在于 Redis，就先从 Redis 里获取
06         if(jedis.exists(key)){
07             System.out.println("ID:" + key + " exists in Redis.");
08             List<String> list = jedis.lrange(key,0,2);
09             stu.setAge(id);
10             stu.setName(list.get(0));
11             stu.setAge(Integer.valueOf(list.get(1)));
12             stu.setScore((Float.valueOf(list.get(2))));
13             return stu;
14         } else{ //没在 Redis 找到，就到 MySQL 去找
15             System.out.println("ID:" + key + " does not exist in Redis.");
16             PreparedStatement ps = null;
17             try{
18                 ps = conn.prepareStatement("select * from student where id = ?");
19                 ps.setInt(1,id);
20                 ResultSet rs = ps.executeQuery();
21                 //如果找到，就返回数据，否则返回 null
```

```
22              if(rs.next()){
23                  System.out.println("ID:" + key + " exists in MySQL.");
24                  stu.setId(id);
25                  String name = rs.getString("name");
26                  stu.setName(name);
27                  int age = rs.getInt("age");
28                  stu.setAge(age);
29                  float score = rs.getFloat("score");
30                  stu.setScore(score);
31                  //放入 Redis
32                  jedis.rpush(key,name,Integer.valueOf(age).toString(),
    Float.valueOf(score).toString());
33                  //设置超时时间为 1 小时
34                  jedis.expire(key,60*60);
35                  return stu;
36              }else{
37                  System.out.println("ID:" + key + " does not exist in
    MySQL.");
38                  jedis.rpush(key,"null","0","0");
39                  //设置超时时间为 1 小时
40                  jedis.expire(key,60*60);
41                  return null;
42              }
43          } catch (Exception e ){
44              e.printStackTrace();
45          }
46          finally{
47              //省略关闭 ps 和 conn 的代码
48          }
49      }
50      return null;
51  }
```

第 22 行到 36 行代码的逻辑是，用 id 在 Redis 里没有找到指定的 Student 数据，但在 MySQL 里找到了，就会把该 Student 对象存入 Redis 缓存，这里在第 32 行缓存完数据后，再通过第 34 行的 jedis.expire(key,60*60)方法设置该 id 所对应键在 Redis 里的超时时间是 3600 秒，即一小时。其中，expire 方法的第一个参数是键，第二个参数是该键的超时时间，单位是秒。

同时请注意第 36 行到第 40 行的代码，这部分的逻辑是，如果在 Redis 和 MySQL 里都没有找到对应 id 的 Student 对象，则依然缓存该 id 对象，目的是防止缓存被穿透。在第 38 行设置缓存之后，在第 40 行同样通过 expire 方法设置了该键的超时时间是 3600 秒。

也就是说，本范例在向 Redis 里缓存数据后，通过 expire 方法设置了该键的超时时间，这样能避免因对象永不过期而导致的内存性能问题。在实际项目里，需要根据业务需求合理设置超时时间，如果太长，依然会导致内存溢出，如果太短，就会造成对象在缓存中过早失效，从而加重数据库的负担。所以，在应用中一般会取能均衡两者因素的值。

8.4.3 超时时间外加随机数，以防穿透

在 8.4.2 节里，设置的超时时间是一个整数值，这样做虽然能提升内存的使用率，但是依然有可能会造成缓存穿透现象。比如在某一时刻批量加入几千个缓存数据，超时时间都是 1 小时，那么在 1 小时之后这批数据会同时失效，从而对这批数据的请求都会被发送到数据库，如果此时并发负载比较重，那么数据库系统同样会崩溃。

对此的解决方法是，设置超时时间的数值时采用整数加随机数的方式。在如下的 ExpireRandomDemo.java 范例中，大家能看到这种做法。

```
01  //省略必要的 import 代码
02  public class ExpireRandomDemo {
03      public static void main(String[] args) {
04          Jedis jedis = new Jedis("localhost", 6379);
05          //清空缓存
06          jedis.flushAll();
07          Random rand = new Random();
08          for(int i=0;i<5;i++)        {
09              int fixedExpiredTime = 5;
10              int randNum = rand.nextInt(6);
11              String key = "Stu" + Integer.valueOf(i).toString();
12              jedis.set(key,key);
13              jedis.expire(key,fixedExpiredTime+randNum);
14          }
15          //sleep 6 秒，模拟超时，并间隔一段时间
16          try {
17              Thread.sleep(6000);
18          } catch (InterruptedException e) {
19              e.printStackTrace();
20          }
21          for(int i=0;i<5;i++)        {
22              String key = "Stu" + Integer.valueOf(i).toString();
23              if(jedis.exists(key)){
24                  System.out.println(key + " exists.");
25              } else {
26                  System.out.println(key + " does not exist.");
27              }
28          }
29      }
30  }
```

在第 6 行里，首先调用 jedis.flushAll 方法清空了 Redis 的缓存，这样做的目的是避免之前数据的干扰。随后，在第 7 行创建了一个生成 5 以内的随机数 rand 对象，在第 8 行的 for 循环里设置缓存对象的超时时间时用到了该对象。

具体而言，在 for 循环的第 12 行缓存好学生信息后，在第 13 行设置该对象的超时时间时用了定时间 5 秒外加 5 秒内的随机数，这样每个对象的超时时间就会分布在 5 秒到 10 秒之间。

随后用第 17 行的 sleep 方法模拟超时时间，在之后第 21 行的 for 循环里再次向缓存里请求数据时能看到如下的输出。

```
01  Stu0 exists.
02  Stu1 exists.
03  Stu2 does not exist.
04  Stu3 exists.
05  Stu4 exists.
```

每次运行本范例，看到的输出结果未必相同，但每次运行都能看到这批被缓存的数据并不是在同一个时刻一起失效，而是在一个时间范围内逐渐失效。比如在本范例中的失效时间里，随机数的范围是 0 到 5 秒，那么因缓存失效而导致的对 MySQL 等数据库的访问压力会均摊到这些时间内。

在实际项目里，也可以在失效时间上类似地加上随机数，随机数的范围是一个经验数值，可以在 60 秒，也可以根据业务的事情情况进行调整，从而把因缓存失效的压力均摊到这个时间区间内。

8.5　本章小结

本章给出了 Java 整合使用 MySQL 和 Redis 的诸多技巧。首先给出了在 Java 程序里通过 Jedis 对象读写 Redis 数据以及操作 Redis 命令的做法，随后讲述了通过 Jedis 操作各种 Redis 数据类型的做法。

由于在项目里一般会在 Java 代码里整合性地使用 MySQL 和 Redis，因此以本章随后通过 Docker 容器搭建了 MySQL 服务器，并对应地给出了 Java 整合 MySQL 和 Redis 的开发步骤。这三者整合的目的是在 Redis 里缓存数据，从而降低对数据库的压力，所以本章在最后部分围绕着这一主题，结合项目经验讲述了面向 Redis 缓存的实战技巧。

通过本章的学习，大家不仅能了解 JDBC 和 Jedis 等 Java 开发 MySQL 和 Redis 的语法，还能在此基础上通过案例掌握实用性较强的实战技巧，这将能很好地帮助大家提升 Redis 实战方面的技能。

第 9 章

Redis 应用场景与案例实现

在实际项目里，Redis 技术会用在一些案例场景中，比如用 Redis 构建分布式锁、用 Redis 的消息机制构建轻量级的消息队列、在高并发场景里用 Redis 实现限流效果以及实现基于 Redis 的压力测试等。本章将结合与 Redis 整合最多的 Java 语言，给出上述应用场景的开发步骤以及对应的实战技巧。

通过本章的学习，大家不仅能进一步了解 Redis 的应用场景，还能掌握 Redis 基于高并发等应用场景的实战技能，而且能基于 Java 开发语言学会这些技能的实现方式。由此大家能进一步提升 Redis 的实战开发技能。

9.1 Redis 消息队列实战

在实际项目里，模块间可以通过消息队列（Message Queue，MQ）来交互数据，比如订单模块在处理好一个订单后可以把该订单对象放入消息队列，而记账模块则可以从该消息里取出订单对象继续执行。

在本节里，将通过 Redis 的消息订阅发布机制实现基于 Redis 的消息队列，从中大家不仅能看到相关 Redis 的命令，还能看到通过 Java 语言调用 Redis 消息队列的实现技巧。

9.1.1 消息队列与 Redis 消息订阅发布模式

在图 9.1 里，大家能看到订单模块和记账模块通过消息队列交互数据的效果图。在消息队列里，以先来先服务的方式存放订单对象，即订单模块在队列头里插入订单，记账模块从队列头里获取订单并处理。

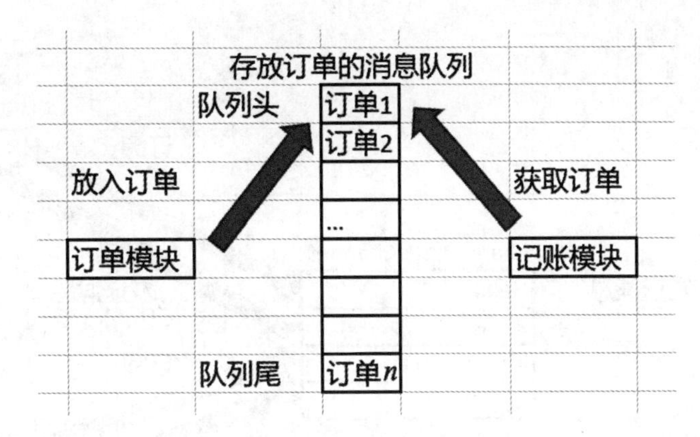

图 9.1　消息队列效果图

用消息队列来交互数据的好处是“解耦合”，比如在上例中订单模块和记账模块间在交互数据时无须考虑对方的业务细节。在实际项目里，一般会用到现成的实现消息队列的中间件（也叫组件），比如 Kafka 和 RabbitMQ 等，而通过 Redis 的消息订阅和发布模式也能实现消息队列的效果。

Redis 的消息订阅和发布模式是一种消息的通信模式，其中发布者（publisher）可以向指定的频道（channel）发送消息，消息发送后订阅该频道的订阅者（subscriber）能收到消息，大致的效果如图 9.2 所示。

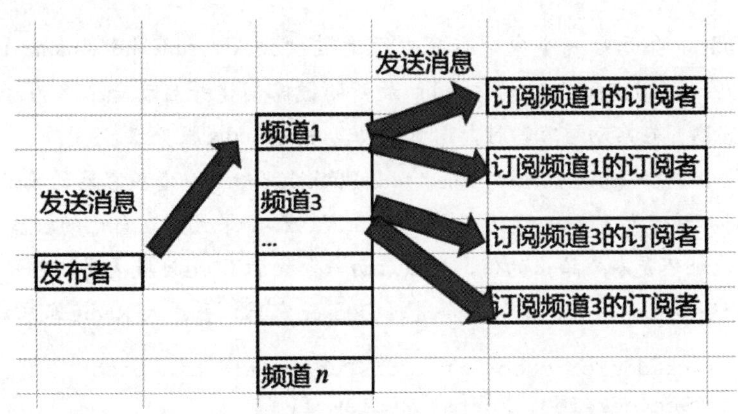

图 9.2　Redis 消息订阅发布模式效果图

其中，每个频道里包含着一个消息队列，当发布者向特定频道发送多个消息后，这些消息会以队列的形式存储，并被订阅该频道的订阅者处理。

从上述示意图里能看到，消息发布者在发送消息后无须关注有多少消息订阅者，更无须关注消息订阅者处理消息的细节，反过来看，消息订阅者也无须关注消息发布者的细节。也就是说，通过这套消息订阅和发布模式能最大限度地解耦合模块间的交互动作。

9.1.2　消息订阅发布的命令和流程

上文提到的 Redis 消息发布者和订阅者其实都是 Redis 客户端实例。这里将用 Docker 容器在 Windows 系统上实现如图 9.3 所示的 Redis 通信模块。

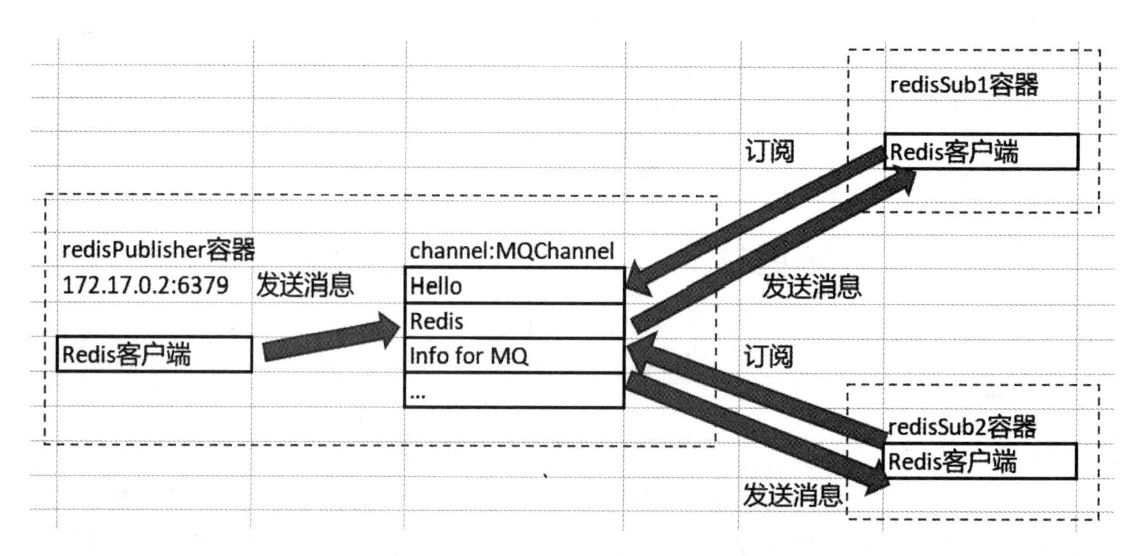

图 9.3　将要实现的 Redis 通信模块效果图

其中，将用 Docker 命令开启三个 Redis 实例，容纳消息的频道则在 redisPublisher 容器所在的 Redis 实例中。当 redisPublisher 容器所在的 Redis 客户端创建 MQChannel 后，redisSub1 和 redisSub2 容器所在的客户端会订阅该频道，这样当频道里有消息时两个客户端将能自动接收消息。具体的实现步骤如下所示。

步骤 01　通过 cmd 命令开启一个命令行窗口，通过“docker run -itd --name redisPublisher -p 6379:6379 redis:latest”命令用 redis 最新的镜像创建并启动一个名为 redisPublisher 的 Docker 容器。在启动该容器时，同时启动其中的 Redis 服务器。

运行完该命令后，通过 docker inspect redisPublisher 命令查看该容器的属性，从"IPAddress"项里能得知该容器在本机的 IP 地址是 172.17.0.2。如果大家在自己的机器上运行该命令时发现 IP 地址不是本书给出的值，那么后面命令里的 IP 地址就要对应地修改。

步骤 02　在该命令窗口里，用如下两行命令进入 Docker 容器，并进入 Redis 客户端。

```
01  c:\work>docker exec -it redisPublisher /bin/bash
02  root@9ec4de24fe98:/data# redis-cli
```

随后在这个客户端里用 publish 命令把消息发布到指定的频道，该命令的格式如下：

```
publish channel message
```

其中，channel 是频道名，message 是待发送的消息。如果在第一次发送时该频道不存在，则会创建一个。这里用以发送消息的命令以及返回结果如下所示。

```
01  127.0.0.1:6379> publish MQChannel Hello
02  (integer) 0
```

在第 1 行里，用 publish 命令向 MQChannel 这个频道发送了 Hello 消息，运行该命令后得到第 2 行的返回结果，这里是 0，表示没有客户端订阅该频道，所以没有客户端收到这个消息。

步骤 03 通过 cmd 命令开启一个新的命令窗口，在其中通过“docker run -itd --name redisSub1 -p 6380:6380 redis:latest”命令创建名为 redisSub1 的容器，由于在第一步里创建的 redisPublisher 容器已经占据了 6379 端口，因此这里改用 6380 端口。随后通过“docker exec -it redisSub1 /bin/bash”命令进入该容器的命令行窗口。

这里在用 redis-cli 命令连接 Redis 服务器时请注意，这里连接的并不是包含在 redisSub1 容器里的 Redis 服务器，而是连接 redisPublisher 容器里的 Redis 服务器，因为其中包含了名为 MQChannel 的频道，具体命令如下：

```
root@220061efd8a3:/data# redis-cli -h 172.17.0.2 -p 6379
```

其中，用-h 参数指定连接目标主机的 IP 地址，用-p 参数指定目标主机的端口号。如果大家通过第二步 docker inspect 命令查看到的 IP 地址不是 172.17.0.2，则需要对应地修改成正确的。

步骤 04 连接上 redisPublisher 所在的 Redis 服务器后即可通过 subscribe 命令订阅消息频道，该命令的格式如下：

```
subscribe channel [channel ...]
```

也就是说，通过该命令可以订阅多个频道。这里订阅频道的命令和返回结果如下所示，通过第 1 行的命令订阅了第二步创建的 MQChannel 频道，通过第 2 行到第 5 行的返回结果能看到该订阅命令成功执行。

```
01  172.17.0.2:6379> subscribe MQChannel
02  Reading messages... (press Ctrl-C to quit)
03  1) "subscribe"
04  2) "MQChannel"
05  3) (integer) 1
```

完成订阅后，再回到第一步里所创建的命令行窗口，在其中输入“publish MQChannel Hello”命令，即可看到返回结果是 1，这说明有一个客户端成功收到该条消息。

```
01  127.0.0.1:6379> publish MQChannel Hello
02  (integer) 1
```

此时再看“subscribe MQChannel”命令的运行结果，就会发现多出下面第 6 行到第 8 行所示的消息。这说明由于客户端成功地订阅了 MQChannel 频道的消息，因此其他客户端一向该频道发送消息，该客户端就能立即收到。

```
01  172.17.0.2:6379> subscribe MQChannel
02  Reading messages... (press Ctrl-C to quit)
03  1) "subscribe"
04  2) "MQChannel"
05  3) (integer) 1
06  1) "message"
07  2) "MQChannel"
08  3) "Hello"
```

步骤05 再开启一个命令行窗口，在其中运行“docker run -itd --name redisSub2 -p 6381:6381 redis:latest”命令创建并启动一个名为 redisSub2 的 Docker 容器，并通过“docker exec -it redisSub2 /bin/bash”命令进入该容器的命令行窗口，在其中通过如下命令连接到包含“MQChannel”频道的 Redis 服务器上，随后通过 subscribe 命令订阅 MQChannel 频道，具体命令如下所示。

```
01  c:\work>docker exec -it redisSub2 /bin/bash
02  root@c26cef3e2b0e:/data#  redis-cli -h 172.17.0.2 -p 6379
03  172.17.0.2:6379> subscribe MQChannel
04  Reading messages... (press Ctrl-C to quit)
05  1) "subscribe"
06  2) "MQChannel"
07  3) (integer) 1
```

此时再回到第一步所开启的包含 redisPublisher 容器的命令行窗口，运行如下两条发布消息的命令。

```
01  127.0.0.1:6379> publish MQChannel Redis
02  (integer) 2
03  127.0.0.1:6379> publish MQChannel "Info for MQ"
04  (integer) 2
```

从第 2 行和第 4 行的输出结果里能看到，这两条消息均被 2 个客户端所接收。事实上，在之前的步骤中通过命令设置 redisSub1 和 redisSub2 这两个客户端订阅了该 MQChannel 频道，所以向该频道里发送的消息确实会被两个客户端接收到。

再回到 redisSub2 所在的命令行窗口，就能看到如下的输出，这能进一步确认该客户端成功地收到了发向 MQChannel 频道里的消息。此时再到 redisSub1 命令窗口，也能看到该客户端成功地接收到这两条消息。

```
01  172.17.0.2:6379> subscribe MQChannel
02  Reading messages... (press Ctrl-C to quit)
03  1) "subscribe"
04  2) "MQChannel"
05  3) (integer) 1
06  1) "message"
07  2) "MQChannel"
08  3) "Redis"
09  1) "message"
10  2) "MQChannel"
11  3) "Info for MQ"
```

这里给出了一个客户端向一个频道里发送消息、两个客户端从该频道里接收消息的范例。对于更复杂的需求，比如多个客户端向多个频道里发送消息，而这些消息被多个客户端接收，可以依照本范例给出的 publish 和 subscribe 等命令依次搭建。

9.1.3 消息订阅发布的相关命令汇总

从之前的范例中大家能了解通过publish命令发送消息和通过subscribe命令接收消息的做法。此外，还可以通过psubscribe命令订阅指定模式的频道，该命令的格式如下：

```
psubscribe pattern [pattern ...]
```

该命令可以包含一个或多个pattern模式，其中pattern还支持?和*等通配符。在使用通配符时，?表示任意单个字符，*表示任意多个字符。比如通过psubscribe a?命令可以订阅首字符是a、第二个字符为任意的频道，通过psubscribe a*b命令，可以定义首字符为a、尾字符为b、中间为任意字符的频道。

可以通过unsubscribe命令来退订指定的频道，该命令的格式如下：

```
unsubscribe [channel [channel ...]]
```

其中，可以带一个或多个渠道参数。在退订频道时，也可以通过“punsubscribe [pattern [pattern ...]]”命令的方式，以包含通配符的方式指定退订的频道名。

9.1.4 Java与消息队列的实战范例

这里将用Java语言来模拟两个模块间通过Redis消息队列交互的动作，具体的实现步骤如下所示。

步骤01 在Idea集成开发环境里，创建名为Chapter9的Maven项目，并在其中的pom.xml文件里，通过如下的代码引入Redis和JSON的依赖包。

```
01  <dependencies>
02      <dependency>
03          <groupId>redis.clients</groupId>
04          <artifactId>jedis</artifactId>
05          <version>2.9.0</version>
06      </dependency>
07      <dependency>
08          <groupId>com.alibaba</groupId>
09          <artifactId>fastjson</artifactId>
10          <version>1.2.47</version>
11      </dependency>
12  </dependencies>
```

通过第2行到第6行的代码引入了Redis依赖包，通过第7行到第11行的代码引入了代码里所用到的JSON解析相关的依赖包。

步骤02 创建名为Publisher.java的文件，在其中编写向频道里发送消息的代码。

```
01  import com.alibaba.fastjson.JSON;
02  import redis.clients.jedis.Jedis;
03  import java.util.HashMap;
04  public class Publisher {
05      public static void main(String[] args) {
06          //创建订单，并模拟放入数据
07          HashMap<String, String> orderHM = new HashMap<String,String>();
08          orderHM.put("id","001");
09          orderHM.put("owner","Peter");
10          orderHM.put("amount","1000");
11          //发送时，需要转化为json格式的字符串
12          String jsonStr = JSON.toJSON(orderHM).toString();
13          //用IP地址和端口连接到Redis服务器
14          Jedis jedis = new Jedis("localhost", 6379);
15          //向MQChannel上发送消息
16          jedis.publish("MQChannel",jsonStr.toString());
17      }
18  }
```

在第 7 行到第 10 行的代码里首先创建了 HashMap 类型的订单对象 orderHM，并通过 put 方法模拟实际业务里向其中存放数据的做法。由于消息队列一般只传输字符串，因此在发送前需要用第 12 行的代码把该 HashMap 转换成 JSON 类型的字符串。

随后通过第 14 行的代码创建连向 localhost:6379 的 Redis 连接对象 jedis，并在第 16 行里通过该对象的 publish 方法向 MQChannel 频道里发送了转换成 JSON 格式的订单数据。

步骤 03 创建名为 Subscriber 的 java 文件，并在其中编写从频道里读取订单数据的代码。

```
01  import com.alibaba.fastjson.JSON;
02  import redis.clients.jedis.Jedis;
03  import redis.clients.jedis.JedisPubSub;
04  import java.util.HashMap;
05  public class Subscriber extends JedisPubSub {
06      @Override//消息到来时会触发
07      public void onMessage(String channel, String message) {
08          HashMap<String, String> orderHM = JSON.parseObject(message,
    HashMap.class);
09          System.out.println(orderHM.get("id"));
10          System.out.println(orderHM.get("owner"));
11          System.out.println(orderHM.get("amount"));
12      }
13      @Override//订阅频道时会触发
14      public void onSubscribe(String channel, int subscribedChannels) {
15          System.out.println("subscribe the channel:" + channel);
16      }
17      @Override //取消订阅时会触发
```

```
18      public void onUnsubscribe(String channel, int subscribedChannels) {
19          System.out.println("subscribe the channel:" + channel);
20      }
21      public static void main(String[] args) {
22          Subscriber subscriber = new Subscriber();
23          Jedis jedis = new Jedis("localhost", 6379);
24          //订阅消息
25          jedis.subscribe(subscriber, "MQChannel");
26      }
27  }
```

注意，在第5行定义Subscriber类时继承了JedisPubSub类，并在第7行、第14行和第18行重写了JedisPubSub类的onMessage、onSubscribe和onUnsubscribe方法，这三个方法会在“收到频道中的消息时”“订阅频道”和“取消订阅频道时”被触发。

由于在Publisher.java里订单对象是以JSON格式发送到频道里的，因此在第7行的onMessage方法里会通过第8行的代码把接收到的JSON格式的消息转换成HashMap，之后第9行到第11行针对该HashMap的打印动作可以被理解为对该订单对象的处理。

在随后的main函数里，首先在第23行创建了连向localhost:6379的jedis实例，并在第25行里通过subscribe方法订阅了MQChannel频道。注意，该方法的第一个参数subscriber是消息处理类，设置后，该对象里的onMessage、onSubscribe和onUnsubscribe方法会在特定的时候被触发。

至此，完成了代码的编写工作，在运行前，需要在命令窗口里通过“docker start redisPublisher”命令确保包含Redis服务器的Docker容器处于工作状态。随后运行Subscriber.java，运行后能在控制台里看到如下输出。

```
subscribe the channel:MQChannel
```

这句打印语句是在第14行的onSubscribe方法里输出的，通过该输出能确认Subscriber代码成功地订阅了MQChannel频道。此时Subscriber.java还在继续监听MQChannel频道，接下来可以运行Publisher.java，该段代码没有输出，但是切换到Subscriber.java代码的控制台能看到如下输出。

```
01  subscribe the channel:MQChannel
02  001
03  Peter
04  1000
```

其中，第2行到第4行的结果是运行Publisher.java后输出的，这说明该程序成功地接收到Publisher.java通过MQChannel频道发过来的订单信息。

9.2 用 Java 实战 Redis 分布式锁

在一台主机的多线程场景里，为了保护某个对象在同一时刻只被一个线程访问，就可以用锁机制，即线程只有在获取该对象锁资源的前提下才能访问，在访问完以后需要立即释放锁，以便其他线程继续使用该对象。

再把问题扩展一下，如果访问同一对象的线程来自分布式系统里的多台主机，那么用来确保访问唯一性的锁就叫分布式锁。也就是说，如果多个线程要竞争同一个资源，就需要用到分布式锁，这里将讲述基于 Redis 分布式锁的相关实战技巧。

9.2.1 观察分布式锁的特性

在某支付系统里有这样一个需求：一个操作需要先读取存放在其他主机上某账户的余额，读到后在本机内存里进行加值操作，再把更新后的余额写回对方主机上。但是，在读数据到回写数据的这个时间段里，分布式系统里的其他主机也有可能会读写该余额数据，具体的效果如图 9.4 所示。

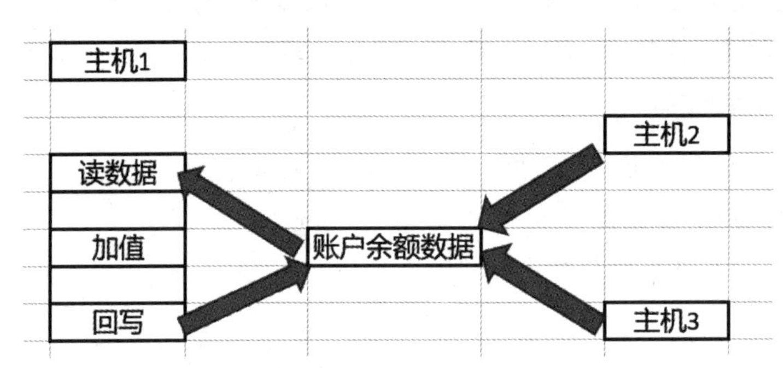

图 9.4　分布式场景里的读写数据效果图

由于分布式锁工作在分布式系统里的高并发场景里，因此除了应当具备“加锁”和“解锁”的功能外，还应当具备如下两大特性。

- 一是需要具有“限时等待”的特性，哪怕加锁的主机系统崩溃导致无法再发出“解锁”指令，加载在余额上的分布式锁应该也能在一定的时间后自动解锁。
- 二是需要确保解锁和加锁的主机必须唯一。比如主机1在发出“锁余额数据”指令时同时发出“10秒后解锁”的指令，但是10秒后主机1没有执行完操作余额数据的指令，此时锁自动释放，并且主机2得到了锁。

在第 15 秒主机 2 操作数据时，主机 1 完成了操作余额动作并发出“解锁”指令，但此时主机 1 解锁的其实是主机 2 生成的锁。上述操作的时间线如图 9.5 所示。

这种“解开其他主机加的锁”问题在分布式场景里需要避免，也就是说，需要确保解锁和加锁的主机是否是唯一的，否则应当不予解锁。

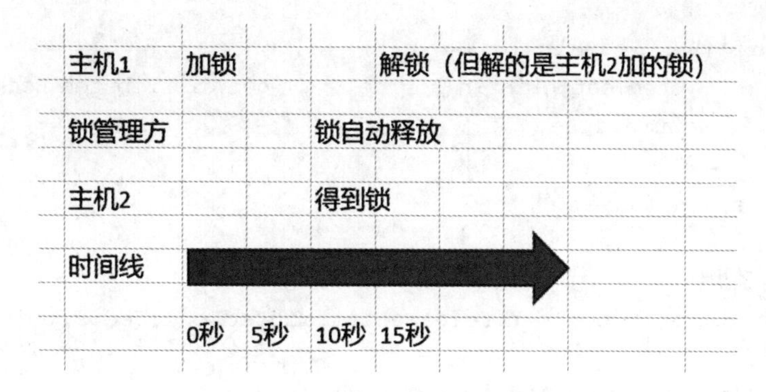

图 9.5　分布式场景下解错锁的效果图

9.2.2　加锁与解锁的 Redis 命令分析

可以用 set 和 del 命令来加锁与解锁，下面回顾一下 set 命令的语法：

```
set key value [EX seconds|PX milliseconds] [NX|XX] [KEEPTTL]
```

其中，NX 参数表示当 key 不存在时才进行设值操作，如果 key 存在，该命令就不执行，而且还能通过 ex 或 px 参数设置该 key 的生存时间。del 的语法是 del key，可以用 del 命令删除指定的键。

如果多个线程要用分布式锁竞争同一个资源，那么这些线程可以先通过 setnx flag 1 ex 60 向名为 flag 的 key 里设置值，由于加入了 nx 参数，因此只能有一个线程能成功设置，并且这个线程会抢占到分布式锁。

此外，在该 set 命令里用 ex 参数指定了 flag 键的生存时间，所以抢占到该分布式锁的机器因为故障而无法发起 del 命令而实现解锁动作时，该 flag 键能在到达生存时间后自动被删除，这样该线程对资源的占有就会被自动释放，以供其他线程继续抢占。

占有资源的线程在使用完毕以后可以通过 del flag 命令来删除键，从而实现解锁的动作，但在通过 del 命令解锁时需要确认加锁和解锁的是同一台机器或者是同一个线程，以避免误解锁的操作。

9.2.3　基于 Java 语言的 Redis 分布式锁

这里将用 Java 语言来实现 Redis 分布式锁里的加锁和解锁操作。在 9.1.4 节所创建的 Chapter9 项目里新建一个名为 distributedLockDemo.java 的文件。本段代码比较长，下面将分步说明。

```
01  import redis.clients.jedis.Jedis;
02  //定义分布式锁的类
03  class RedisLockUtil {
04      //加锁操作
05      public static boolean tryGetDistributedLock(Jedis jedis, String key,
    String sourceID, int expireSeconds) {
06          String lockResult = jedis.set(key, sourceID, "NX", "EX", expireSeconds);
```

```
07          if ("OK".equals(lockResult)) {
08             System.out.println(sourceID + " get distributed Lock, continue.");
09             return true;
10          }
11          return false;
12       }
13       //解锁操作
14       public static boolean releaseDistributedLock(Jedis jedis, String key,
   String sourceID) {
15          //用 lua 脚本确保解锁的原子性
16          String luaScript = "if redis.call('get', KEYS[1]) == ARGV[1] then
   return redis.call('del', KEYS[1]) else return 0 end";
17          Object result = jedis.eval(luaScript,1,key,sourceID);
18          if ("1".equals(result.toString())) {
19             System.out.println(sourceID +" release distributed Lock,
   continue.");
20             return true;
21          }
22          return false;
23       }
24   }
```

在第 3 行到第 24 行的代码里，定义了封装分布式锁加锁和解锁操作的 RedisLockUtil 类，其中在第 5 行的 tryGetDistributedLock 方法里定义了加锁的操作。

加锁的关键代码如第 6 行所示，在 jedis.set 方法里，用 key 作为键，用值 sourceID 来记录发出加锁命令的线程名，用 NX 参数指定“只有一个线程才能加锁成功”。此外，通过 expireSeconds 参数指定该键的生存时间，万一加锁的机器出现故障，在生存时间过程该键也能自动删除，以避免该分布式锁长时间无法释放的问题。

注 意

要把“通过 set nx 加锁”和“通过 expire 设置生存时间”的命令写到一条语句里，如果分两条语句编写，就可能出现“set nx 成功”但“设置生存时间失败”的情况，导致分布式锁无法释放。

当第 6 行的加锁命令运行后，会在第 7 行里判断 lockResult 变量的值，只有当该变量是 OK 时才说明该线程成功地抢占到分布式锁，这样才能得到第 9 行返回的 true，否则抢占不成功，只能得到第 11 行返回的 false。

在 releaseDistributedLock 解锁方法中，用第 16 行的 lua 脚本来实现解锁动作。在该 lua 脚本里，用 KEYS 来接收 redis 里的键值，比如 KEYS[1]就表示第一个键；用 ARGV 表示外部传入的参数，比如 ARGV[1]就表示第一个外部传入的参数。

这里的 lua 脚本的含义是，当通过 redis.call 语句执行 get KEYS[1]的返回值等于 ARGV[1]时，再通过 redis.call 语句执行 del KEYS[1]命令删除 KEYS[1]键，否则返回 0。

在第 17 行里，jedis.eval 方法执行了第 16 行定义的 lua 脚本，该方法的第二个参数表示传入 lua 脚本的参数个数，这里是 1，第三、四个参数分别指向 lua 脚本里的 KEYS[1]和 ARGV[1]。

综合第 16 行和第 17 行的代码，大家能看到解锁的动作是，如果 get key 的值等于 sourceID，说明发出解锁命令的线程名和发出加锁命令的线程名一致，就能通过 del 动作实现解锁动作，否则不解锁。

这里不能用多条语句来解锁，而要用一个 lua 脚本封装解锁所包含的多条 redis 语句，原因是需要保证这些解锁语句“要么全都执行，要么全都不执行”。如果无法保证这些语句的原子性，就会导致解锁失败。

执行好第 17 行的 jedis.eval 方法后，需要用第 18 行的 if 语句判断该方法的执行结果，只有当第 17 行的方法返回 1 时才说明成功执行该解锁动作，在第 20 行里返回 true，否则解锁失败，只能在第 22 行里返回 false。

```
25  public class DistributedLockDemo extends Thread {
26     private static final String accountID = "1234";
27     public void setAccount(Jedis jedis) {
28        String sourceID = Thread.currentThread().getName();
29        boolean lockFlag = false;
30        try{
31           lockFlag = RedisLockUtil.tryGetDistributedLock(jedis,accountID,
    sourceID,10);
32           if(lockFlag){
33              System.out.println(sourceID+" handle the account" );
34           }
35           else{
36              System.out.println(sourceID+" do not get the lock" );
37           }
38        }catch(Exception e){
39           System.out.println(e);
40        }finally {
41           try {
42              if(!lockFlag) {
43                 return;
44              }
45              else{
46                 System.out.println(sourceID+" release the lock" );
47                 RedisLockUtil.releaseDistributedLock(jedis,accountID,
    sourceID);
48              }
49           }catch (Exception e ) {
50              e.printStackTrace();
51           }
52        }
53     }
54     public void run() {
```

```
55          Jedis jedis = new Jedis("localhost", 6379);
56          try{
57              setAccount(jedis);
58          }
59          catch (Exception e){
60              e.printStackTrace();
61          }
62      }
```

第 25 行的 DistributedLockDemo 类继承了 Thread 类，所以是一个线程类，用以模拟发出分布式锁请求的线程对象，在其中的线程主方法（run 方法）里，先在第 55 行里创建了连向 localhost 6379 端口的 jedis 对象，并在第 57 行里调用了发出分布式请求的 setAccount 方法。

在第 27 行的 setAccount 方法里，首先在第 28 行里把当前线程的名字赋予 sourceID 变量，随后在第 31 行里调用 tryGetDistributedLock 方法去抢占分布式锁，该方法通过传入参数指定了该分布式锁的线程名和生存时间，如果抢占到，就执行第 33 行的语句，使用该分布式锁所保护的资源，否则执行第 36 行的语句，提示该线程没有抢占到分布式锁。

在 setAccount 方法第 40 行的 finally 从句里，会在第 42 行判断当前线程是否抢占到分布式锁，如果抢占到，就会在第 47 行的代码里调用 releaseDistributedLock 方法释放该分布式锁。注意，需要在该方法的参数里传入 sourceID，这样在释放分布式锁时会先判断释放请求和抢占锁的线程是否是同一个，是的话才能释放锁。

```
63      public static void main(String[] args) {
64          int threadNum = 5;
65          for (int i = 0; i < threadNum; i++) {
66              new DistributedLockDemo().start();
67          }
68      }
69  }
```

在 main 方法里，通过第 65 行的 for 循环创建 5 个线程，并在第 66 行里通过 start 方法触发 DistributedLockDemo 类里定义的 run 方法，以模拟“多个线程抢占分布式锁”的场景。

在本地通过 docker start myFirstRedis 命令启动 Redis 服务后，多次运行本程序，看到的输出结果未必相同，下面给出其中的一种输出。从中能看到，在诸多线程中，Thread-2 成功地抢占到分布式锁，而在该线程完成操作资源后又成功地释放了该分布式锁。

```
01  Thread-0 do not get the lock
02  Thread-1 do not get the lock
03  Thread-4 do not get the lock
04  Thread-3 do not get the lock
05  Thread-2 get distributed Lock, continue.
06  Thread-2 handle the account
07  Thread-2 release the lock
08  Thread-2 release distributed Lock, continue.
```

注 意 本范例是在一台机器上创建多个线程并让它们抢占分布式锁。在实际项目里，发起分布式锁的请求可能会来自不同的机器，但抢占和释放分布式锁的流程和本范例中的基本相同。

9.3 用 Java 实现 Redis 限流

限流的含义是在单位时间内确保发往某个模块的请求数量小于某个数值，比如在实现秒杀功能时，需要确保在 10 秒里发往支付模块的请求数量小于 500 个。限流的作用是防止某个短时间段内的请求数过多，造成模块因高并发而不可用。

9.3.1 zset 有序集合相关命令与限流

zset 也叫有序集合，是 Redis 的一种数据类型，在其中每个值（value）都会有一个对应的 score 参数，以此来描述该值的权重分值。可以通过如下形式的命令向 zset 有序集合里添加元素：

```
zadd key score value
```

在限流相关的应用里，可以通过 zadd 命令在往有序集合里存放数据时引入表示权重的 score 参数，并在其中存放时间戳。由于 zset 是有序集合，因此包含时间戳的 score 能被排序，这样就能用 zremrangeByScore 命令去除指定时间范围内的数据。zremrangeByScore 命令的语法如下：

```
zremrangeByScore key min max
```

通过该命令能在有序集合里删除键为 key、score 值在 min 到 max 范围内的数据。通过这种删除动作，能排除限流时间范围外的数据，并能在此基础上通过 zcard 命令来统计有序集合内元素的数量，以确保请求数量小于限流的上限值。zcard 命令的语法如下：

```
zcard key
```

该命令会返回有序集合内指定 key 的元素数量。

9.3.2 zset 有序集合与限流

在如下的 LimitRequest.java 范例中，将用上文里介绍的有序集合相关命令给出实现限流相关动作的 Java 实现代码。在这个范例中，将确保 100 秒内只能处理 3 个请求。

```
01  import redis.clients.jedis.Jedis;
02  class LimitUtil {
03      //判断是否需要限流
04      public static void canVisit(Jedis jedis,String requestType, int
    limitTime, int limitNum)  {
05          long currentTime = System.currentTimeMillis();
06          // 把请求放入 zset
```

```
07          jedis.zadd(requestType, currentTime, Long.valueOf(currentTime).
    toString());
08          // 去掉时间范围外（超时）的请求
09          jedis.zremrangeByScore(requestType, 0, currentTime - limitTime *
    1000);
10          // 统计时间范围内的总数
11          Long count = jedis.zcard(requestType);
12          // 设置所有请求的超时时间
13          jedis.expire(requestType, limitTime + 1);
14          boolean flag = limitNum >= count;
15          if(flag) {
16             System.out.println("Can visit.");
17          } else {
18             System.out.println( "Can not visit.");
19          }
20       }
21   }
```

在 LimitRequest 类的 canVisit 方法里定义了限流相关的相关操作。具体而言，在第 7 行里，先通过 zadd 方法把表示操作类型的 requestType 作为键插入有序集合，插入时用表示当前时间的 currentTime 作为值，以保证值的唯一性，同时用 currentTime 作为有序集合里元素的 score 值。

随后在第 9 行里通过 zremrangeByScore 命令去除从 0 到距当前时间 limitTime 时间范围内的数据。比如限流的时间范围是 100 秒，那么通过 zremrangeByScore 命令就能在有序集合里去除 score 范围从 0 到距离当前时间 100 秒的数据，这样就能确保有序集合内只存有最近 100 秒内发来的元素。

在第 11 行里，通过 zcard 命令统计有序集合内键为 requestType 的个数，如果通过第 14 行的 if 语句发现当前个数还没有达到限流的上限，则允许该请求方法，否则不允许。这里通过第 16 行和第 18 行的打印语句来模拟“是否允许请求访问”的动作。

同时请注意，需要在第 13 行通过 expire 语句设置有序集合里相关键的超时时间，这样就能确保在限流动作完成后这些键能自动删除，而不是一直驻留在内存中。

```
22   public class LimitRequest {
23      public static void main(String[] args) {
24         Jedis jedis = new Jedis("localhost", 6379);
25         jedis.del("PayRequest");
26         //模拟发 5 个请求
27         int cnt = 5;
28         for (int i = 0; i < cnt; i++) {
29            LimitUtil.canVisit(jedis,"PayRequest",100, 3);
30         }
31      }
32   }
```

在 main 函数里，首先通过第 24 行的代码创建指向本地 6379 端口的 jedis 对象。为了确保在多次运行时数据不相互干扰，在运行前通过第 25 行的 del 语句删除相关的键。

随后在 for 循环里通过调用 canVisit 方法模拟发出 5 个调用请求。在调用该方法时，通过传入参数指定限流所用的键为“PayRequest”，同时指定了 100 秒内只能处理 3 个请求。运行后，能看到如下所示的效果：

```
01  Can visit.
02  Can visit.
03  Can visit.
04  Can not visit.
05  Can not visit.
```

从中能看到，5 次请求只有 3 次得到允许，限流起了作用。

9.4　Redis 压力测试实战

Redis 一般会用在高并发的场景里。在实践中，一些项目组在上线高并发的系统前会先通过 redis-benchmark 命令对已部署好的 Redis 组件进行压力测试。该压力测试的命令格式如下：

```
redis-benchmark [option] [option value]
```

其中，option 是参数项，option value 是对应的值。该命令常用的参数项如表 9.1 所示。

表9.1　redis-benchmark命令常用参数一览表

参 数 名	含　义
-h	该压测命令指向的服务器 IP 地址
-p	该压测命令指向的服务器的端口
-n	压测所用到的请求数
-c	压测所用到的并发连接数
-q	强制退出 Redis，显示时只给出“每秒能处理的请求数”这个值
-t	压测时运行指定的命令

在运行压测命令前，需要确保名为 myFirstRedis 的 Redis 容器处于 up 状态，如果不是，可以参照第 1 章给出的命令启动该容器。随后通过 docker exec -it myFirstRedis /bin/bash 命令进入该 Redis 容器的命令行窗口，在其中就能运行压测命令。

这里运行的压测命令如下：

```
redis-benchmark -h 127.0.0.1 -p 6379 -t set,get -n 2000
```

其中，通过-h 和-p 参数指定压测指向的服务器 IP 地址和端口号，通过-t 参数指定压测时运行 set 和 get 命令，通过-n 参数指定压测所用的请求数。运行后能看到如下所示的结果。

```
01  ====== SET ======
02    2000 requests completed in 0.03 seconds
03    50 parallel clients
04    3 bytes payload
05    keep alive: 1
06    host configuration "save": 3600 1 300 100 60 10000
07    host configuration "appendonly": no
08    multi-thread: no
09
10  0.05% <= 0.2 milliseconds
11  13.40% <= 0.3 milliseconds
12  //省略其他类似的输出
13  100.00% <= 0.8 milliseconds
14  71428.57 requests per second
15  ====== GET ======
16    2000 requests completed in 0.03 seconds
17    50 parallel clients
18    3 bytes payload
19    keep alive: 1
20    host configuration "save": 3600 1 300 100 60 10000
21    host configuration "appendonly": no
22    multi-thread: no
23
24  0.05% <= 0.1 milliseconds
25  //省略其他类似的输出
26  100.00% <= 1.4 milliseconds
27  76923.08 requests per second
```

从第 1 行到第 14 行的输出里能看到关于 set 命令的压测结果，从第 15 行到第 27 行的输出里能看到关于 get 命令的压测结果。

具体而言，从第 2 行的输出里能看到 2000 个 set 请求在 0.03 秒内处理完成，在第 10 行到第 13 行的输出则展示了处理这些请求的时间明细，比如 0.05%的请求在 0.2 毫秒里处理完，13.4%的请求在 0.3 毫秒里处理完，为了节省篇幅，这里省略了其他的时间明细输出。

在第 13 行的输出里能看到所有 100%的请求在 0.8 毫秒里处理完，从第 14 行的输出里能看到每秒能处理 71428.57 个请求。

get 命令压测的输出结果和 set 很相似，所以就不再重复说明了。从第 26 行和第 27 行的输出里能看到 get 命令压测的结论：所有的请求在 1.4 毫秒里处理完成，根据这种处理速度，每秒能处理 76923.08 个请求。

随后大家可以运行如下的压测命令：

```
redis-benchmark -h 127.0.0.1 -p 6379 -c 20 -n 2000 -q
```

其中，通过-n 参数指定了请求数为 2000，通过-c 参数指定了压测所用的并发数为 20，通过-q 参数指定了展示的格式。这里没有通过-t 参数指定压测所需要的命令，所以将给出多个命令的压测结果。运行后的输出结果如下所示。

```
01  PING_INLINE: 74074.07 requests per second
02  PING_BULK: 83333.34 requests per second
03  SET: 95238.09 requests per second
04  GET: 90909.09 requests per second
05  INCR: 95238.09 requests per second
06  LPUSH: 95238.09 requests per second
07  RPUSH: 100000.00 requests per second
08  LPOP: 100000.00 requests per second
09  RPOP: 95238.09 requests per second
10  SADD: 95238.09 requests per second
11  HSET: 100000.00 requests per second
12  SPOP: 90909.09 requests per second
13  ZADD: 100000.00 requests per second
14  ZPOPMIN: 95238.09 requests per second
15  LPUSH (needed to benchmark LRANGE): 100000.00 requests per second
16  LRANGE_100 (first 100 elements): 47619.05 requests per second
17  LRANGE_300 (first 300 elements): 19417.48 requests per second
18  LRANGE_500 (first 450 elements): 14598.54 requests per second
19  LRANGE_600 (first 600 elements): 11627.91 requests per second
20  MSET (10 keys): 100000.00 requests per second
```

由于添加了-q 参数，因此只展示了诸多命令的“每秒请求数”。如果去掉-q 参数，就能全面地看到各命令的压测结果。不带-q 参数的输出篇幅很长，就不再给出了，大家可以自行运行观察效果。

9.5　本章小结

本章给出了 Redis 关于“消息队列”“分布式锁”“限流”和“压力测试”等方面的实践要点，从中大家不仅能进一步熟悉 Redis 的相关语法和命令，还能积累通过 Redis 解决实际项目问题的经验。

在“消息队列”“分布式锁”和“限流”三方面，本章还给出了 Java 语言的相关实现范例，所以通过本章的学习，大家能在高并发应用场景下提升“Redis 整合 Java 解决实际问题”的能力。

第 10 章

Redis 整合 MySQL 集群与 MyCAT 分库分表组件

Redis 作为承担缓存作用的数据库，一般会应用在高并发的场景里，而在这些高并发应用场景的数据库层面还会用到其他数据库的组件或集群以提升性能，比如用 MySQL 主从集群实现读写分离效果、用 MyCAT 组件实现分库分表的功能。另外，Redis 本身会以集群的形式对外提供缓存服务。

在本章里，将给出 Redis 与 MySQL 主从集群和 MyCAT 组件整合的详细步骤，从中大家不仅能了解相关分布式集群和组件的用法，还能掌握这些组件的整合方式，从而能站在架构师的视角积累高并发场景下分布式数据库的实战经验，而且这些实践步骤都是基于 Docker 的，所以大家在 Windows 系统上也能重现本章给出的架构。

10.1 Redis 整合 MySQL 主从集群

在实际项目里，一般会用数据库集群来存储数据，再外接 Redis 服务，在内存中缓存数据。之所以用数据库集群，一方面可以分离读写从而提升性能，另一方面可以提升数据库服务的可用性。要在项目里进一步提升缓存的性能和高可用性，还可以采用数据库集群整合 Redis 集群的方式。

10.1.1 用 Docker 搭建 MySQL 主从集群

这里将用 Docker 容器搭建如图 10.1 所示的 MySQL 主从集群。

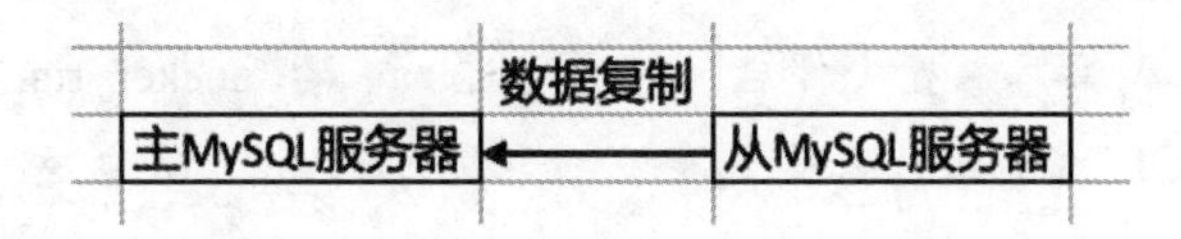

图 10.1　主从 MySQL 服务器的效果图

（1）在主 MySQL 服务器里操作的动作会自动同步到从 MySQL 服务器，比如在主服务器里发起的“建数据库”“通过 insert 语句插入数据”和“通过 delete 语句删除数据”的动作都会同步到从服务器，并且这些操作都会在从服务器上被执行。通过这种同步的动作能确保主从数据库间的数据一致性。

（2）在项目里，一般是向“主服务器”里写数据，从“从服务器”里读数据，用这种“读写分离”的操作方式提升数据库的性能。

具体搭建的步骤如下所示。

步骤 01 开启一个命令窗口，在其中运行 docker pull mysql:latest 命令，下载最新版本的 MySQL 镜像。下载完成后，通过 docker images mysql 命令能看到如图 10.2 所示的 MySQL 镜像的信息，由此能确认成功下载。

```
REPOSITORY          TAG                 IMAGE ID            CREATED
SIZE
mysql               latest              e1d7dc9731da        2 weeks ago
544MB
```

图 10.2　确认成功下载 MySQL 镜像的效果图

步骤 02 新建 C:\work\masterMySQL\conf 和 C:\work\masterMySQL\data 两个目录，在其中将会保存主 MySQL 服务器的配置信息和数据。同时新建 C:\work\slaveMySQL\conf 和 C:\work\slaveMySQL\data 两个目录，在其中将会保存从 MySQL 服务器的配置信息和数据。注意，大家可以自行更改上述目录的地址，但更改后的目录地址需要和后继步骤中 docker 命令用到的保持一致，否则会出现错误。

步骤 03 在 C:\work\masterMySQL\conf 目录里新建一个名为 my.cnf 的文件，在其中编写针对主 MySQL 服务器的配置信息，主 MySQL 服务器在启动时会读取其中的配置，具体代码如下所示。

```
01  [mysqld]
02  pid-file    = /var/run/mysqld/mysqld.pid
03  socket    = /var/run/mysqld/mysqld.sock
04  datadir    = /var/lib/mysql
05  server-id = 1
06  log-bin=mysql-master-bin
```

在第 2 行到第 4 行里给出了 MySQL 运行时的参数，在第 5 行里定义了该服务器的 id（这个 id 需要和之后编写的从 MySQL 服务器的 server-id 不一样，否则会出错），在第 6 行里指定了二进制文件的名字（为了搭建主从集群，建议加上这行配置）。

步骤04 在第三步里完成编写配置文件后，可以通过如下的 docker run 命令创建并启动名为 myMasterMySQL 的 docker 容器。

```
docker run -itd -p 3306:3306 --name myMasterMysql -e MYSQL_ROOT_PASSWORD=
123456 -v C:\work\masterMySQL\conf:/etc/mysql/conf.d -v
C:\work\masterMySQL\data:/var/lib/mysql mysql:latest
```

- 通过-p 3306:3306 参数指定 Docker 容器里 MySQL 的工作端口 3306 映射到主机的 3306 端口。
- 通过-itd 参数指定该容器以后台交互模式的方式启动。
- 通过--name 参数指定该容器的名字。
- 通过-e MYSQL_ROOT_PASSWORD=123456 参数指定该容器运行时的环境变量，具体到这个场景，配置以用户名 root 登录到 MySQL 服务器时所用到的密码 123456。
- 通过两个-v 参数指定外部主机和 Docker 容器间映射的目录。由于在第三步里把 MySQL 启动时需要加载的 my.cnf 文件放在了 C:\work\masterMySQL\conf 目录里，因此这里需要把 C:\work\masterMySQL\conf 目录映射成容器内部 MySQL 服务器的相关路径。
- 通过 mysql:latest 参数指定该容器是基于这个镜像生成的。

运行上述命令后，再运行 docker ps 命令，能看到如下所示的输出：

```
01  CONTAINER ID        IMAGE               COMMAND                  CREATED
    STATUS              PORTS                               NAMES
02  7326d2cc9647        mysql:latest        "docker-entrypoint.s..."   16
    minutes ago      Up 16 minutes      0.0.0.0:3306->3306/tcp, 33060/tcp
    myMasterMysql
```

由此能确认 myMasterMysql 容器成功启动，且其中的 3306 端口映射到了外部主机的 3306 端口上。

在确保该容器成功启动后，需要用 docker inspect myMasterMysql 命令查看该 Docker 容器的 IP 地址，这里是 172.17.0.2，这也是主 MySQL 服务器所在的 IP 地址。

步骤05 运行 docker exec -it myMasterMysql /bin/bash 命令，进入该 myMasterMysql 容器的命令行窗口，在其中运行 mysql -u root -p 命令，进入 MySQL 服务器的命令行窗口。在这个 mysql 命令里，以-u 参数指定用户名，随后需要输入密码（刚才设置的 123456）。

进入 MySQL 服务器以后，再运行 “show master status;” 命令观察主服务器的状态，能看到如图 10.3 所示的效果。

```
mysql> show master status;
+-------------------------+----------+--------------+------------------+-------------------+
| File                    | Position | Binlog_Do_DB | Binlog_Ignore_DB | Executed_Gtid_Set |
+-------------------------+----------+--------------+------------------+-------------------+
| mysql-master-bin.000005 |      156 |              |                  |                   |
+-------------------------+----------+--------------+------------------+-------------------+
1 row in set (0.00 sec)
```

图 10.3　主 MySQL 服务器运行命令后的效果图

从中能看到，主从集群同步所用到的日志文件是 mysql-master-bin.000005，当前同步的位置是 156。每次运行这个命令看到的结果未必相同。这里请大家记住这两个值，在设置从 MySQL 服务器的主从同步关系时会用到。

步骤 06 在 C:\work\slaveMySQL\conf 目录里，新建一个名为 my.cnf 的文件，编写针对从 MySQL 服务器的配置信息。同样地，从 MySQL 服务器在启动时也会读取其中的配置，具体代码如下所示。

```
01  [mysqld]
02  pid-file    = /var/run/mysqld/mysqld.pid
03  socket    = /var/run/mysqld/mysqld.sock
04  datadir    = /var/lib/mysql
05  server-id = 2
06  log-bin=mysql-slave-bin
```

该配置文件和第三步创建的主服务器的配置文件很相似，只不过是在第 5 行更改了 server-id（更改为 2，这里的取值不能和主 MySQL 服务器的一致）。在第 6 行里，也是设置二进制文件的名字。

步骤 07 新开一个命令窗口，在其中运行如下的 docker run 命令，以启动包含从 MySQL 服务器的 Docker 容器。

```
docker run -itd -p 3316:3306 --name mySlaveMysql -e MYSQL_ROOT_PASSWORD=
123456 -v C:\work\slaveMySQL\conf:/etc/mysql/conf.d -v
C:\work\slaveMySQL\data:/var/lib/mysql mysql:latest
```

注意，这里在-p 参数之后是用主机的 3316 端口映射 Docker 容器的 3306 端口，因为之前主 MySQL 服务器的 Docker 容器已经映射到了 3306 端口，其他的参数和之前创建 myMasterMysql 容器时很相似，就不再重复叙述了。

随后在这个命令窗口里用 docker exec -it mySlaveMysql /bin/bash 命令进入 Docker 的命令行窗口。进入后，可以运行 mysql -h 172.17.0.2 -u root -p 命令，尝试在这个容器里连接主 MySQL 服务器。其中，172.17.0.2 是主服务器的地址，这是之前用 docker inspect myMasterMysql 命令查看到的。随后输入 root 用户的密码 123456，即可确认连接。

确认连接后，通过 exit 命令退出指向 myMasterMysql 的连接，再通过 mysql -h 127.0.0.1 -u root -p 命令连接到本 Docker 容器包含的从 MySQL 服务器上。

步骤 08 运行如下的命令，以确认主从 MySQL 服务器的关系。

```
change master to master_host='172.17.0.2',master_port=3306,
master_user='root',master_password='123456',master_log_pos=156,
master_log_file='mysql-master-bin.000005';
```

本命令运行在 mySlaveMysql 容器中的从 MySQL 服务器里，通过 master_host 和 master_port 设置了主服务器的 IP 地址和端口号，通过 master_user 和 master_password 设置了连接所用的用户名和密码。注意，master_log_pos 和 master_log_file 两个参数的值需要和图 10.3 里的一致。

运行完成后，需要再运行“start slave;”命令启动主从复制的动作。运行后可以通过“show slave status\G;”命令查看主从复制的状态，如果 Slave_IO_Running 和 Slave_SQL_Running 这两项都是 Yes，并且没有其他异常，就说明配置主从复制成功。

此时如果再到主 MySQL 服务器里运行“create database redisDemo;”命令创建一个数据库，那么在从库里虽然没有运行命令，但是也能看到 redisDemo 数据库，这就能说明已经成功地搭建了 MySQL 主从复制集群。其中，主库的 IP 地址和端口号是 172.17.0.2:3306，从库的 IP 地址和端口号是 172.17.0.3:3306。

10.1.2 准备数据

由于已经成功地设置了主从复制模式，因此如下的建表和插入数据的 SQL 语句只需要在主库里运行。

步骤 01 通过“create database redisDemo;”命令创建数据库，再通过“use redisDemo;”命令进入 redisDemo 数据库。

步骤 02 通过如下命令创建 student 数据表，该表的主键是 id，并且其中包含了 4 个字段。

```
01 create table student(
02     id int not null primary key,
03     name char(20),
04     age int,
05     score float
06 );
```

步骤 03 通过如下的 insert 命令向 student 表里插入三条数据。

```
01 insert into student (id,name,age,score) values (1,'Peter',18,100);
02 insert into student (id,name,age,score) values (2,'Tom',17,98);
03 insert into student (id,name,age,score) values (3,'John',17,99);
```

运行后，在 mySlaveMysql 容器里进入 mysql 服务器窗口，运行“select * from student;”命令，如果能看到如图 10.4 所示的效果，就说明在主库里的 student 表里成功地准备了数据，而且通过主从复制机制成功地同步到了从库上。

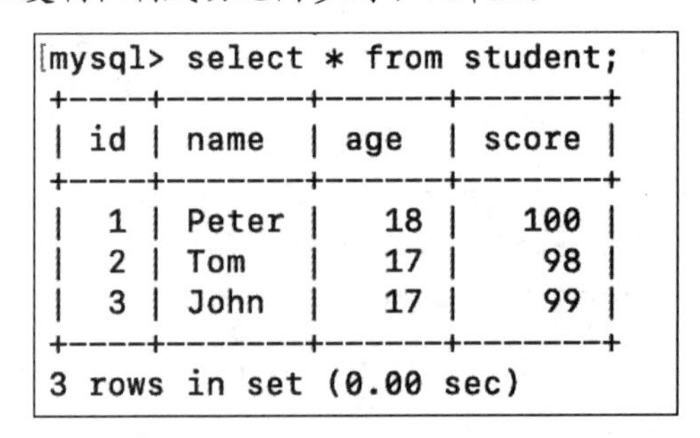

```
mysql> select * from student;
+----+-------+------+-------+
| id | name  | age  | score |
+----+-------+------+-------+
|  1 | Peter |   18 |   100 |
|  2 | Tom   |   17 |    98 |
|  3 | John  |   17 |    99 |
+----+-------+------+-------+
3 rows in set (0.00 sec)
```

图 10.4 确认数据的效果图

10.1.3　创建 Java 项目，准备 pom 文件

在 IDEA 开发环境里创建一个名为 Chapter10 的 Maven 项目，在其中的 pom.xml 文件中，通过如下的代码引入 MySQL 以及 Jedis 的依赖包。

```
01      <dependencies>
02          <dependency>
03              <groupId>redis.clients</groupId>
04              <artifactId>jedis</artifactId>
05              <version>3.3.0</version>
06          </dependency>
07          <dependency>
08              <groupId>mysql</groupId>
09              <artifactId>mysql-connector-java</artifactId>
10              <version>8.0.21</version>
11          </dependency>
12      </dependencies>
```

其中，通过第 2 行到第 6 行的代码引入了 Jedis 的依赖包，通过第 7 行到第 11 行的代码引入了 MySQL 的依赖包。随后在项目上右击，在弹出的快捷菜单里选中 Maven→Reimport（见图 10.5），此时就会把 pom 文件里指定的依赖包导入项目里。

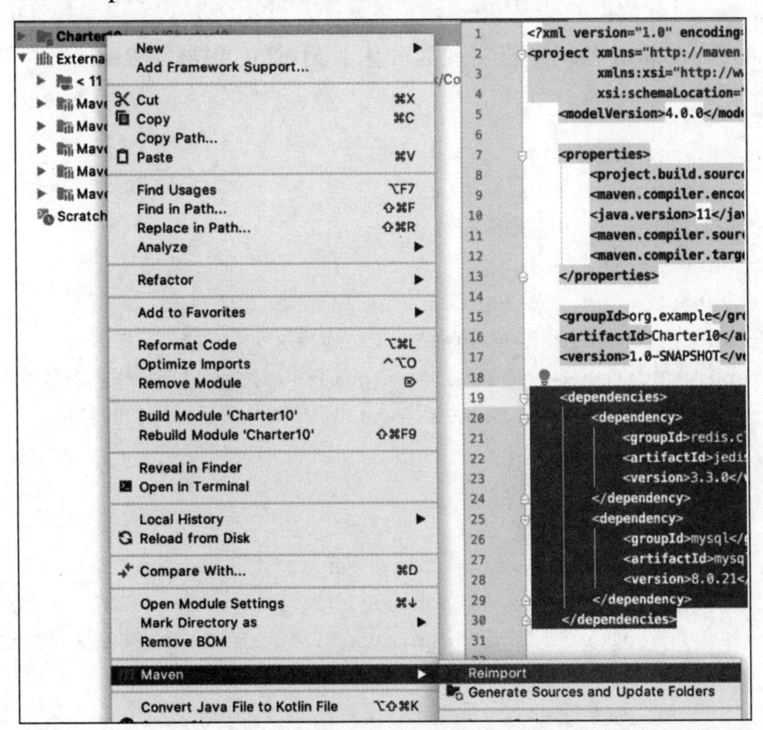

图 10.5　在项目里导入依赖包的示意图

按上述步骤完成导入依赖包后，就能在本项目里开发并运行相关范例了。

10.1.4 用 Java 代码读写 MySQL 集群和 Redis

在高并发的场景里，至少会用到 MySQL 主从复制集群，而不是仅仅用单机版的 MySQL，因为无论从性能还是可用性的角度来看 MySQL 主从复制集群都要比单机版 MySQL 好。在此基础上引入 Redis 作为缓存服务器，能进一步提升数据服务的性能。MySQL 集群整合 Redis 的效果如图 10.6 所示。

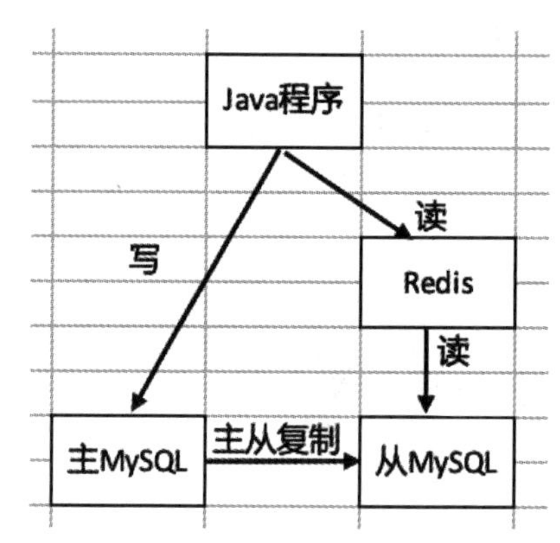

图 10.6　Java 整合 MySQL 主从集群和 Redis 缓存的效果图

其中，Java 应用程序是向主 MySQL 服务器里写数据，这样写入的数据会自动同步到从 MySQL 服务器上，而读数据时先从 Redis 缓存里读，读不到时再到从 MySQL 里读。在如下的 MySQLClusterDemo.java 范例中将实现这种基于 MySQL 集群和 Redis 缓存的读写模式。

```
01  import redis.clients.jedis.Jedis;
02  import java.sql.*;
03  public class MySQLClusterDemo {
04      //创建操作 Redis 和数据库的对象
05      private Jedis jedis;
06      private Connection masterConn;//连接主库的对象
07      private Connection slaveConn;//连接从库的对象
08      PreparedStatement masterPs = null;//对主库进行操作的对象
09      PreparedStatement slavePs = null;//对从库进行操作的对象
10      //初始化环境
11      private void init(){
12          //MySQL 的连接参数
13          String mySQLDriver = "com.mysql.jdbc.Driver";
14          String masterUrl = "jdbc:mysql://localhost:3306/redisDemo";
15          String slaveUrl = "jdbc:mysql://localhost:3316/redisDemo";
16          String user = "root";
17          String pwd = "123456";
18          try{
19              Class.forName(mySQLDriver);
```

```
20              masterConn = DriverManager.getConnection(masterUrl, user, pwd);
21              slaveConn = DriverManager.getConnection(slaveUrl, user, pwd);
22              jedis = new Jedis("localhost", 6379);
23          } catch (SQLException se) {
24              se.printStackTrace();
25          } catch (Exception e) {
26              e.printStackTrace();
27          }
28      }
```

在前两行里，通过 import 语句引入了开发 Jedis 和 MySQL 所用到的库；在第 5 行到第 9 行里，定义了用来操作 Redis 和主从数据库的一些对象。

在第 11 行的 init 方法里创建了指向 MySQL 主从数据库和 Redis 的连接。具体而言，在第 20 行里，创建了指向主 MySQL 数据库的连接（注意，这里用到的连接 url 是 localhost:3306）；在第 21 行里，创建了指向从 MySQL 服务器的连接，由于容纳从数据库的 mySlaveMysql 容器是从 3306 端口映射主机的 3316 端口，因此这里用到的连接 url 是 localhost:3316；第 22 行里，连接 Redis 服务器的 jedis 对象，指向 localhost 的 6379 端口。

```
29      private void insertData(){
30          //是向主 MySQL 服务器插入数据
31          try {
32              masterPs = masterConn.prepareStatement("insert into student
    (id,name,age,score) values (10,'Frank',18,100)");
33              masterPs.executeUpdate();
34          } catch (SQLException e) {
35              e.printStackTrace();
36          }
37          catch (Exception e) {
38              e.printStackTrace();
39          }
40      }
```

在 insertData 方法里，先通过第 32 行的代码用指向主 MySQL 服务器的 masterConn 对象创建了操作主 MySQL 服务器的 masterPs 对象，并在第 33 行的代码里用该对象执行了一句 insert 语句。

由于此时 MySQL 主从数据库间已经设置同步模式，因此第 32 行的 insert 语句会被同步到 MySQL 从数据库上，也就是说，MySQL 主从数据库的 student 表里都会插入这条数据。

```
41      private String getNameByID(String id){
42          String key = "Stu" + id;
43          String name = "";
44          //如果存在于 Redis，就先从 Redis 里获取
45          if(jedis.exists(key)){
```

```
46              System.out.println("ID:" + key + " exists in Redis.");
47              name = jedis.get(key);
48              System.out.println("Name is:" + jedis.get(key)  );
49              return name;
50          } else { //如果没在 Redis 里，就到从 MySQL 里去读
51              try {
52                  slavePs = slaveConn.prepareStatement("select name from
    student where id = 10");
53                  ResultSet rs = slavePs.executeQuery();
54                  if (rs.next()) {
55                      System.out.println("ID:" + key + " exists in Slave
    MySQL.");
56                      name = rs.getString("name");
57                      System.out.println("Name is:" + name);
58                      //放入 Redis 缓存
59                      jedis.set(key, name);
60                  }
61                  return name;
62              }
63              catch (SQLException se) {
64                  se.printStackTrace();
65              } catch (Exception e) {
66                  e.printStackTrace();
67              }
68          }
69          return name;
70      }
```

在 getNameByID 方法里定义了根据学生的 ID 找名字的动作，具体而言，先通过第 45 行的 if 语句用 exists 方法判断 Redis 里是否存在指定的学生 ID：如果存在，就用第 47 行的 get 命令直接从 Redis 里查找该学生的名字；如果不存在，就通过第 52 行的 select 语句到数据库里去查找。

在第 52 行里用从 MySQL 数据库的连接对象 slaveConn 创建的 slavePs 对象，也就是说，如果在 Redis 缓存里没有找到该 ID，就到从库里（不是主库）执行 select 语句，根据学生 ID 进行查找，找到后再通过第 59 行的 set 命令把该 ID 以及对应的名字缓存入 Redis 数据库。这样下次查找这个 ID 时，就能从缓存里查找，而无须再到数据库中查找。

```
71      public static void main(String[] args){
72          MySQLClusterDemo tool =  new MySQLClusterDemo();
73          tool.init();
74          tool.insertData();
75          //场景 1，没有从 Redis 中读到，就到从 MySQL 服务器中去读
76          System.out.println(tool.getNameByID("10"));
```

```
77          //场景 2，当前 ID=10 的数据已经存在于 Redis，所有直接读缓存
78          System.out.println(tool.getNameByID("10"));
79      }
80  }
```

在 main 函数里，首先在第 73 行的代码里通过调用 init 方法初始化各种数据库和缓存的操作对象，随后在第 74 行里通过调用 insertData 方法向主从 MySQL 数据库里插入 ID 是 10 的数据。

在第 76 行里第一次调用 getNameByID 方法时，该数据不存在于 Redis 缓存中，而是存在于从 MySQL 数据库里，所以会先从数据库里查找数据，找到后再把数据插入 Redis 里。在第 78 行第二次调用 getNameByID 方法时，该数据已经存在于 Redis 中，因此直接从 Redis 里读取。

在运行本范例前，需要确保包含主从 MySQL 服务器以及 Redis 的 Docker 容器处于启动状态。运行后，能看到如下所示的效果，并能确认上述读取数据的流程。

```
01  ID:Stu10 exists in Slave MySQL.
02  Name is:Frank
03  Frank
04  ID:Stu10 exists in Redis.
05  Name is:Frank
06  Frank
```

下面再来归纳一下在本范例中给出的 MySQL 主从集群和 Redis 整合的实施要点。

（1）向主 MySQL 数据库里写数据，并且这些数据会自动同步到从 MySQL 数据库。

（2）从"从 MySQL 数据库"里读数据，用这种"读写分离"的方式来提升性能。

（3）从 MySQL 数据库里读数据前，可以先从 Redis 缓存里读，如果读不到再到数据库里读，以提升性能。

（4）从数据库里读到数据后，可以写到 Redis 缓存里，这样下次从缓存里就能读到数据。

为了突出重点，本范例没有给出"合理设置失效时间"和"防止缓存穿透"等方面的实施代码，但是这些要点同样重要。对此，大家可以参照 8.4 节的描述，自行实现。

10.1.5　MySQL 主从集群整合 Redis 主从集群

在 10.1.4 节里，MySQL 主从集群只整合了一个 Redis 主机，在这种模式里如果 Redis 服务器失效了，那么整个缓存可能都会失效。可以在此技术上引入 Redis 主从集群，以提升缓存的可用性以及性能，改进后的框架如图 10.7 所示。

（1）应用程序同样是向主 MySQL 数据库里写数据，这些数据能同步到从 MySQL 数据库里。

（2）应用程序先到"从 Redis 服务器"里读取缓存，如果读不到，就再到从 MySQL 数据库里去读。

（3）如果从“从 MySQL 数据库”里读到数据，那么需要写入“主 Redis”，而根据 Redis 集群的主从复制机制，该数据会被写入“从 Redis 服务器”。这种针对 Redis 集群的读写分离机制能提升读写缓存的性能。

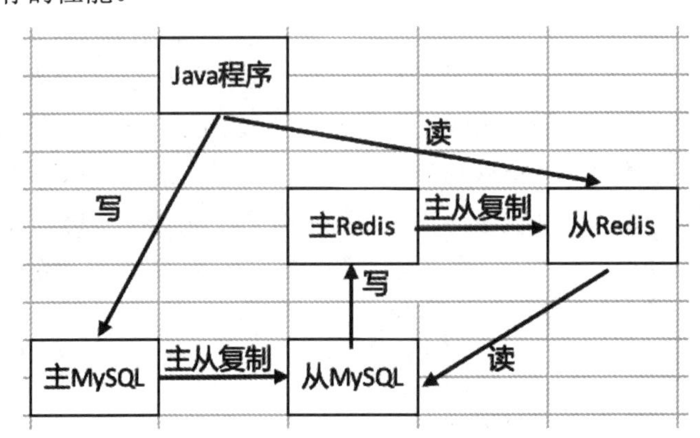

图 10.7　MySQL 集群整合 Redis 集群的效果图

在表 10.1 里，列出了在 MySQL 主从集群整合 Redis 主从集群里诸多主机的相关信息，在本节的 Java 范例中，将根据这些信息读写数据。

表 10.1　MySQL 主从集群整合 Redis 主从集群主机信息一览表

Docker 容器名	IP 地址和端口	说明
myMasterMysql	localhost:3306	主 MySQL 数据库
mySlaveMysql	localhost:3316	从 MySQL 数据库
redis-master	localhost:6379	主 Redis 服务器
redis-slave	localhost:6380	从 Redis 服务器

搭建 Redis 主从集群的方式在 7.1.2 节已经讲过，这里仅给出命令，不做说明。

步骤 01 打开一个命令窗口，在其中运行如下命令创建一个名为 redis-master 的 Redis 容器，请注意它的端口是 6379。

```
docker run -itd --name redis-master -p 6379:6379 redis:latest
```

步骤 02 再新开一个命令窗口，在其中运行如下命令创建一个名为 redis-slave 的容器。

```
docker run -itd --name redis-slave -p 6380:6379 redis:latest
```

步骤 03 回到包含 redis-master 容器的命令窗口，在其中运行 docker inspect redis-master 命令，查看 redis-master 容器的信息，在其中能通过 IPAddress 项看到该容器的 IP 地址，这里是 172.17.0.4。

步骤 04 到 redis-slave 容器的命令窗口里，通过 docker exec -it redis-slave /bin/bash 命令进入容器的命令行窗口，运行如下的 slaveof 命令，指定当前 Redis 服务器为从服务器。该命令的格式是“slaveof IP 地址 端口号”，这里指向 172.17.0.4:6379 所在的主服务器。

```
slaveof 172.17.0.4 6379
```

运行完该命令后，在 redis-slave 客户端里再次运行 info replication，会看到如下所示的部分结果。从第 3 行的结果里能看到，该 redis-slave 服务器已经成为从服务器，并能从第 4 行和第 5 行的输出里确认，该从服务器是从属于 172.17.0.4:6379 所在的 Redis 主服务器，由此能确认成功搭建 Redis 主从集群。

```
01  127.0.0.1:6379> info replication
02  # Replication
03  role:slave
04  master_host:172.17.0.4
05  master_port:6379
```

MySQL 主从集群是现成的，通过上述步骤搭建好 MySQL 主从集群整合 Redis 主从集群的框架后，就能在 10.1.4 节给出的 MySQLClusterDemo.java 范例中做如下改进。

改进点 1：从 MySQL 数据库里读 ID 为 10 的学生数据前，先从 localhost:6380 这个地址所指向的“从 Redis”缓存里读数据。

改进点 2：在 MySQL 数据库里读到 ID 为 10 的学生数据后，向 localhost:6379 这个地址所指向的“主 Redis”缓存里写数据。

在如下的 MySQLClusterImprovedDemo 范例中，大家能看到上述改进。

```
01  import redis.clients.jedis.Jedis;
02  import java.sql.*;
03  public class MySQLClusterImprovedDemo {
04      //操作数据库和 Redis 的对象
05      private Connection masterConn;
06      private Connection slaveConn;
07      private Jedis masterJedis;//指向主 Redis 服务器
08      private Jedis slaveJedis;//指向从 Redis 服务器
09      PreparedStatement masterPs = null;
10      PreparedStatement slavePs = null;
11      private void init(){
12          //MySQL 的连接参数
13          String mySQLDriver = "com.mysql.jdbc.Driver";
14          String masterUrl = "jdbc:mysql://localhost:3306/redisDemo";
15          String slaveUrl = "jdbc:mysql://localhost:3316/redisDemo";
16          String user = "root";
17          String pwd = "123456";
18          try{
19              Class.forName(mySQLDriver);
20              masterConn = DriverManager.getConnection(masterUrl, user, pwd);
21              slaveConn = DriverManager.getConnection(slaveUrl, user, pwd);
22              masterJedis = new Jedis("localhost", 6379);
23              slaveJedis = new Jedis("localhost", 6380);
```

```
24          } catch (SQLException se) {
25             se.printStackTrace();
26          } catch (Exception e) {
27             e.printStackTrace();
28          }
29       }
```

在第 7 行和第 8 行的代码里分别定义了两个 Jedis 类型的对象，用来指向主从 Redis 服务器，而在初始化各种连接对象的 init 方法里，在第 22 行和第 23 行里分别让这两个连接 Redis 的对象指向了 localhost:6379 和 localhost:6380，这样两个对象就能连接到对应的 Redis 服务器上了。

```
30       private void insertData(){
31          //该方法代码不变，不再叙述，大家可以参考 MySQLClusterDemo 里的同名方法
32       }
33       private String getNameByID(String id){
34          String key = "Stu" + id;
35          String name = "";
36          //如果存在于 Redis，就先从 Redis 里获取
37          if(slaveJedis.exists(key)){//到从 Redis 服务器去找
38             System.out.println("ID:" + key + " exists in Redis.");
39             name = slaveJedis.get(key);//找到后到从 Redis 去读
40             System.out.println("Name is:" + slaveJedis.get(key) );
41             return name;
42          } else { //没在 Redis，就到从 MySQL 去读
43             try {
44                slavePs = slaveConn.prepareStatement("select name from
   student where id = 10");
45                ResultSet rs = slavePs.executeQuery();
46                if (rs.next()) {
47                   System.out.println("ID:" + key + " exists in Slave
   MySQL.");
48                   name = rs.getString("name");
49                   Sysgaitem.out.println("Name is:" + name);
50                   //放入主 Redis 缓存
51                   masterJedis.set(key, name);
52                }
53                return name;
54             }
55             catch (SQLException se) {
56                se.printStackTrace();
57             } catch (Exception e) {
58                e.printStackTrace();
59             }
60          }
```

```
61          return name;
62      }
```

在第 33 行的 getNameByID 方法里，首先通过第 37 行的代码到从 Redis 服务器去找，如果找到，则通过第 39 行的代码用 get 命令去获取，如果没有找到，则通过第 44 行到第 48 行的代码到从 MySQL 服务器去找，找到后，不是往从 Redis 服务器里写，而是通过第 51 行的 set 方法向主 Redis 服务器里写，由于主从 Redis 服务器间有同步机制，因此向主 Redis 里写的数据会自动同步到从 Redis 里。

```
63      public static void main(String[] args){
64          MySQLClusterImprovedDemo tool = new MySQLClusterImprovedDemo();
65          tool.init();
66          tool.insertData();
67          //场景 1，在从 Redis 中没有读到，则到从 MySQL 服务器去读
68          System.out.println(tool.getNameByID("10"));
69          //场景 2，当前 ID=10 的数据已经存在于 Redis，所有直接读缓存
70          System.out.println(tool.getNameByID("10"));
71      }
72  }
```

第 63 行的 main 函数代码没有改动，依然在第 68 行和第 70 行调用了两次 tool.getNameByID 方法，在第一次调用时是从“从 MySQL 数据库”里找到该 ID，找到后写入主 Redis 服务器，在第二次调用时能从“从 Redis 服务器”里找到该 ID，也就没有必要再到数据库里去读了。

10.2　Redis 整合 MySQL 和 MyCAT 分库组件

MyCAT 是一个开源的分布式数据库组件。在项目里，一般用这个组件实现针对数据库的分库分表功能，从而提升对数据表（尤其是大数据库表）的访问性能。另外，在实际项目里 MyCAT 分库分表组件一般会和 MySQL 以及 Redis 组件整合使用，能从“降低数据表里的数据量规模”和“缓存数据”这两个维度提升对数据的访问性能。

10.2.1　分库分表概述

下面通过一个实例来看一下分库分表的概念。假设在某电商系统里存在一张主键为 id 的流水表，如果该电商系统的业务量很大，这张流水表可能达到“亿”级规模，甚至更大。如果要从这张表里查询数据，哪怕使用索引等数据库优化的措施，也会成为性能上的瓶颈（数据表的规模太大），此时可以按如下思路拆分这张大的流水表。

（1）在不同的 10 个数据库，同时创建 10 张流水表，这些表的表结构完全一致。

（2）在 1 号数据库里，只存放 id%10 等于 1 的流水记录，比如存放 id 是 1、11 和 21 等的流水记录，在 2 号数据库里只存放 id%10 等于 2 的流水记录，以此类推。

也就是说，通过上述步骤，能把这张流水表拆分成 10 个子表，而 MyCAT 组件能把应用程序对流水表的请求分散到 10 张子表里，具体的效果如图 10.8 所示。

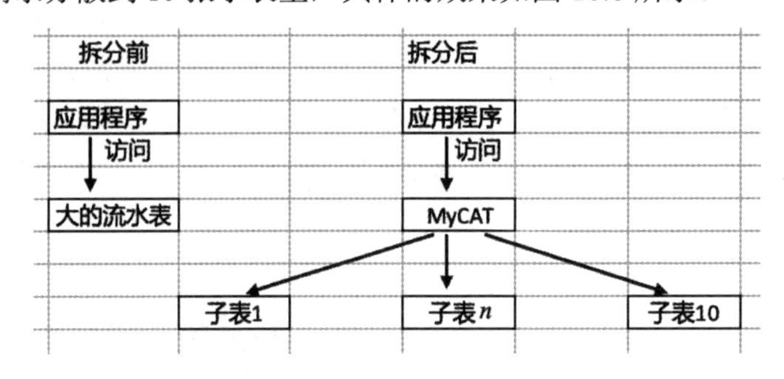

图 10.8　分库分表后的效果图

在实际项目里，子表的个数可以根据实际需求来设置。由于把大表的数据分散到若干张子表里，因此每次数据请求所面对的数据总量都能有效降低，从中大家能感受到“分表”做法对提升数据库访问性能的帮助。

在实际项目里，会尽量把子表分散创建到不同的主机上，而不是单纯地在同一台主机同一个数据库上创建多个子表，也就是说，需要尽量把这些子表分散到不同的数据库上，具体效果如图 10.9 所示。

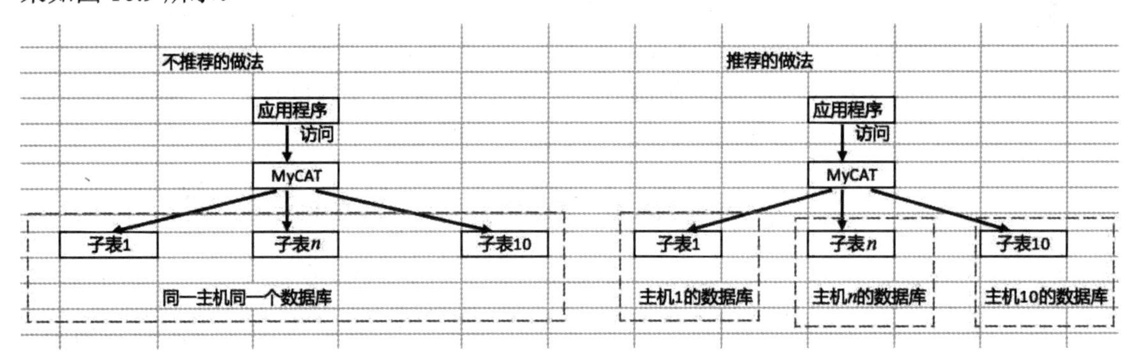

图 10.9　尽量把子表分散到不同数据库的效果图

尽量对子表进行“分库”还是出于提升性能的考虑。单台数据库处理请求时总会有性能瓶颈，比如每秒最多能处理 500 个请求，如果把这些子表放在同一台主机的同一个数据库上，那么对该表的请求速度依然无法突破单台数据库的性能瓶颈。如果把这些子表分散到不同主机的不同数据库上，那么对该表的请求就相当于被有效分摊到不同的数据库上，这样就能成 n 倍地提升数据库的有效负载。

在实际项目里，出于成本上的考虑，或许无法为每个子表分配一台主机，在这种情况下可以退而求其次，可以把不同的子表分散创建在同一主机的不同数据库上，总之尽量别在同一主机同一数据库上创建不同的子表。

也就是说，通过“分表”能有效降低大表的数据规模，通过“分库”能整合多个数据库，从而提升处理请求的有效负载。MyCAT 分布式数据库组件可以实现这种“分库分表”的效果，通常称之为“MyCAT 分库分表组件”。

事实上，MyCAT 组件能解析 SQL 语句，并根据预先设置好的分库字段和分库规则把该 SQL 发送到对应的子表上执行，再把执行好的结果返回给应用程序。

10.2.2　用 MyCAT 组件实现分库分表

在上文里已经提到，用 MyCAT 可以实现分库分表的效果，该组件默认工作在 8066 端口，它和应用程序以及数据库的关系如图 10.10 所示。从中大家可以看到，Java 应用程序不是直接和 MySQL 等数据库互连，而是和 MyCAT 组件连接。应用程序把 SQL 请求发送到 MyCAT，MyCAT 根据配置好的分库分表规则把请求发送到对应的数据库上，得到请求再返回给应用程序。

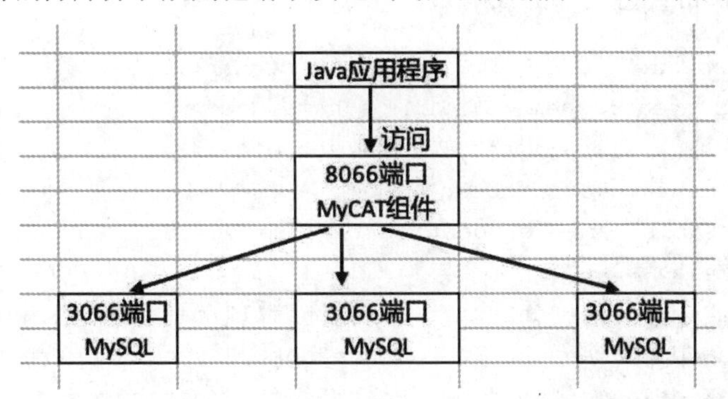

图 10.10　应用程序通过 MyCAT 访问数据的效果图

为了实现分库分表的效果，一般需要配置 MyCAT 组件里如表 10.2 所示的三个文件。

表 10.2　MyCAT 配置文件作用一览表

配置文件名	作　　用
server.xml	在其中可以配置 MyCAT 对外提供服务的信息，比如工作端口、连接到 MyCAT 所用的用户名和密码等
schema.xml	在其中可以定义 MyCAT 组件以及各分库的连接信息
rule.xml	在其中可以定义各种分库规则

这里将以一个 MyCAT 组件连接三个数据库为例，给出上述三个配置文件的编写范例。

第一，server.xml 配置文件的代码如下所示。

```
01  <?xml version="1.0" encoding="UTF-8"?>
02  <!DOCTYPE mycat:server SYSTEM "server.dtd">
03  <mycat:server xmlns:mycat="http://io.mycat/">
04      <system>
05          <property name="serverPort">8066</property>
06          <property name="managerPort">9066</property>
07      </system>
08     <user name="root">
09         <property name="password">123456</property>
10         <property name="schemas">redisDemo</property>
```

```
11     </user>
12 </mycat:server>
```

在第 5 行和第 6 行里，分别配置了该 MyCAT 组件的工作端口（8066）和管理端口（9066），在第 8 行到第 11 行的代码里，配置连接该 MyCAT 组件的用户名是 root、连接密码是 123456，同时，该 root 登录后可以访问 MyCAT 组件里的 redisDemo 数据库。

注意，redisDemo 是 MyCAT 组件的数据库，而不是 MySQL 里的，在实践过程中这个数据库一般和 MySQL 里的同名。

第二，schema.xml 配置文件的代码如下所示。

```
01 <?xml version="1.0"?>
02 <!DOCTYPE mycat:schema SYSTEM "schema.dtd">
03 <mycat:schema xmlns:mycat="http://io.mycat/">
04     <schema name="redisDemo">
05         <table name="student" dataNode="dn1,dn2,dn3" rule="mod-long"/>
06     </schema>
07     <dataNode name="dn1" dataHost="host1" database="redisDemo" />
08     <dataNode name="dn2" dataHost="host2" database="redisDemo" />
09     <dataNode name="dn3" dataHost="host3" database="redisDemo" />
10
11     <dataHost name="host1" dbType="mysql" maxCon="10" minCon="3"
   balance="0" writeType="0" dbDriver="native">
12         <heartbeat>select  user()</heartbeat>
13         <writeHost host="hostM1" url="172.17.0.2:3306" user="root"
   password="123456"></writeHost>
14     </dataHost>
15     <dataHost name="host2" dbType="mysql" maxCon="10" minCon="3"
   balance="0" writeType="0" dbDriver="native">
16         <heartbeat>select  user()</heartbeat>
17          <writeHost host="hostM2" url="172.17.0.3:3306" user="root"
   password="123456"></writeHost>
18      </dataHost>
19     <dataHost name="host3" dbType="mysql" maxCon="10" minCon="3"
   balance="0" writeType="0" dbDriver="native">
20         <heartbeat>select  user()</heartbeat>
21          <writeHost host="hostM3" url="172.17.0.4:3306" user="root"
   password="123456"></writeHost>
22      </dataHost>
23 </mycat:schema>
```

在第 4 行到第 6 行里，定义了 redisDemo 数据库里的 student 表，按照 mod-long 规则分布到 dn1、dn2、dn3 这三个数据库节点上。随后在第 7 行到第 9 行的代码里，给出了 dn1、dn2、dn3 这三个节点的定义，分别指向 host1、host2 和 host3 的 redisDemo 数据库。

在第 11 行到第 22 行的代码里，给出了针对 host1 到 host3 的定义，它们的配置很相似，这里就以第 11 行到第 14 行的 host1 配置来进行说明。

在第 11 行里，首先通过 dbType 参数定义了 host1 是 MySQL 类型的数据库，随后通过 maxCon 和 minCon 参数指定了该 host 数据库的最大和最小连接数，通过 balance 和 writeType 参数指定了向 host1 读写的请求，其实是发送到第 13 行定义的，url 是 172.17.0.2:3306 的 MySQL 数据库，同时在第 13 行里还指定了连到 172.17.0.2:3306 的 MySQL 数据库的用户名和密码。在第 12 行定义的 heartbeat 参数定义了 MyCAT 组件用 select user()这句 SQL 语句来判断 host1 这个数据库能否处于“连接”状态。也就是说，在第 7 行定义的 dn1 节点最终指向 172.17.0.2:3306 所在的 MySQL 数据库的 student 表。

类似地，在第 15 行到第 22 行针对 host2 和 host3 的定义里，分别定义了两个数据库的具体 url 地址。也就是说，定义在第 4 行的 redisDemo 数据库里的 student 表，根据 dataNode 的定义，最终会分散到 172.17.0.2:3306、172.17.0.3:3306 和 172.17.0.4:3306 这三个 redisDemo 数据库的 student 表里。

通过图 10.11，大家能更清晰地看到通过配置文件里相关参数定义的分库关系。

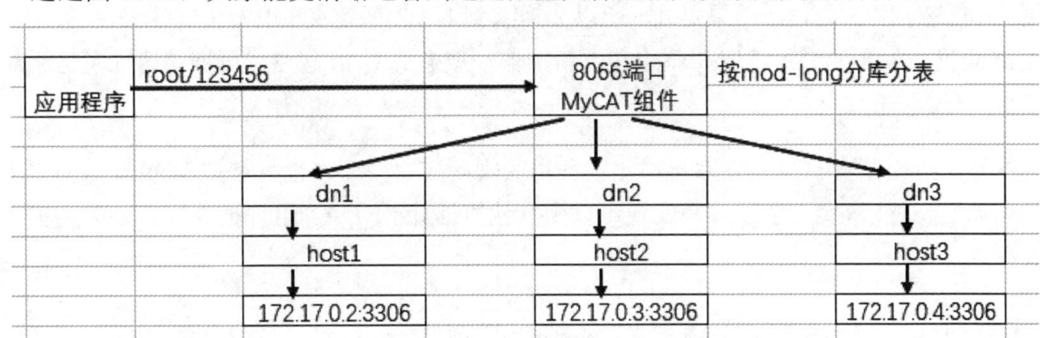

图 10.11　针对 student 表的分库关系图

在本范例中，用 Docker 容器在同一台主机里创建三个 MySQL 实例，所以 172.17.0.2:3306、172.17.0.3:3306 和 172.17.0.4:3306 是本机三个 Docker 容器的地址。如果在实际项目里要在多台主机上部署 MySQL 服务器，那么对应的地址就应该修改成这些主机的 IP 地址。

第三，rule.xml 配置文件的代码如下所示。

```
01  <?xml version="1.0" encoding="UTF-8"?>
02  <!DOCTYPE mycat:rule SYSTEM "rule.dtd">
03  <mycat:rule xmlns:mycat="http://io.mycat/">
04      <tableRule name="mod-long">
05          <rule>
06              <columns>id</columns>
07              <algorithm>mod-long</algorithm>
08          </rule>
09      </tableRule>
10
```

```
11      <function name="mod-long" class="io.mycat.route.function.
    PartitionByMod">
12          <property name="count">3</property>
13      </function>
14  </mycat:rule>
```

在第 4 行里定义了 mod-long 规则，该规则在 schema.xml 第 5 行里被用到。结合第 11 行到第 13 行的代码，能看到利用该规则对 student 表分库时要先对 id 进行模 3 处理，然后根据取模后的结果到 host1 到 host3 所在的数据表的 student 库里进行处理。这里取模的数值（3）需要和 MySQL 主机的数量相同。

将上述三个配置文件综合起来，给出如下针对分库分表相关动作的定义。

（1）应用程序如果要使用 MyCAT，就需要用用户名（root）和密码（123456）连接到该 MyCAT 组件。

（2）假设要插入 id 为 1 的 student 数据，根据在 schema.xml 里的定义，会先根据 mod-long 规则对 id 进行模 3 处理，结果是 1，所以会插入到 host2 所定义的 172.17.0.3:3306 数据库的 student 表里，如果要进行读取、删除和更新操作，就会先对 id 模 3，再把该请求发送到对应的数据库里。

这里仅给出了 MyCAT 分库一种比较常用的规则（取模），也只是把 student 表分散到 3 个物理数据表里，事实上通过编写配置可以用其他算法让 MyCAT 组件把数据表分散到更多的子表里。

10.2.3 Java、MySQL 与 MyCAT 的整合范例

这里将以 10.2.2 节定义的“一个 MyCAT 组件连接三个 MySQL 数据库，对 student 表进行分库”的需求为例，结合上文给出的 MyCAT 三个配置文件，给出基于 Docker 容器设置 MyCAT 分库分表的详细步骤，并在此基础上给出 Java 应用程序连接 MyCAT 以实现分库分表的代码范例。

步骤 01 通过如下三个 Docker 命令，准备三个包含 MySQL 的 Docker 容器。

```
01  docker run -itd -p 3306:3306 --name mysqlHost1 -e MYSQL_ROOT_PASSWORD=
    123456 mysql:latest
02  docker run -itd -p 3316:3306 --name mysqlHost2 -e MYSQL_ROOT_PASSWORD=
    123456 mysql:latest
03  docker run -itd -p 3326:3306 --name mysqlHost3 -e MYSQL_ROOT_PASSWORD=
    123456 mysql:latest
```

这里创建的三个 MySQL 的 Docker 容器分别叫 mysqlHost1、mysqlHost2 和 mysqlHost3，在容器里它们都工作在 3306 端口，但它们分别映射到主机的 3306、3316 和 3326 端口。并且，通过-e 参数分别指定了这三个数据库 root 用户名的密码是 123456。

创建完成后，再分别通过如下命令观察它们所在 Docker 容器的 IP 地址。

```
01  docker inspect mysqlHost1
02  docker inspect mysqlHost2
03  docker inspect mysqlHost3
```

观察到的 IP 地址如表 10.3 所示，大家在自己电脑上操作时如果看到的是其他 IP 地址，就需要更改下文里的相关配置项。

表 10.3　MySQL 容器名和 IP 地址对应表

容 器 名	IP 地 址
mysqlHost1	172.17.0.2
mysqlHost2	172.17.0.3
mysqlHost3	172.17.0.4

步骤 02 通过 docker exec -it mysqlHost1 /bin/bash 命令进入 mysqlHost1 容器，随后用 mysql -u root -p 命令进入 MySQL 数据库，进入时需要输入的密码是 123456，随后运行如下的命令创建 redisDemo 数据库和 student 表。

```
01  create database redisDemo;
02  use redisDemo;
03  create table student( id int not null primary key,name char(20),age
    int,score float);
```

其中，第 1 行语句用于建库，第 2 行语句进入 redisDemo 库，第 3 行语句用于建表。

完成后，通过 docker exec -it mysqlHost2 /bin/bash 和 docker exec -it mysqlHost3 /bin/bash 这两条命令进入另外两个 MySQL 容器里，通过 mysql 命令进入数据库，再通过上述语句进行创建数据库和数据表的动作。至此，完成了针对三个 MySQL 数据库的创建动作。

步骤 03 通过 docker pull 命令下载 MyCAT 组件的镜像，如果无法下载，则可以通过 docker search mycat 命令寻找可用的镜像并下载。

步骤 04 新建 C:\work\mycat\conf 目录，在其中放入在 10.2.2 节里给出的针对 MyCAT 组件的 server.xml、rule.xml 和 schema.xml 三个配置文件。

其中，在 schema.xml 里针对数据库 url 的定义如下面第 3 行、第 7 行和第 11 所示。注意，它们指向的是具体 Docker 容器里 MySQL 的 IP 地址，它们的值需要和表 10.3 里给出的值一致。如果用 docker inspect 命令观察到三个 Docker 的地址有变，就需要对应地修改 schema.xml 里的 url 值。

```
01  <dataHost name="host1" dbType="mysql" maxCon="10" minCon="3"
    balance="0" writeType="0" dbDriver="native">
02          <heartbeat>select  user()</heartbeat>
03          <writeHost host="hostM1" url="172.17.0.2:3306" user="root"
    password="123456"></writeHost>
04      </dataHost>
```

```
05      <dataHost name="host2" dbType="mysql" maxCon="10" minCon="3"
    balance="0" writeType="0" dbDriver="native">
06          <heartbeat>select   user()</heartbeat>
07           <writeHost host="hostM2" url="172.17.0.3:3306" user="root"
    password="123456"></writeHost>
08       </dataHost>
09      <dataHost name="host3" dbType="mysql" maxCon="10" minCon="3"
    balance="0" writeType="0" dbDriver="native">
10          <heartbeat>select   user()</heartbeat>
11           <writeHost host="hostM3" url="172.17.0.4:3306" user="root"
    password="123456"></writeHost>
12       </dataHost>
```

步骤05 确保上述三个 Docker 里包含的 My SQL 都处于可用状态后，通过如下的 Docker 命令启动 MyCAT 对应的 Docker 容器。

```
docker run --name mycat -p 8066:8066 -p 9066:9066 -v
C:\work\mycat\conf\server.xml:/opt/mycat/conf/server.xml:ro -v
C:\work\mycat\conf\schema.xml:/opt/mycat/conf/schema.xml:ro -v
C:\work\mycat\conf\rule.xml:/opt/mycat/conf/rule.xml:ro -d mycat:latest
```

注意该 docker 命令的如下要点：

- 通过-p参数，把该MyCAT组件的工作端口8066和管理端口9066映射到主机的同名端口。
- 通过三个-v参数，把容器外C:\work\mycat\conf\目录里的三个MyCAT配置文件映射到容器内的/opt/mycat/conf/目录里，这样启动时就能读到这三个配置文件。这样做的前提是，事先已经确认过容器内的server.xml等三个配置文件存在于/opt/mycat/conf/目录里，如果有些mycat镜像里的这三个配置文件不存在于这个目录，就可以先用docker exec -it mycat /bin/bash命令进入mycat容器，找到这三个配置文件对应的位置后，再改写上述启动mycat容器的docker run命令。
- 通过mycat:latest参数指定该容器是基于mycat:latest镜像生成的。

运行完上述 docker run 命令后，可以通过 docker logs mycat 命令观察包含在该容器内的 MyCAT 组件的启动日志。如果成功启动，就能看到日志里有如图 10.12 所示的提示成功的信息。如果有错误，就去检查三个 MySQL 数据库的连接状态，或者根据日志里给出的错误提示来排查问题。

```
jvm 1    | 2020-10-06 04:45:32,725 [INFO ][$_NIOREACTOR-2-RW] connected successf
uly MySQLConnection [id=8, lastTime=1601959532724, user=root, schema=redisDemo,
old shema=redisDemo, borrowed=true, fromSlaveDB=false, threadId=9, charset=utf8,
 txIsolation=3, autocommit=true, attachment=null, respHandler=null, host=172.17.
0.3, port=3306, statusSync=null, writeQueue=0, modifiedSQLExecuted=false]  (io.m
ycat.backend.mysql.nio.handler.GetConnectionHandler:GetConnectionHandler.java:67
)
```

图 10.12　MyCAT 成功启动的日志效果图

至此，完成了 MyCAT 组件和三个 MySQL 数据库的相关配置，在如下的 MyCATSimpleDemo 范例中，将给出 Java 程序通过 MyCAT 组件向 MySQL 数据库插入数据的做法，从中大家能感受到分库分表的效果。

```
01 import java.sql.*;
02 public class MyCATSimpleDemo {
03     public static void main(String[] args){
04         //定义连接对象和 PreparedStatement 对象
05         Connection myCATConn = null;
06         PreparedStatement ps = null;
07         //定义连接信息
08         String mySQLDriver = "com.mysql.jdbc.Driver";
09         String myCATUrl = "jdbc:mysql://localhost:8066/redisDemo";
10         String user = "root";
11         String pwd = "123456";
12         try{
13             Class.forName(mySQLDriver);
14             myCATConn = DriverManager.getConnection(myCATUrl, user, pwd);
15             ps = myCATConn.prepareStatement("insert into student (id,name,
   age,score) values (?,'test',18,100)");
16             ps.setString(1,"11");
17             ps.addBatch();
18             ps.setString(1,"12");
19             ps.addBatch();
20             ps.setString(1,"13");
21             ps.addBatch();
22             ps.executeBatch();
23         } catch (SQLException se) {
24             se.printStackTrace();
25         } catch (Exception e) {
26             e.printStackTrace();
27         }
28         finally{
29             //如果有必要，释放资源
30             if(ps != null){
31                 try {
32                     ps.close();
33                 } catch (SQLException e) {
34                     e.printStackTrace();
35                 }
36             }
37             if(myCATConn != null){
38                 try {
39                     myCATConn.close();
```

```
40                  } catch (SQLException e) {
41                      e.printStackTrace();
42                  }
43              }
44          }
45      }
46  }
```

在本范例的第 14 行里，创建了指向 MyCAT 组件的连接对象 myCATConn。注意，它是指向 localhost 的 8066 端口，用 root 和 123456 连接到 redisDemo 数据库，这和在 server.xml 里的配置吻合。在随后的第 15 行里，用 myCATConn 创建 PreparedStatement 类型的 ps 对象，并在第 16 行到第 21 行的代码里通过 addBatch 方法批量组装三条 insert 语句，它们的 id 分别是 11、12 和 13，最后在第 22 行的代码里通过 executeBatch 语句执行了这三条 insert 语句。

从中大家可以看到，通过 MyCAT 连接对象执行 SQL 语句的方式和直接用 MySQL 连接对象的方式基本相同，而且在获取 MyCAT 连接对象时只需要对应地更改连接 url 即可。也就是说，MyCAT 组件在实现分库分表时，对应用程序来说是透明的，它完全分离了“数据操作的业务动作”和“数据操作的底层实现”，所以如果要在一个系统里引入 MyCAT 分库分表组件，修改的点非常有限，对原有业务的影响并不大。

再来看一下分库分表的效果，通过 docker exec -it mysqlHost1 /bin/bash 命令进入 mysqlHost1 容器，随后用 mysql -u root -p 命令进入 mysql 数据库，用“use redisDemo;”命令进入 redisDemo 数据库后，执行“select * from student;”命令，只能看到一条数据，如图 10.13 所示。

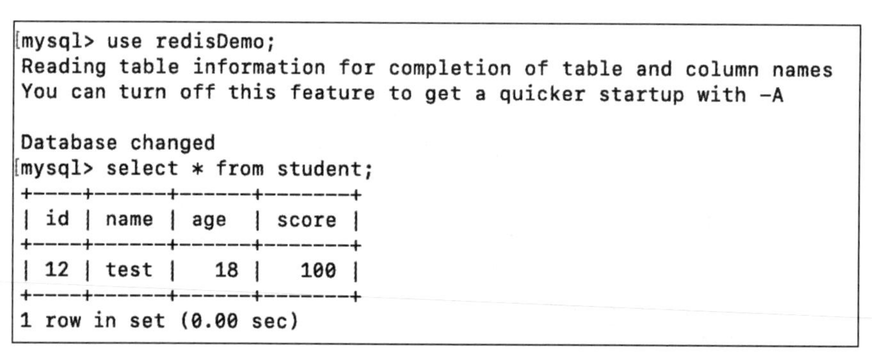
```
mysql> use redisDemo;
Reading table information for completion of table and column names
You can turn off this feature to get a quicker startup with -A

Database changed
mysql> select * from student;
+----+------+-----+-------+
| id | name | age | score |
+----+------+-----+-------+
| 12 | test |  18 |   100 |
+----+------+-----+-------+
1 row in set (0.00 sec)
```

图 10.13 在 mysqlHost1 里看到的数据效果图

同样地，在 mysqlHost2 和 mysqlHost3 所在的数据库里也只能看到一条数据，这三个数据库里存储的 student 数据如表 10.4 所示。

表 10.4 MySQL 容器名和 IP 地址对应表

容 器 名	所保存的数据 id	该 id 模 3 的取值
mysqlHost1	12	0
mysqlHost2	13	1
mysqlHost3	11	2

从中大家可以看到，根据 id 模 3 取值的不同，MyCAT 组件分别把它们分散到了 3 个数据库里。由于本书的重点是 Redis，因此不再给出用 MyCAT 组件进行删除、更新和查询操作的相关范例，不过用上述范例中的 myCATConn 连接对象以及它生成的 ps 对象实现相关操作的效果也不难。

这里 student 表中的数据规模很小，无法体现出分库分表的优势，如果这张表的规模很大，比如达到百万级甚至更高，那么通过 MyCat 组件引入分库分表效果后，就相当于把针对这张大表的压力均摊到了若干张子表上，能够更好地应对高并发的场景。

10.2.4　Redis 集群与 MySQL 和 MyCAT 整合范例

这里将在 10.2.3 节搭建的 MyCAT 组件整合三个 MySQL 数据库基础上再引入 Redis 主从集群，在分库分表的基础上整合缓存效果，进一步提升数据库层面承担高并发请求的能力。这些组件整合后的效果如图 10.14 所示。

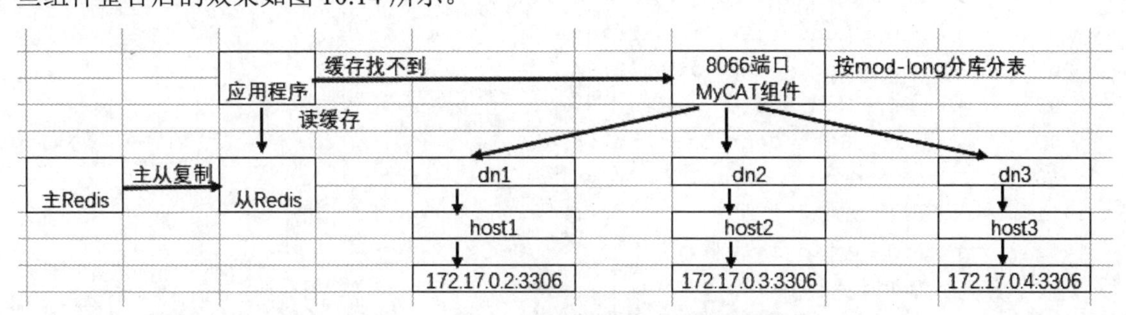

图 10.14　Redis 集群整合分库分表的效果图

（1）在 Redis 主从集群里，主数据库会自动向从数据库同步数据。

（2）应用程序会先从 Redis 主从集群中的从库里读缓存数据，读不到时再通过 MyCAT 组件向对应的 MySQL 表里读数据。

（3）找到数据后，会插入主 Redis 库里，而插入的数据会被主从复制的机制同步到从 Redis 上，这样下次读这条数据时就能走缓存，从而提升性能。

（4）向 Redis 缓存数据时，会给该数据设置一个 100 秒加随机数的生存时间，这样数据就会在一段时间后失效，从而降低对内存的压力。

搭建 MyCAT 分库分表框架的步骤如 10.2.3 节所示，而搭建 Redis 主动集群的步骤如 10.1.5 节所述，搭建完成后，相关组件的 Docker 容器所在的 IP 地址和端口号如表 10.5 所示。

表 10.5　Redis 集群与 MySQL 和 MyCAT 整合后的组件一览表

Docker 容器名	在框架里的作用	Docker IP 地址和端口号
mysqlHost1	用于分库的 MySQL 数据库	172.17.0.2:3066
mysqlHost2	用于分库的 MySQL 数据库	172.17.0.3:3066
mysqlHost3	用于分库的 MySQL 数据库	172.17.0.4:3066
mycat	MyCAT 分库分表组件	172.17.0.5:8066

（续表）

Docker 容器名	在框架里的作用	Docker IP 地址和端口号
redis-master	Redis 主从集群里的主节点	172.17.0.6:6379 映射到 localhost:6379
redis-slave	Redis 主从集群里的从节点	172.17.0.7:6379 映射到 localhost:6380

在如下的 RedisMyCatDemo.java 范例中，将给出 Java 代码访问 Redis 主从集群整合 MyCAT 框架的示例代码。

```
01  import redis.clients.jedis.Jedis;
02  import java.sql.*;
03  import java.util.Random;
04  public class RedisMyCatDemo {
05      //操作数据库和 Redis 的对象
06      private Connection myCATConn;
07      private Jedis masterJedis;
08      private Jedis slaveJedis;
09      PreparedStatement ps = null;
10      Random rand = null;
11      //初始化函数
12      private void init(){
13          rand = new Random();
14          //MyCAT 的连接参数，注意是连接到 localhost:8066
15          String mySQLDriver = "com.mysql.jdbc.Driver";
16          String mycatUrl = "jdbc:mysql://localhost:8066/redisDemo";
17          String user = "root";
18          String pwd = "123456";
19          try{
20              Class.forName(mySQLDriver);
21              myCATConn = DriverManager.getConnection(mycatUrl, user, pwd);
22              //这里用端口来区分 Redis 主从，也可以用 Docker 地址来区分
23              masterJedis = new Jedis("localhost", 6379);
24              slaveJedis = new Jedis("localhost", 6380);
25          } catch (SQLException se) {
26              se.printStackTrace();
27          } catch (Exception e) {
28              e.printStackTrace();
29          }
30      }
```

在前 3 行里，通过 import 语句引入了本范例所要用到的库，在第 6 行到第 10 行里定义了在后继代码里所要用到的对象，在第 12 行到第 30 行的 init 方法里初始化了连接 MyCAT 和主从 Redis 节点等的若干对象。其中，MyCAT 组件指向 localhost:8066，主从 Redis 分别指向 localhost:6379 和 localhost:6380 端口。

```
31     private String getNameByID(String id){
32         String key = "Stu" + id;
33         String name = "";
34         //如果存在于 Redis，就先从 Redis 里获取
35         if(slaveJedis.exists(key)){
36             System.out.println("ID:" + key + " exists in Redis.");
37             name = slaveJedis.get(key);
38             return name;
39         } else { //没在 Redis，就到 MySQL 去读
40             try {
41                 ps = myCATConn.prepareStatement("select name from student
   where id = ?");
42                 ps.setString(1,id);
43                 ResultSet rs = ps.exccuteQuery();
44                 if (rs.next()) {
45                     System.out.println("ID:" + id + " exists in MySQL.");
46                     name = rs.getString("name");
47                     //放入 Redis 缓存
48                     masterJedis.set(key, name);
49                     //设置超时时间
50                     int fixedExpiredTime = 100;
51                     int randNum = rand.nextInt(20);
52                     masterJedis.expire(key,fixedExpiredTime+randNum);
53                 }
54                 return name;
55             }
56             catch (SQLException se) {
57                 se.printStackTrace();
58             } catch (Exception e) {
59                 e.printStackTrace();
60             }
61         }
62         return name;
63     }
64     public static void main(String[] args){
65         RedisMyCatDemo tool =  new RedisMyCatDemo();
66         tool.init();
67         //场景 1，没有从 Redis 读到，则通过 MyCAT 读取
68         System.out.println("name is:" + tool.getNameByID("12"));
69         //场景 2，当前 ID=12 的数据已经存在于 Redis，所以直接读缓存
70         System.out.println("name is:" + tool.getNameByID("12"));
71     }
72 }
```

在第 31 到第 63 行的 getNameByID 方法里，先通过第 35 行的 if 语句判断待查找的学生 id 是否存在于“从 Redis 节点”上，如果存在，就不再去访问 MySQL 数据库，而是直接从 Redis 缓存里读取，然后直接通过第 38 行的 return 语句返回，这样能提升性能。

如果不存在，就走第 39 行的 else 流程，通过 MyCAT 的连接对象 myCATConn 到对应的 MySQL 数据库里查找，找到后先通过第 48 行的语句插入主 Redid 节点，再通过第 54 行的 return 语句返回。

这里请注意，在 Redis 主从集群里，一般是向主节点“写”，到从节点中“读”，这种读写分离的做法能提升 Redis 缓存层面的性能。本方法用到的 MyCAT 分库分表组件能把请求分散到若干个子表里，从而可以提升数据库层面的性能。

在第 48 行通过 set 命令在 Redis 缓存里插入数据后，又通过第 52 行的 expire 方法设置了该数据的超时时间，以免该数据永久存在于内存中。如果大量向 Redis 缓存中写入的数据永不过期，那么日积月累就会导致内存耗尽。另外，设置的超时时间是 100 秒加上了一个随机数。之所以在超时时间上加一个随机数，是为了避免同批插入的数据在某一时刻同时失效，这样失效后请求会同时到数据库中，从而造成数据库在某些时间点上压力过大。这些针对 Redis 缓存的实践要点在 8.4 节有详细说明，如有疑问，可以自行回顾。

在第 64 行到第 71 行的 main 方法里，先通过第 66 行的 init 方法初始化相关变量，然后在第 68 行和第 70 行里调用了两次 getNameByID 方法，运行后能看到如下所示的结果。

```
01  ID:12 exists in MySQL.
02  name is:test
03  ID:Stu12 exists in Redis.
04  name is:test
```

第一次调用 getNameByID 方法时，会看到前两行的输出，说明此时 ID 为 12 的数据没有在 Redis 里，所以需要从 MyCAT 指向的数据库里读数据。本次调用后，会把读到的数据写入 Redis 缓存中，所以第二次调用时会从 Redis 缓存里读数据，所以会产生第 3 行和第 4 行的输出。

由于本范例给出的“Redis 集群整合 MyCAT 组件”框架包含的 Docker 容器比较多，因此如果大家在运行时遇到问题，可以检查如下的要点，其实这也是在项目里排查此类框架问题的实施步骤。

（1）检查 MyCAT 组件、主从 Redis 和三台 MySQL 对应的 Docker 容器是否处于可用状态，如果不是，就通过 docker start 命令启动。

（2）通过 docker logs mycat 命令观察 MyCAT 组件是否正确地连接到三个 MySQL 主机上，如果没有，就检查一下其中的 schema.xml，确定其中的 url 地址是否和 MySQL 的一致，或者根据启动日志里提示的错误信息进行排查，总之需要确保 MyCAT 组件正确启动，且正确地连接到三台 MySQL 主机上。

（3）进入 Redis 主从容器里，通过 info replication 命令观察它们之间的主从关系是否正确，若不正确，则可通过 slaveof 命令重新设置。

（4）检查 Java 应用程序里针对 MyCAT 和 Redis 的地址是否正确，或者检查存储在 Redis 里的数据是否已经过期。

（5）一般来说，通过上述步骤可以排查出大多数的问题，如果再有问题，就需要观察 MyCAT、Redis 和 MySQL 的日志，或者通过 debug 调试 Java 代码来进一步确认问题。

10.3　本章小结

围绕着分布式高并发这个主题，本章给出了 Redis 与 MySQL 集群和 MyCAT 分库分表整合这两种框架的搭建方法，并在此基础上讲述了 Java 代码调用这两种框架的实施要点。

由于本章讲述的框架都是用 Docker 容器搭建的，因此在 Windows 操作系统上也能按本章给出的步骤构建相关框架。也就是说通过本章的学习，大家不仅可以了解到相关组件和框架的知识点，还能通过自己搭建框架深入地掌握“数据缓存”“主从复制”和“分库分表”等方面的相关要点。

第 11 章 Redis 整合 lua 脚本实战

lua 是一种用标准 C 语言编写而成的轻量级的脚本语言，可以嵌入基于 Redis 等的应用程序中。通过引入 lua 脚本，可以在应用程序中方便地引入定制好的功能点。

Redis 在 2.6 版本之后就支持基于 lua 的脚本语言，开发者能通过编写由 Redis 命令组装而成的 lua 脚本方便地实现用单句 Redis 命令很难实现的一些功能要点，比如限流等，而且两者整合后，lua 脚本能一直驻留在内存里，达到 Redis 缓存层面的“功能复用”效果。

更为重要的是，在高并发的项目场景里，大量请求会在极短的时间内处理账户和令牌之类的资源，这时仅用单条的 Redis 命令很难确保多条命令“要么全做，要么全都不做”的原子性，也就是说，Redis 整合 lua 脚本是很多项目的必然搭配。

11.1 在 Redis 里调用 lua 脚本

lua 是一种轻量级的脚本语言，既然是编程语言，它本身就包含了定义变量、使用操作符和定义循环等语法。本章的主题是“在 Redis 里整合 lua 脚本”，所以只会给出和 Redis 缓存应用相关的 lua 语法。

11.1.1 结合 Redis 叙述 lua 的特性

lua 是由巴西里约热内卢天主教大学的 Roberto Ierusalimschy、Waldemar Celes 和 Luiz Henrique de Figueiredo 于 1993 年研发而成的，它的设计动机是，通过嵌入应用程序为它们提供定制化的功能服务，它具有如下特性：

- 轻量性：lua语言的官方发布版本只具有一个核心和最基本的库，这样就很轻便，而且启动速度很快，非常适合嵌入其他语言编写的程序里，比如这里就将用lua嵌入到Redis里。

- 便于扩展性：在lua语言里，包含了非常便于开发使用的扩展接口和相关扩展的机制，这样在lua语言里就能非常方便地扩展实现其他语言的功能。

结合 Redis 和 lua 脚本语言的特性，如果在 Redis 里遇到如下需求，就可以引入 lua 脚本：

（1）重复执行相同类型的命令，比如要缓存 1 到 1000 的数字到内存里。

（2）在高并发场景下减少网络调用的开销，比如要向 Redis 服务器里发送多条命令，就可以把这些命令放入 lua 脚本里，这样通过调用脚本只耗费一次网络调用开销就能执行多条 Redis 命令。

（3）Redis 会把 lua 脚本作为一个整体来执行，天然具有原子性。所以，在一些需要原子性的场景里，lua 脚本非常适用。

由于 Redis 是以单线程的形式运行的，如果运行的 lua 脚本没有响应或者不返回值，就会阻塞整个 Redis 服务，并且在运行时 lua 脚本一般很难调试，所以在 Redis 整合 lua 脚本时应该确保脚本里的代码尽量少且尽可能地结构清晰，以免造成阻塞整个 Redis 服务的情况。

11.1.2　通过 redis-cli 命令运行 lua 脚本

lua 脚本是一种解释语言，所以可以下载安装解释器以后再运行 lua 脚本，但这里是在 Redis 里引入 lua 脚本，所以就将给出通过 redis-cli 命令运行 lua 脚本的相关步骤。

步骤 01　创建 C:\work\redisConf\lua 目录，在其中创建 simpleRedis.lua 文件。注意，lua 脚本的文件扩展名一般都是.lua。

步骤 02　在刚才创建的 simpleRedis.lua 文件里加入如下的一行代码，在其中通过调用 redis.call 方法执行 Redis 里的 set name Tom 命令。

```
redis.call('set','name','Tom')
```

在 lua 脚本里，一般可以通过 redis.call 方法调用 Redis 的命令，该方法的第一个参数是 Redis 命令，第二个以及后继参数是该 Redis 命令的参数。

步骤 03　通过如下的 docker 命令创建一个名为 redis-lua 的 Redis 容器，在其中通过-v 参数把包含 lua 脚本的 C:\work\redisConf\lua 目录映射为容器里的/luaScript 目录，这样启动后在该容器的/luaScript 目录里就能看到在外部 Windows 操作系统里创建的 lua 脚本。

```
docker run -itd --name redis-lua -v C:\work\redisConf\lua:/luaScript:rw
-p 6379:6379 redis:latest
```

启动该容器后，可以通过如下的命令进入该容器的命令行窗口里。

```
docker exec -it redis-lua /bin/bash
```

步骤 04　可以通过如下的 redis-cli 命令执行刚才创建的 lua 脚本，其中--eval 是 Redis 里执行 lua 脚本的命令，/luaScript/simpleRedis.lua 则表示该脚本的路径和文件名。

```
redis-cli --eval /luaScript/simpleRedis.lua
```

运行上述命令后，得到的返回值是空（nil），这是因为该 lua 脚本没有通过 return 返回值。如果用 redis-cli 命令进入该 Redis 服务器，再通过 get name 命令就能看到通过上述 lua 脚本设置到 Redis 缓存的 name 值，具体效果如下所示。

```
01  root@625563a0e342:/data# redis-cli --eval /luaScript/simpleRedis.lua
02  (nil)
03  root@625563a0e342:/data# redis-cli
04  127.0.0.1:6379> get name
05  "Tom"
```

这里是用 Docker 容器在 Windows 操作系统里模拟在 Linux 环境下在 Redis 里使用 lua 脚本的情况，如果要照此方法运行后文里给出的其他 lua 脚本，需要事先做如下事情。

步骤 01 在刚才提到的 C:\work\redisConf\lua 目录里写入其他 lua 脚本。

步骤 02 通过 docker stop redis-lua 命令暂时停止 redis-lua 容器，随后通过 docker start redis-lua 命令重新启动，这样该 redis-lua 容器就能重新加载到 C:\work\redisConf\lua 目录里的其他 lua 脚本。

这里不建议直接通过 docker restart redis-lua 命令重启，因为这样未必会重新加载 C:\work\redisConf\lua 目录里的 lua 脚本。

11.1.3 直接通过 eval 命令执行脚本

在实际项目里，如果 lua 脚本里包含的语句较多，那么一般会以 lua 脚本文件的方式来维护；如果 lua 脚本里的语句很少，那么可以直接通过 eval 命令来执行脚本，具体做法是通过 docker exec -it redis-lua /bin/bash 命令进入容器，再通过 redis-cli 命令进入 Redis 服务器的客户端里，随后运行如下的 eval 命令：

```
eval "redis.call('set','age','20')" 0
```

在该 eval 命令后通过双引号引入了 lua 脚本，在该脚本里依然是通过 redis.call 方法调用 Redis 的 set 命令。注意，该 eval 命令还需要指定 lua 脚本 KEYS 类型参数的个数，这里的第三个参数 0 表示该 lua 脚本中没有该类型参数。另请注意，这里提到的是 KEYS 类型的参数，而不是 ARGV 类型的参数，这两种类型的参数差别在下文里将详细说明。

由于该脚本依然没有通过 return 语句返回值，因此该 eval 命令运行后得到的结果依然是空（nil）。如果进入 Redis 服务器，通过 get 命令查看 age 的值，就能看到 20，具体的效果如下所示。

```
01  root@625563a0e342:/data# redis-cli
02  127.0.0.1:6379> eval "redis.call('set','age','20')" 0
03  (nil)
04  127.0.0.1:6379> get age
05  "20"
```

11.1.4　通过 return 返回脚本运行结果

在刚才 Redis 整合 lua 脚本的场景里都是通过调用 redis.call 方法执行 Redis 命令，并没有返回结果。在一些场景里，需要返回结果，此时就需要在脚本里引入 return 语句。

到 C:\work\redisConf\lua 目录里创建一个名为 returnInLua.lua 的脚本文件，在其中加入如下的一句 return 代码，返回 1 这个结果。

```
return 1
```

随后通过 docker stop redis-lua 和 docker start redis-lua 这两条命令重启该容器，以重新加载指定目录里的脚本文件，在此基础上再运行 docker exec -it redis-lua /bin/bash 命令进入该容器的命令行窗口，在其中再运行 redis-cli --eval /luaScript/returnInLua.lua 命令，就能看到如下的返回结果。

```
01  root@625563a0e342:/data# redis-cli --eval /luaScript/returnInLua.lua
02  (integer) 1
```

从第 2 行里能看到该脚本的返回结果是 1，这是由脚本里 return 1 语句返回的。随后再到 C:\work\redisConf\lua 目录里创建一个名为 returnRedisResult.lua 的脚本文件，代码如下所示。

```
return redis.call('set','name','Tom')
```

在其中通过 return 语句返回 redis.call 语句调用 set name Tom 命令的结果。随后按照上述方法重启容器、进入容器命令行窗口，再执行该脚本，就能看到如下第 2 行给出的输出结果。从这两个范例中，大家能看到在 lua 脚本里通过 return 语句返回结果的做法。

```
01  root@625563a0e342:/data# redis-cli --eval /luaScript/returnRedisResult.lua
02  OK
```

11.1.5　整理 Redis 里和 lua 相关的命令

在之前的章节里，已经给出了其他 Redis 操作 lua 脚本的命令，这里来整理一下。

第一，可以通过 SCRIPT LOAD 命令事先装载 lua 脚本，随后可以用 EVALSHA 命令多次运行该脚本，具体效果如下所示。

```
01  root@625563a0e342:/data# redis-cli
02  127.0.0.1:6379> SCRIPT LOAD "return 1"
03  "e0e1f9fabfc9d4800c877a703b823ac0578ff8db"
04  127.0.0.1:6379> EVALSHA e0e1f9fabfc9d4800c877a703b823ac0578ff8db 0
05  (integer) 1
06  127.0.0.1:6379> EVALSHA e0e1f9fabfc9d4800c877a703b823ac0578ff8db 0
07  (integer) 1
```

在第 4 行和第 6 行通过 EVALSHA 命令执行已经缓存到内存中的 lua 脚本时，第一个参数是该脚本的 ID 号，第 2 个参数 0 表示该脚本的参数个数是 0。

第二，可以通过 SCRIPT FLUSH 命令清空内存缓存里的所有 lua 脚本，具体效果如下所示。

```
01  127.0.0.1:6379> SCRIPT FLUSH
02  OK
03  127.0.0.1:6379> EVALSHA e0e1f9fabfc9d4800c877a703b823ac0578ff8db 0
04  (error) NOSCRIPT No matching script. Please use EVAL.
```

在第 1 行通过 SCRIPT FLUSH 命令清空内存缓存后，再到第 3 行通过 EVALSHA 命令执行脚本后，就会看到如第 4 行所示的错误，说明内存中的脚本已经全被清空。

第三，可以通过 SCRIPT KILL 命令终止正在运行的脚本，如果当前没有脚本在运行，该命令会返回如下第 2 行所示的错误提示。

```
01  127.0.0.1:6379> SCRIPT KILL
02  (error) NOTBUSY No scripts in execution right now.
```

11.1.6 观察 lua 脚本阻塞 Redis 的效果

Redis 服务是单线程的，所以如果在 lua 脚本里代码编写不当，比如引入了死循环，就会阻塞住当前 Redis 线程，也就是说该 Redis 服务器就无法再对外提供服务了。

比如运行如下所示的 eval 命令后，由于在脚本里引入了 while 死循环，之后就无法继续输入其他 Redis 命令了，也就是说当前 Redis 服务被阻塞了。

```
127.0.0.1:6379> EVAL "while true do end" 0
```

通过如下第 3 行所示的 Ctrl+C 组合键退出当前 Redis 服务器的客户端，再通过第 4 行的 redis-cli 命令进入 Redis 服务器的客户端，运行第 5 行的 get 命令，依然会看到如第 6 行所示的提示 Redis 被阻塞的输出语句，这说明此时 Redis 服务器依然无法接受其他命令。

```
01  127.0.0.1:6379> EVAL "while true do end" 0
02  
03  ^C
04  root@625563a0e342:/data# redis-cli
05  127.0.0.1:6379> get name
06  (error) BUSY Redis is busy running a script. You can only call SCRIPT KILL
    or SHUTDOWN NOSAVE.
07  127.0.0.1:6379>
```

这时只有通过 SCRIPT KILL 命令终止该 lua 脚本后才能继续在该 Redis 服务器上执行其他命令，具体效果如下所示。

```
01  127.0.0.1:6379> SCRIPT KILL
02  OK
```

```
03  127.0.0.1:6379> get name
04  "Tom"
```

甚至有时候未必要死循环，哪怕该 lua 脚本长时间执行，比如运行时间需要有 5 分钟，这段时间内 Redis 服务都会被阻塞。注意，此时阻塞的不仅是 Redis 服务器，向 Redis 服务器发起相关 Redis 命令的线程或请求同样会被阻塞。如果并发量大，就会导致阻塞住的线程或请求数量巨大，从而导致整个应用系统无法再对外提供服务，比如提供购物的应用服务无法再提供下订单等服务，这种后果是任何系统都无法承受的。

所以，在 Redis 里整合 lua 脚本时需要非常小心：第一，需要确保该脚本尽量短小；第二，如果逻辑相对复杂，一定要反复测试，以确保不会因为长时间运行而阻塞 Redis 缓存服务。

11.2　Redis 整合 lua 高级实战

在上文里，整合后的 lua 脚本功能相对简单，这里将在 lua 脚本里引入相对复杂的语法，从而能让 Redis 在整合 lua 脚本后实现更多的功能点。

11.2.1　通过 KEYS 和 ARGV 传递参数

Redis 在调用 lua 脚本时可以传入 KEYS 和 ARGV 这两种类型的参数，它们的区别是需要用 KEYS 来传入 Redis 命令所需要的参数，而用 ARGV 来传入自定义的参数。下面先来看一组比较简单的范例。用 redis-cli 命令进入客户端后，通过 eval 命令运行如下两个 lua 脚本。

```
01  127.0.0.1:6379> eval "return {KEYS[1],ARGV[1],ARGV[2]}" 1 key1 one two
02  1) "key1"
03  2) "one"
04  3) "two"
05  127.0.0.1:6379> eval "return {KEYS[1],ARGV[1],ARGV[2]}" 2 key1 one two
06  1) "key1"
07  2) "two"
```

在第 1 行运行的脚本里，KEYS[1]表示 KEYS 类型的第一个参数，ARGV[1]和 ARGV[2]分别表示 ARGV 类型的第一个和第二个参数。注意，相关下标是从 1 开始的，而不是从 0 开始。

第 1 行脚本双引号之后的 1 表示该脚本 KEYS 类型的参数是 1 个，这里在统计参数个数时并不把 ARGV 自定义类型的参数统计在内，随后的 key1、one 和 two 分别按次序指向 KEYS[1]、ARGV[1]和 ARGV[2]。

执行该 return 语句后，会看到如第 2 行到第 4 行所示的效果，输出了 KEYS[1]、ARGV[1]和 ARGV[2]这三个参数具体的值。

第 5 行 return 脚本语句和第 1 行的语句差别在于，表示参数个数的值从 1 变成了 2，所以这里表示 KEYS 类型的参数个数有 2 个。这里在读取第 2 个参数时发现是 ARGV 类型的，而不是 KEYS 类型的，所以会抛弃，从第 6 行和第 7 行的输出结果里能确认这点。所以，在使用 KEYS 和 ARGV 类型的参数时，参数个数一定要设置正确，并且 eval 命令所传入的参数个数表示的是 KEYS 类型参数的个数，而不包括 ARGV 类型的。

下面来看一个稍微复杂点的范例，其中使用 redis-cli --eval 方式来运行 lua 脚本。在 C:\work\redisConf\lua 目录里创建 keysAndArgv.lua 文件，在其中先编写如下错误的写法。

```
01  redis.call(set,'val',KEYS[1]);
02  redis.call(set,'argv',ARGV[1]);
03  return ARGV[2];
```

这里在前两行里用 redis.call 方法执行 Redis 命令，在第 1 行里用 KEYS[1]的方式传入参数，但在第 2 行里用 ARGV[1]的方式给 Redis 的 set 命令传参数。

```
01  root@625563a0e32:/data# redis-cli --eval /luaScript/keysAndArgv.lua 1 2
    3
02  (error) ERR Error running script (call to
    f_63f7f0d37e74fd090e3fe4f2b679a2ceb938f45b): @user_script:2:
    @user_script: 2: Lua redis() command arguments must be strings or integers
```

在第 1 行，能看到运行该脚本传入的参数为 1、2 和 3，分别对应脚本里的 KEYS[1]、ARGV[1]和 ARGV[2]。之前已经提到，需要用 KEYS 对应 Redis 命令所用的参数，但这里第 2 行用 ARGV 给 Redis 的 set 命令传参数，所以会看到如第 2 行所示的错误提示。

所以，需要在第 2 行里改用 KEYS 的方式传入 Redis 命令的参数，同时在第 3 行里把 return 的参数修改成 ARGV[1]，如下所示。

```
01  redis.call('set','val',KEYS[1]);
02  redis.call('set','argv',KEYS[2]);
03  return ARGV[1];
```

再次运行后就能看到正确的结果，且能在 Redis 里通过 get 命令看到 val 和 argv 这两个键的值。

11.2.2 在脚本里引入分支语句

在 lua 脚本里，可以用 if...else 语句来控制分支流程，具体语法如下：

```
01  if(布尔表达式) then
02      布尔表达式等于 true 时执行的代码段
03  else
04      布尔表达式等于 false 时执行的代码段
05  end
```

注意，其中 if、then、else 和 end 等关键字的写法。在如下的 ifDemo.lua 脚本里将演示在 lua 脚本里使用分支语句的做法。

```
01  if redis.call('exists','Name')==1  then
02     return 'Existed'
03  else
04     redis.call('set','Name','Peter');
05     return 'Not Existed'
06  end
```

在第 1 行里，通过 if 语句判断 redis.call 命令执行的 exists Name 语句是否返回 1，如果返回 1，就表示 Name 键存在，执行第 2 行的 return 'Existed'语句，否则执行第 4 行和第 5 行的 else 语句，给 Name 键设值并返回'Not Existed'。

第一次通过 redis-cli --eval /luaScript/ifDemo.lua 命令运行上述脚本后，由于 Name 键不存在，因此会看到'Not Existed'的输出，第二次运行时，该键已经存在，所以会看到'Existed'的输出，具体效果如下所示。

```
01  root@625563a0e342:/data# redis-cli --eval /luaScript/ifDemo.lua
02  "Not Existed"
03  root@625563a0e342:/data# redis-cli --eval /luaScript/ifDemo.lua
04  "Existed"
```

如果通过 redis-cli 命令进入 Redis 服务器，再运行 get Name 命令时就能确认该键已经成功地被设置，具体效果如下所示。

```
01  root@625563a0e342:/data# redis-cli
02  127.0.0.1:6379> get Name
03  "Peter"
```

11.2.3　while 循环调用

在 lua 脚本里，可以用 while 关键字实现循环调用的效果，具体语法如下所示。

```
01  while(condition)
02  do
03     语句块
04  end
```

当 condition 条件为 true 时，会执行 do 部分的语句块，否则退出该 while 循环语句。

在如下的 whileDemo.lua 范例中将给出 while 循环的相关用法。

```
01  local times = 0
02  while(times < 100)
03  do
04     redis.call('set', times, times)
05     times=times+1
06  end
```

在第 1 行里定义了 times 变量，其初始值为 0，在第 2 行的 while 循环条件里会判断 times 变量是否小于 100，如果小于就进入第 4 行执行 set 操作，随后通过第 5 行的代码给 times 进行加 1 操作并退出本次 while 循环。

本段 while 循环的含义是，通过 set 命令在 Redis 里设置 100 个键值对，它们的键和值分别是 0 到 99。运行本段脚本后，到 Redis 服务器里，通过 get 命令能确认上述效果。

```
01  root@625563a0e342:/data# redis-cli --eval /luaScript/whileDemo.lua
02  (nil)
03  root@625563a0e342:/data# redis-cli
04  127.0.0.1:6379> get 1
05  "1"
06  127.0.0.1:6379> get 2
07  "2"
08  127.0.0.1:6379> get 99
09  "99"
```

11.2.4　for 循环调用

在 lua 脚本里，也可以用 for 关键字来实现循环的效果，相关语法如下所示：

```
01  for var=exp1,exp2,exp3 do
02      语句块
03  end
```

在执行 for 循环前，首先会给 var 赋予 exp1 所示的值，在执行每次循环语句块时会以 exp3 为步长递增 var，当递增到 exp2 所示的值后会退出 for 循环。在如下的 forDemo.lua 范例中将演示 for 循环的相关做法。

```
01  for i=0,100,1 do
02      redis.call('del', i)
03  end
```

在第 1 行的 for 循环里，循环的初始值是 1，结束值是 100，步长是 1，在每次循环里会执行第 2 行的 del 语句，删除键为 i 的键值对。也就是说，在本次循环里，会删除由 11.2.3 节创建的键为 0 到 99 的键值对。

运行本脚本后，再进入 Redis 服务器，能通过 get 命令确认上述效果。具体运行本脚本的命令以及对应的输出结果如下所示。

```
01  root@625563a0e342:/data# redis-cli --eval /luaScript/forDemo.lua
02  (nil)
03  root@625563a0e342:/data# redis-cli
04  127.0.0.1:6379> get 0
05  (nil)
```

```
06  127.0.0.1:6379> get 99
07  (nil)
08  127.0.0.1:6379>
```

11.2.5　在 Java 程序里调用 Redis 的 lua 脚本

在实际项目里，不仅会在 Redis 客户端里运行 lua 脚本，还会在 Java 等程序语言里调用 Redis 及 lua 脚本。在 Java 里调用 lua 脚本，依然会用到 Jedis 对象，再具体一点，需要调用 Jedis 对象的 eval 方法。

在如下的步骤里，将演示通过 Jedis 对象在 Java 里调用 lua 脚本的具体做法。

步骤 01 创建名为 chapter11 的 Maven 项目，并在 pom.xml 中通过如下的关键代码引入 Jedis 依赖包。本章后继的 Java 代码也会创建在这个项目里。

```
01      <dependencies>
02          <dependency>
03              <groupId>redis.clients</groupId>
04              <artifactId>jedis</artifactId>
05              <version>3.3.0</version>
06          </dependency>
07      </dependencies>
```

步骤 02 创建名为 JedisLuaSimple.java 的 Java 文件，在其中通过如下的代码使用 lua 脚本。

```
01  import redis.clients.jedis.Jedis;
02  public class JedisLuaSimple {
03      public static void main(String[] args) {
04          //定义 Jedis 对象
05          Jedis jedis = new Jedis("localhost", 6379);
06          //定义 lua 脚本
07          String script = "redis.call('set','val',KEYS[1]);\n" +
08                          "redis.call('set','argv',KEYS[2]);\n" +
09                          "return ARGV[1];";
10          //执行 lua 脚本
11          String retVal = jedis.eval(script,2,"Key1","Key2","Argv1").
toString();
12          System.out.println(retVal);
13      }
14  }
```

这里是在第 7 行到第 9 行的 script 变量里定义了待运行的 lua 脚本。lua 脚本包含两个 KEYS 类型的参数、1 个 ARGV 类型的参数，通过 redis.call 方法调用两个 set 命令，最后通过 return 语句返回 ARGV[1]参数，具体代码如下所示。

```
01  redis.call('set','val',KEYS[1]);
02  redis.call('set','argv',KEYS[2]);
03  return ARGV[1];
```

在代码里完成 lua 脚本定义后，通过第 11 行的 jedis.eval 方法执行该 lua 脚本。eval 方法的第 1 个参数是 lua 脚本，第 2 个参数是 lua 脚本包含的 KEYS 类型参数的个数，这里是 2，随后的参数依次对应 KEYS 和 ARGV 参数。该 eval 方法返回的是 Object 类型，所以在用 retVal 变量接收前，需要用 toString 方法转换成 String 类型的。根据脚本里的定义，其实是通过 return 语句返回 ARGV[1]所对应的值。

运行本范例前，需要确保 Redis 服务器工作在本机 localhost 的 6379 端口。事实上，通过 docker start redis-lua 命令启动本章之前创建的 Docker 容器即可确保这点。运行本 Java 范例后，能在控制台里看到有“Argv1”的输出，这和第 11 行 jedis.eval 方法传入的 ARGV[1]参数是一致的。

随后用 redis-cli 命令进入 Redis 服务器，用对应的 get 命令能确认设置的值，具体效果如下所示。

```
01  root@625563a0e342:/data# redis-cli
02  1:6379> get val
03  "Key1"
04  127.0.0.1:6379> get argv
05  "Key2"
```

11.2.6 lua 脚本有错，不会执行

在 lua 脚本里包含多句 Redis 命令的场景里，如果其中一句命令运行出错，那么之前成功执行的命令是否会回滚、之后的命令是否继续执行？

这里将要运行的 lua 脚本如下所示，其中第 1 行和第 3 行的 set 命令正确，而第 2 行的 set 命令缺少参数。

```
01  redis.call('set','NAME','John');
02  redis.call('set','error');
03  redis.call('set','Next','Next');
```

在如下的 LuaWithError.java 范例中，将通过第 8 行的 jedis.eval 方法执行上述的 lua 脚本。

```
01  import redis.clients.jedis.Jedis;
02  public class LuaWithError {
03      public static void main(String[] args) {
04          Jedis jedis = new Jedis("localhost", 6379);
05          String script = "redis.call('set','NAME','John');\n" +
06                  "redis.call('set','error');\n" +
07                  "redis.call('set','Next','Next');";
08          String retVal = jedis.eval(script,0).toString();
```

```
09          System.out.println(retVal);
10      }
11  }
```

运行本范例后，能在控制台里看到如下的输出。从第 1 行里能看到运行出错，从后继的输出里能看到具体的出错行数。

```
01  Exception in thread "main"
    redis.clients.jedis.exceptions.JedisDataException: ERR Error running
    script (call to f_abedb8c0d720b4866090463add092fc977bac502):
    @user_script:2: @user_script: 2: Wrong number of args calling Redis command
    From Lua script
02      at redis.clients.jedis.Protocol.processError(Protocol.java:132)
03      at redis.clients.jedis.Protocol.process(Protocol.java:166)
04      at redis.clients.jedis.Protocol.read(Protocol.java:220)
05      at redis.clients.jedis.Connection.
    readProtocolWithCheckingBroken(Connection.java:278)
06      at redis.clients.jedis.Connection.getOne(Connection.java:256)
07      at redis.clients.jedis.Jedis.getEvalResult(Jedis.java:2883)
08      at redis.clients.jedis.Jedis.eval(Jedis.java:2861)
09      at LuaWithError.main(LuaWithError.java:11)
```

再进入 Redis 服务器，运行 get name 和 get next 命令确认这两个键是否存在，能看到如下结果。

```
01  root@625563a0e342:/data# redis-cli
02  127.0.0.1:6379> get name
03  (nil)
04  127.0.0.1:6379> get next
05  (nil)
```

从中能看到这两个键均不存在，也就是说，如果 lua 脚本里有错，那么整个脚本都不会被执行，所以大家在把 lua 脚本放入生产环境前需要在测试环境下进行充分的测试。

11.3　Redis 整合 lua 脚本的实例分析

基于 Redis 的 lua 脚本能确保 Redis 命令执行时的顺序性和原子性，所以在高并发的场景里会用两者整合的方法实现限流和防超卖等效果，下面就将给出相关的范例。

11.3.1　以计数模式实现限流效果

限流是指某应用模块需要限制指定 IP（或指定模块、指定应用）在单位时间内的访问次数。例如，在某高并发场景里，会员查询模块对风险控制模块的限流需求是在 10 秒里最多允许有 1000 个请求。以计数模式的限流做法是，提供服务的模块会统计服务请求模块在单位时间内的访问次数，如果已经达到限流标准，就不予服务，反之则提供服务。

在前文里给出了基于有序集合的限流实现方法，这里将给出用 lua 脚本实现的基于计数模式的限流效果。在如下的 lua 脚本里将实现基于计数模式的限流功能。

```
01  local obj = KEYS[1]
02  local limitNum = tonumber(ARGV[1])
03  local curVisitNum = tonumber(redis.call('get', obj) or "0")
04  if curVisitNum + 1 > limitNum then
05     return 0
06  else
07     redis.call("INCRBY", obj,"1")
08     redis.call("EXPIRE", obj, tonumber(ARGV[2]))
09     return curVisitNum + 1
10  end
```

该脚本有 3 个参数：KEYS [1]用来接收待限流的对象，ARGV[1]表示限流的次数，ARGV[2]表示限流的时间单位。该脚本的功能是限制 KEYS [1]对象在 ARGV[2]时间范围内只能访问 ARGV[1]次。

在第 1 行里，首先用 KEYS[1]接收待限流的对象，比如模块或应用等，并把它赋给 obj 变量。在第 2 行里，把用 ARGV[1]参数接收到的表示限流次数的对象赋给 limitNum，注意这里需要用 tonumber 方法把包含限流次数的 ARGV[1]参数转换成数值类型。在第 3 行里，通过 redis.call 方法调用 get 命令去获取待限流对象当前的访问次数，并赋给 curVisitNum 变量，如果获取不到，表示当前该对象还没有访问，就把 curVisitNum 变量设置为 0。

在第 4 行里，通过 if 语句判断待限流对象的访问次数是否达到限流标准。如果是就执行第 5 行的代码，通过 return 语句返回 0。如果没有达到限流标准，就执行第 7 行到第 9 行的代码，首先通过 INCRBY 命令对访问次数加 1，然后通过 EXPIRE 命令设置表示访问次数的键值对的生存时间，即限流的时间范围，最后通过 return 语句返回当前对象的访问次数。

也就是说，在调用该 lua 脚本时，如果返回值是 0，就说明当前访问量已经达到限流标准，否则还可以继续访问。在如下的 LuaLimitByCount.java 范例代码中，将调用上述 lua 脚本，演示限流效果。

```
01  import redis.clients.jedis.Jedis;
02  //在这个类里封装了是否需要限流的方法
03  class LimitByCount {
04     //判断是否需要限流
05     public static boolean canVisit(Jedis jedis, String modelName, String
    limitTime, String limitNum) {
06         String script = "local obj = KEYS[1] \n" +
07                 "local limitNum = tonumber(ARGV[1])       \n" +
```

```
08              "local curVisitNum = tonumber(redis.call('get', obj) or
\"0\")\n" +
09              "if curVisitNum + 1 > limitNum then \n" +
10              "    return 0\n" +
11              "else  \n" +
12              "    redis.call(\"incrby\", obj,\"1\")\n" +
13              "    redis.call(\"expire\", obj,\"10\")\n" +
14              "    return curVisitNum + 1\n" +
15              "end";
16          String retVal = jedis.eval(script,1,modelName,limitNum,limitTime).
toString();
17          if("0".equals(retVal)){
18              return false;//不能继续访问
19          }
20          else{
21              return true;
22          }
23      }
24  }
```

第5行定义的canVisit方法包含了4个参数：第一个参数是用于连接到Redis的jedis对象；第二个参数表示待限流的模块名（或应用名）；第三个参数表示限流的时间范围；第四个参数表示在由第三个参数指定的时间范围内最多能允许访问多少次。

在第6行到第15行里，引入了上文介绍的用于限流的lua脚本。在第16行里，通过jedis对象的eval方法执行了lua脚本。该eval方法有4个参数：第一个参数表示待执行的脚本；第二个参数表示lua脚本里KEYS类型参数的个数；后两个参数分别对应lua脚本里的ARGV[1]和ARGV[2]参数，表示限流的次数和时间范围。该eval方法的调用结果最终会返回给retVal变量。

根据lua脚本的逻辑功能，如果第16行得到的retVal返回值是0，那么canVisit方法通过第18行的代码返回false，否则通过第21行的代码返回true。

```
25  public class LuaLimitByCount extends Thread  {
26      public void run() {
27          Jedis jedis = new Jedis("localhost", 6379);
28          //在本线程内，模拟在单位时间内发5个请求
29          for(int visitNum=0;visitNum<5;visitNum++)  {
30              boolean visitFlag = LimitByCount.canVisit(jedis,
Thread.currentThread().getName(), "10", "3");
31              if (visitFlag) {
32                  System.out.println(Thread.currentThread().getName() + " can
visit.");
33                  //后继访问动作
34              } else {
```

```
35                  System.out.println(Thread.currentThread().getName() + " can
    not visit.");
36              }
37          }
38      }
39      //主方法
40      public static void main(String[] args) {
41          //开启三个线程
42          for(int cnt = 0;cnt<3;cnt++) {
43              new LuaLimitByCount().start();
44          }
45      }
46  }
```

第 25 行定义的 LuaLimitByCount 类以继承 Thread 类的方式来实现线程功能，在第 26 行具体实现线程主体逻辑的 run 方法里以 for 循环的方式在短时间内调用了 5 次 LimitByCount 类的 canVisit 方法，并在第 31 行用 if 语句判断返回结果 visitFlag 是否达到了限流的标准，并据此在第 32 行和第 35 行给出了两条输出语句。

在 main 函数里，通过 for 循环启动了三个线程，并通过它们的 run 方法在短时间里调用 5 次 LimitByCount 类的 canVisit 方法。运行本范例，能看到如下的输出结果。

```
01  Thread-0 can visit.
02  Thread-2 can visit.
03  Thread-1 can visit.
04  Thread-0 can visit.
05  Thread-1 can visit.
06  Thread-2 can visit.
07  Thread-0 can visit.
08  Thread-2 can visit.
09  Thread-1 can visit.
10  Thread-2 can not visit.
11  Thread-1 can not visit.
12  Thread-0 can not visit.
13  Thread-1 can not visit.
14  Thread-0 can not visit.
15  Thread-2 can not visit.
```

在 main 函数里创建的 3 个线程均只有 3 次请求得到允许，其他请求超过了限流最大访问量，所以被“限流”了。大家能从中了解到用 lua 脚本以计数方式实现限流的做法。

11.3.2 用 lua 脚本防止超卖

超卖是指在秒杀活动里多卖出了商品，比如某秒杀系统里最多只能卖出 100 件，但是并发控制没有做好，最终有 100 多个请求下单成功，这样就会给商家造成损失。

lua 脚本天然具有原子性，而且执行 lua 脚本的 Redis 服务器是以单线程模式处理命令，所以用 lua 脚本能有效地防止超卖。在如下的 lua 脚本里实现了防超卖的效果。该 lua 脚本只有一个 KEYS[1]参数，用来传入表示商品的键。

```
01  local existedNum = tonumber(redis.call('get', KEYS[1]))
02  if (existedNum > 0) then
03     redis.call('incrby', KEYS[1], -1)
04     return existedNum
05  end
06  return -1
```

在运行该脚本前，需要确保 Redis 服务器里已经存在（KEYS[1],商品个数）这个键值对。在第 1 行里，先通过 redis.call 方法调用 get 命令，获得该商品当前的存货数，如果通过第 2 行的 if 判断发现大于 0，就先通过第 3 行的 incrby 命令对该商品的存货数进行减 1 操作，并通过第 4 行的语句返回当前的商品存货数，反之则执行第 6 行的语句，返回-1。也就是说，如果运行该脚本得到-1，就说明该次请求会导致超卖，否则能继续后继的购买动作。

在如下的 AvoidSellTooMuch.java 范例中，将调用上述 lua 脚本，演示防止超卖的效果。

```
01  import redis.clients.jedis.Jedis;
02  class CheckUtil {
03     //判断当前请求是否会导致超卖
04     public static boolean canSell(Jedis jedis, String modelName) {
05         //防止超卖的脚本
06         String script = "local existedNum = tonumber(redis.call('get',
    KEYS[1]))\n" +
07                 "if (existedNum > 0) then\n" +
08                 "    redis.call('incrby', KEYS[1], -1)\n" +
09                 "    return existedNum\n" +
10                 "end\n" +
11                 "return -1\n";
12         String retVal = jedis.eval(script,1,modelName,modelName).toString();
13         if("-1".equals(retVal)){
14             return false;//不能继续访问
15         }
16         else{
17             return true;
18         }
19     }
20  }
```

在第 4 行 CheckUtil 类的 canSell 方法里封装了判断商品是否超卖的功能。该方法的第一个参数是用于连接 Redis 数据库的 jedis 对象，第二个参数是待判断的商品。

在第 6 行里，通过 script 变量定义了判断是否超卖的 lua 脚本（在上文里解释过）。在第 12 行里，通过调用 jedis.eval 方法执行了该 lua 脚本，并在第 13 行里用 if 语句判断返回值。如果该脚本返回–1，则表示该商品已经超卖，canSell 方法会通过第 14 行的代码返回 false；如果该脚本返回的不是–1，则表示可以继续购买，并通过第 17 行的代码返回 true。

```
21  public class AvoidSellTooMuch extends Thread  {
22     public void run() {
23        Jedis jedis = new Jedis("localhost", 6379);
24        //在本线程内，模拟在单位时间内发 5 个请求
25        boolean sellFlag = CheckUtil.canSell(jedis, "Computer");
26        if (sellFlag) {
27              System.out.println(Thread.currentThread().getName() + " can
    buy.");
28              //继续后继的购买动作
29         } else {
30              System.out.println(Thread.currentThread().getName() + " can
    not buy.");
31        }
32     }
33     public static void main(String[] args) {
34        //创建同 Redis 的连接
35        Jedis jedis = new Jedis("localhost", 6379);
36        //预设 5 个电脑商品，并设置 10 秒的生存时间
37        jedis.set("Computer","5");
38        jedis.expire("Computer",10);
39        //开启 10 个线程来抢购
40        for(int cnt = 0;cnt<10;cnt++) {
41           new AvoidSellTooMuch().start();
42        }
43     }
44  }
```

第 21 行定义的 AvoidSellTooMuch 类通过继承 Thread 类实现了线程效果，在封装线程主体功能的 run 方法里，用第 25 行的 CheckUtil.canSell 方法判断“Computer”商品是否超卖，如果不是，就可以继续购买，否则运行第 30 行的代码提示不能购买。

在 main 函数里，首先通过第 37 行的代码在 Redis 数据库里设置了 5 件“Computer”商品，并通过第 38 行的代码设置了该键值对的生存时间。随后在第 40 行里用 for 循环启动了 10 个线程，让这 10 个线程去抢购 5 个“Computer”商品。每次运行本范例的输出结果未必相同，下面给出其中某一次的运行结果。

```
01  Thread-6 can not buy.
02  Thread-5 can buy.
03  Thread-9 can not buy.
04  Thread-2 can buy.
05  Thread-4 can buy.
```

```
06  Thread-0 can not buy.
07  Thread-7 can buy.
08  Thread-8 can not buy.
09  Thread-1 can buy.
10  Thread-3 can not buy.
```

这 10 个线程里有 5 个线程成功地抢购到商品，另外 5 个线程没有抢购到，并没有出现超卖现象。大家多运行几次就会发现，每次抢购到商品的线程号未必相同，但是每次只有 5 个线程能抢购到，不会出现超卖现象。

11.4　本章小结

本章给出了 Redis 整合 lua 脚本的相关知识点：首先给出了两者整合的基础知识点，随后讲述了两者整合的高级实战技巧，以及在 Java 程序中通过 Jedis 调用 lua 脚本的具体做法。在此基础上，本章还给出了通过 lua 脚本实现限流和防超卖的实际范例。

通过本章的学习，大家不仅可以掌握在 Redis 里整合 lua 脚本的相关语法知识点，还能学习到通过 lua 脚本实现高并发需求的相关技能点，进一步提高 Redis 的实战经验。

第 12 章

Redis 与 Spring Boot 的整合应用

Spring Boot 框架是 SSM（Spring+SpringMVC+MyBatis）框架的升级版，不仅继承了 SSM 框架的优秀特性，还通过简化配置的开发方式节省了搭建应用开发的过程，从而降低了项目的开发成本。

在实际应用中，为了能让用 Spring Boot 框架开发出来的项目很好地应对高并发的挑战，一般会引入 Redis 等组件。在本章里，首先会给出搭建 Spring Boot 框架的步骤，并在此基础上给出整合 Redis 数据库的案例。

由于 Spring Boot 应用项目一般会工作在高并发的场景里，因此本章会根据大多数项目的实践做法给出 Spring Boot 框架整合 Redis 等相关数据库组件的案例。

12.1 在 Spring Boot 框架里引入 Redis

在大多数整合 Redis 组件的 Spring Boot 框架项目里，Redis 依然会被用作缓存组件，即该框架会用 MySQL 等传统关系型数据库来持久化数据，在此基础上为了提高性能再引入基于内存的 Redis 组件缓存数据。

这里首先将搭建一个 Spring Boot 应用框架，随后会在此基础上给出整合 Redis 组件的做法，整合的同时还会给出防缓存穿透和防内存 OOM 问题的实现方式。

12.1.1 SSM 和 Spring Boot 框架介绍

先来看一下 Spring Boot 框架的基础框架——SSM 框架。在 SSM 框架里会用到 Spring 的 IOC（依赖注入）和 AOP（面向切面编程）特性来降低各业务模块间的耦合度，会用到如图 12.1 所示的 Spring MVC 框架来整合前端展示、业务调度模块和后端业务功能模块，会用到 MyBatis 组件映射数据库中的数据和业务模型。

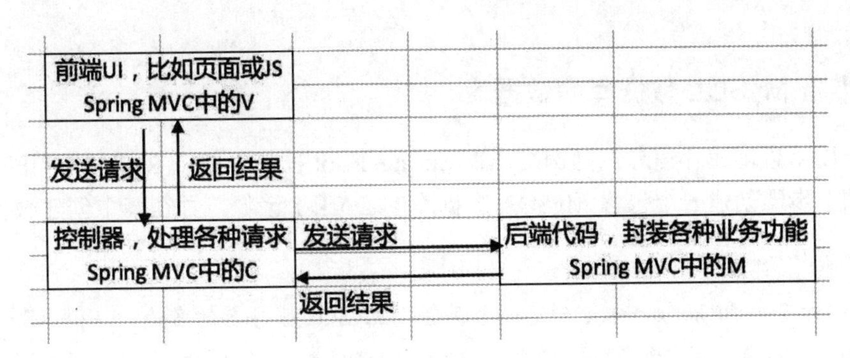

图 12.1 SSM 框架里 Spring MVC 各组件的关系图

其中，视图部分（View，V）是由 HTML 和 JS 等元素组成的前端 UI 构成的，控制器层（Control，C）用于分发请求，并把处理好的结果返回给视图模块，后端代码部分（Model，M）封装了各种业务处理代码。

Spring Boot 框架优化了 SSM 框架里配置文件和配置项过多等问题，而且开发出来的功能模块能更好地整合 Spring Cloud 里的其他组件，从而能更好地以分布式微服务组件的形式工作在高并发的场景里。

为了进一步优化 Spring Boot 项目的层次结构，当前很多项目会用到如图 12.2 所示的分层开发模型。

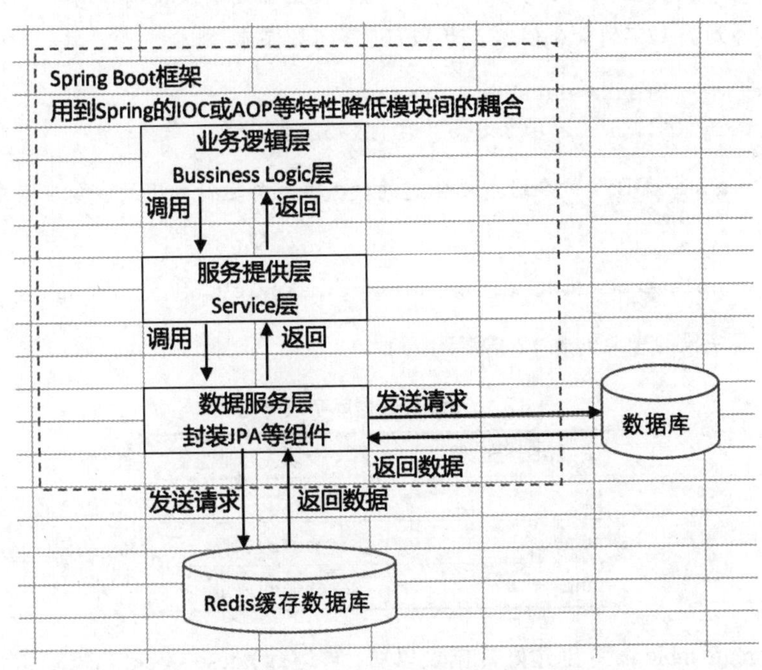

图 12.2 模型部分的各层次结构图

在 Spring Boot 框架里，会大量用到 Spring 的 IOC 或 AOP 特性，以低耦合的方式整合业务逻辑层、服务提供层和数据服务层里的诸多组件，同时会在数据服务层通过 JPA 或 MyBatis 组件与关系型数据库（比如 MySQL）和缓存数据库（比如 Redis）交互。本章的重点是讲述在 Spring Boot 框架里整合 Redis 组件的实现方式以及相关应用技巧。

12.1.2 准备MySQL数据库和数据表

这里将以“查询库存信息”为例给出在Spring Boot框架里整合Redis的详细步骤。首先需要通过如下步骤创建一个包含MySQL数据库的Docker镜像，并在其中创建数据库和订单数据表。

步骤01 通过如下的docker run命令创建一个新包含MySQL服务器的名为mysqlForSpringBoot的Docker容器，该容器是基于最新的MySQL镜像的。在该条命令里，通过-e参数指定以root用户名登录的密码是123456，同时以-p参数的形式指定容器内MySQL工作的3306端口映射到主机的3306端口。

```
docker run -itd -p 3306:3306 --name mysqlForSpringBoot -e
MYSQL_ROOT_PASSWORD=123456 mysql:latest
```

步骤02 用如下的docker exec命令进入mysqlForSpringBoot容器的命令行窗口。

```
docker exec -it mysqlForSpringBoot /bin/bash
```

步骤03 在容器的命令行窗口里运行mysql -u root -p命令，进入MySQL服务器的命令行窗口。在这个mysql命令里，以-u参数指定用户名，随后需要输入密码（刚才所设的123456），再在其中运行如下的命令创建名为stockDB的数据库。

```
01  mysql> create database stockDB;
02  Query OK, 1 row affected (0.01 sec)
```

步骤04 通过“use stockDB;”命令进入刚创建的数据库，并运行如下的命令在其中创建stock数据表。

```
create table stock(id int not null primary key,name varchar(20),num int);
```

其中，各字段的含义如表12.1所示。

表12.1 stock数据库字段一览表

字 段 名	含 义
id	主键
name	库存商品的名称
num	库存商品的数量

运行上述create table命令创建好数据表以后，再运行“desc stock;”命令，能看到如图12.3所示的效果，由此能确认stock表成功被创建。

随后，通过如下的insert语句向stock表里插入一条数据。至此，完成了数据准备的工作。

```
insert into stock (id,name, num) values (1,'Computer',10);
```

```
mysql> desc stock;
+-------+----------+------+-----+---------+-------+
| Field | Type     | Null | Key | Default | Extra |
+-------+----------+------+-----+---------+-------+
| id    | int      | NO   | PRI | NULL    |       |
| name  | char(20) | YES  |     | NULL    |       |
| num   | int      | YES  |     | NULL    |       |
+-------+----------+------+-----+---------+-------+
3 rows in set (0.00 sec)
```

图 12.3　确认 stock 表被成功创建的效果图

12.1.3　搭建 Spring Boot 框架

首先创建一个名为 SpringBootForRedis 的 Maven 项目，在这个项目里将整合 Redis 组件。该项目的 pom.xml 中将定义 Spring Boot 项目的关键信息，代码如下：

```
01  <?xml version="1.0" encoding="UTF-8"?>
02  <project xmlns="http://maven.apache.org/POM/4.0.0"
03          xmlns:xsi="http://www.w3.org/2001/XMLSchema-instance"
04          xsi:schemaLocation="http://maven.apache.org/POM/4.0.0
    http://maven.apache.org/xsd/maven-4.0.0.xsd">
05      <modelVersion>4.0.0</modelVersion>
06      <groupId>org.SpringBootForRedis</groupId>
07      <artifactId>SpringBootForRedis</artifactId>
08      <version>1.0-SNAPSHOT</version>
09      <parent>
10          <groupId>org.springframework.boot</groupId>
11          <artifactId>spring-boot-starter-parent</artifactId>
12          <version>2.1.3.RELEASE</version>
13          <relativePath/>
14      </parent>
15      <properties>
16        <project.build.sourceEncoding>UTF-8 </project.build.sourceEncoding>
17  <project.reporting.outputEncoding>UTF-8</project.reporting.outputEncod
    ing>
18          <java.version>1.11</java.version>
19      </properties>
20
21      <dependencies>
22          <dependency>
23              <groupId>org.springframework.boot</groupId>
24              <artifactId>spring-boot-starter-data-redis</artifactId>
25          </dependency>
26          <dependency>
27              <groupId>org.springframework.boot</groupId>
```

```
28              <artifactId>spring-boot-starter-web</artifactId>
29          </dependency>
30          <dependency>
31              <groupId>mysql</groupId>
32              <artifactId>mysql-connector-java</artifactId>
33              <scope>runtime</scope>
34          </dependency>
35          <dependency>
36              <groupId>org.springframework.boot</groupId>
37              <artifactId>spring-boot-starter-data-jpa</artifactId>
38          </dependency>
39          <dependency>
40              <groupId>com.google.code.gson</groupId>
41              <artifactId>gson</artifactId>
42              <version>2.8.0</version>
43          </dependency>
44      </dependencies>
45  </project>
```

在第 6 行到第 8 行的代码里，定义了该项目的 groupID、artifactId 和 version，通过这些信息，外部项目能引用到本项目的功能；在第 9 行到第 14 行的代码里，通过 parent 元素引入了该项目父类依赖包，并且通过第 18 行的代码定义了该项目所用到的 JDK 版本号（1.11）。

在第 21 行到第 44 行里，用诸多 dependency 元素引入了本项目所要用到的依赖包。在表 12.2 里，给出了这些依赖包的作用。

表 12.2　本项目用到的依赖包一览表

行　　号	依　赖　包	作　　用
第 22 行到第 25 行	spring-boot-starter-data-redis	Redis 依赖包
第 26 行到第 29 行	spring-boot-starter-web	Spring Boot 依赖包
第 30 行到第 34 行	mysql-connector-java	MySQL 依赖包
第 35 行到第 38 行	spring-boot-starter-data-jpa	JPA 依赖包
第 39 行到第 43 行	gson	实现 JSON 功能的 GSON 依赖包

随后，即可在本项目里编写控制层、服务提供层和数据服务层的代码。

12.1.4　在框架里引入 Redis 等组件

本项目的文件目录分布如图 12.4 所示。

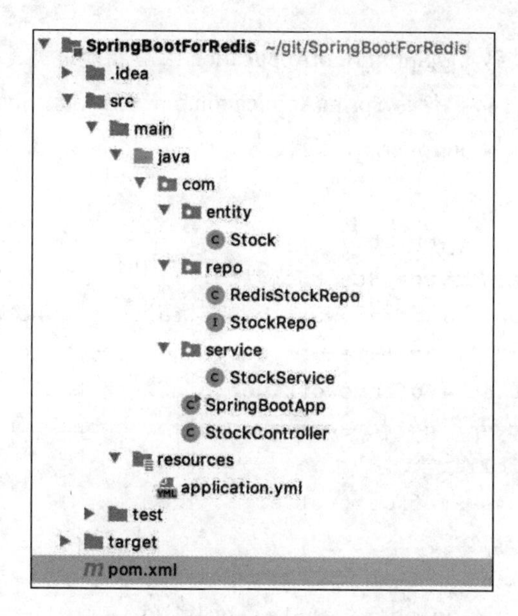

图 12.4　本项目文件目录分布图

在表 12.3 里介绍了本项目中相关文件的作用。

表 12.3　本项目重要文件一览表

文 件 名	作　用
pom.xml	定义了本 Maven 项目里的依赖包
SpringBootApp.java	本 Spring Boot 项目的启动类
StockController.java	控制层类
StockService.java	封装了服务提供层的代码
StockRepo.java	一个接口，封装了同 MySQL 交互的代码
RedisStockRepo.java	一个接口，封装了同 Redis 交互的代码
Stock.java	映射 MySQL 数据库里 Stock 数据表的模型类
application.yml	包含连接 MySQL 和 Redis 的配置信息

在了解相关文件作用的基础上，可以通过如下的步骤开发这些文件的代码。

步骤 01 开发本 Spring Boot 项目启动类 SpringBootApp.java，具体代码如下。

```
01  package com;
02  import org.springframework.boot.SpringApplication;
03  import
    org.springframework.boot.autoconfigure.SpringBootApplication;
04  @SpringBootApplication
05  public class SpringBootApp {
06      public static void main(String[] args){
07          SpringApplication.run(SpringBootApp.class,args);
08      }
09  }
```

在第 4 行里，通过引入@SpringBootApplication 注解指定该类是 Spring Boot 的启动类。在 main 方法里，通过第 7 行的 SpringApplication.run 方法启动 Spring Boot 项目。

步骤 02 编写控制器类 StockController.java 的代码。

```
01  package com;
02  import com.entity.Stock;
03  import com.service.StockService;
04  import org.springframework.beans.factory.annotation.Autowired;
05  import org.springframework.web.bind.annotation.PathVariable;
06  import org.springframework.web.bind.annotation.RequestMapping;
07  import org.springframework.web.bind.annotation.RestController;
08  @RestController
09  public class StockController {
10      @Autowired
11      private StockService stockService;
12      @RequestMapping("/getStockById/{id}")
13      public Stock getStockById(@PathVariable int id){
14          return stockService.getStockById(id);
15      }
16  }
```

在本类的第 8 行里，用@RestController 注解说明本类承担着“控制器”的角色；在第 10 行里，用@Autowired 注解以 Spring IOC 的方式注入了服务控制类 stockService。

第 13 行的 getStockById 方法可以处理由第 12 行@RequestMapping 注解定义的 "/getStockById/{id}"请求，其中{id}是参数。在第 14 行里调用了 stockService 对象的 getStockById 方法，并返回该方法得到的结果。

步骤 03 编写服务提供类 StockService.java 的代码。

```
01  package com.service;
02  import com.entity.Stock;
03  import com.repo.RedisStockRepo;
04  import com.repo.StockRepo;
05  import org.springframework.beans.factory.annotation.Autowired;
06  import org.springframework.stereotype.Service;
07  @Service
08  public class StockService {
09      //定义在 Redis 里存储 Stock 对象 Key 的前缀
10      private static final String REDISKEY_PREFIX = "stock_";
11      //用 Autowired 的方式引入两个 Repo 对象
12      @Autowired
13      private StockRepo stockRepo;
14      @Autowired
15      private RedisStockRepo redisStockRepo;
16      public Stock getStockById(int id){
```

```
17          String key = REDISKEY_PREFIX + Integer.valueOf(id).toString();
18          Stock stockFromRedis = redisStockRepo.getStockByKey(key);
19          if(stockFromRedis != null){
20             System.out.println("Get Stock From Redis");
21             return stockFromRedis;
22          }else {
23             System.out.println("Get Stock From MySQL");
24             Stock stockFromDB = stockRepo.findStockById(id);
25             //加入缓存
26             redisStockRepo.addStock(key,1000*60*10,stockFromDB);
27             return stockRepo.findStockById(id);
28          }
29       }
30    }
```

这个类需要用第7行所示的@Service注解标识，否则在第二步创建的StockService.java代码里就无法用@Autowired注解引入这个类。

在第13行和第15行里，同样用@Autowired注解引入了stockRepo和redisStockRepo对象。

在getStockById方法里，首先通过第18行的代码调用redisStockRepo对象的getStockByKey方法，判断指定id的Stock对象是否存在于Redis数据库里。如果存在，就直接用第21行的return语句返回结果；如果不存在，就通过第24行的stockRepo.findDStockById方法到MySQL数据库的Stock表里查，并通过第26行的代码把查找的结果缓存入Redis，随后用第27行的return语句返回结果。

步骤04 编写封装与MySQL数据库交互的StockRepo.java类。

```
01  package com.repo;
02  import com.entity.Stock;
03  import org.springframework.data.jpa.repository.JpaRepository;
04  import org.springframework.stereotype.Repository;
05
06  @Repository
07  public interface StockRepo extends JpaRepository<Stock, Long> {
08     public Stock findStockById(int id);
09  }
```

第7行定义的StockRepo其实是个接口，该接口通过extends的方式说明用到了Stock这个映射MySQL数据表的模型类，并且该接口通过第6行的注解说明本接口是JPA里的Repository对象，也就是说，可以用JPA的方法访问数据库。

在该接口的第8行里，定义了findStockById方法，按照JPA方法的命令规则，该方法等价于如下的SQL语句。

```
Select * from stock where id=#id
```

也就是说，该方法会用id到MySQL的stock表里去查数据并返回。

步骤 05 编写模型映射类 Stock.java。当 StockRepo 类的 findStockById 方法从 MySQL 的 Stock 表里得到数据后，会根据这个类里定义的注解把表里的数据映射成 Java 模型，该类的具体代码如下。

```
01  package com.entity;
02  import javax.persistence.*;
03  import java.io.Serializable;
04  @Entity
05  @Table(name="stock")
06  public class Stock implements Serializable {
07      @Id
08      @GeneratedValue(strategy = GenerationType.IDENTITY)
09      private int id;
10      @Column(name = "name")
11      private String name;
12      @Column(name = "num")
13      private int num;
14      //省略对各属性的 getter 和 setter 方法
15  }
```

本类通过第 4 行和第 5 行的注解，绑定 Stock 类和 MySQL 里 Stock 数据表之间的映射关系。在第 9 行的 id 属性前有如第 7 行所示的@Id 注解，这说明该 id 属性为主键，并映射 Stock 表里的同名（id）字段。

第 11 行和第 13 行代码前均有带 name 参数的@Column 注解，据此把该类里的 name 字段映射到 Stock 数据表里的 name 属性，把该表 num 字段映射到 stock 表里的 num 属性，由此实现 Stock.java 这个 Java 类和 MySQL 里 Stock 数据表之间的映射关系。

步骤 06 编写封装 Redis 相关方法的 RedisStockRepo.java 类。

```
01  package com.repo;
02  import com.entity.Stock;
03  import com.google.gson.Gson;
04  import org.springframework.beans.factory.annotation.Autowired;
05  import org.springframework.data.redis.core.RedisTemplate;
06  import org.springframework.stereotype.Repository;
07  import java.util.concurrent.TimeUnit;
08  @Repository
09  public class RedisStockRepo {
10      @Autowired
11      private RedisTemplate<String, String> redisTemplate;
12      //向 Redis 缓存里添加 Stock 数据
13      public void addStock(String id, int expireTime, Stock stock){
14          Gson gson = new Gson();
15          redisTemplate.opsForValue().set(id, gson.toJson(stock),
 expireTime, TimeUnit. SECONDS);
```

```
16      }
17      //从Redis缓存里根据id查找Stock数据
18      public Stock getStockByKey(String id){
19          Gson gson = new Gson();
20          Stock stock = null;
21          String userJson = redisTemplate.opsForValue().get(id);
22          if(userJson != null && !userJson.equals("")){
23              stock =  gson.fromJson(userJson, Stock.class);
24          }
25          return stock;
26      }
27      //本项目没用到，但封装了从Redis里删除Stock的逻辑
28      public void deleteByKey(String id){
29          redisTemplate.opsForValue().getOperations().delete(id);
30      }
31  }
```

通过引入第8行的@Repository注解，让本类也成为JPA组件的Repository类。在第11行里，通过@Autowired注解以Spring依赖注入（IOC）的方式引入了操作Redis的redisTemplate对象，在本类的方法里通过该对象来实现各种Redis操作。

在addStock方法里实现了向Redis缓存Stock对象的动作，具体做法是，在第15行的代码里以id为键把Stock对象转换成gson字符串，以此为值，通过set方法放入Redis数据库，同时指定该键值对的生存时间为exprieTime秒。

如果不设置生存时间，那么缓存的数据会一直存在于Redis数据库里，而Redis又是基于内存的缓存数据库，所以随着项目的运行，越来越多的缓存数据会大量消耗内存，最终导致OOM问题，这也是为什么要设置缓存数据生存时间的原因。

在第18行的getStockByKey方法里定义了根据参数id从Redis里获得Stock对象的代码，具体做法是，通过第21行的get方法到Redis里获取Gson类型的Stock字符串，如果得到，就通过第23行的代码把该gson字符串转换成Stock对象并返回。

在本项目里，并没有用到第28行定义的deleteByKey方法，但留着该方法备用。在该方法的第29行里，通过Redis的delete命令删除缓存里键为id的Stock数据。

该类的addStock和getStockByKey方法在上文提到的StockService.java类里被用到了，以此在服务提供类里实现“向Redis缓存添加数据”和“从Redis缓存里读取数据”的效果。

步骤07 在application.yml文件里配置MySQL和Redis的连接参数，具体代码如下所示。

```
01  spring:
02    datasource:
03      url: jdbc:mysql://localhost:3306/stockDB?characterEncoding=
    UTF-8&useSSL=false&allowPublicKeyRetrieval=true
04      username: root
05      password: 123456
06      driver-class-name: com.mysql.jdbc.Driver
```

```
07    jpa:
08      database: MYSQL
09      show-sql: true
10      hibernate:
11        ddl-auto: validate
12      properties:
13        hibernate:
14          dialect: org.hibernate.dialect.MySQL5Dialect
15  redis:
16    host: localhost
17    port: 6379
```

这里请注意，yml 文件是用缩进来表示层次关系的。在第 1 行到第 6 行里，定义了 MySQL 的配置项，其中通过第 3 行的 url 指定了本项目连接到工作在 localhost:3306 的 MySQL 的 stockDB 数据表，通过第 4 行和第 5 行的代码指定了连接 MySQL 数据库所要用到的用户名和密码，通过第 6 行的代码指定了连接 MySQL 所用到的驱动程序。

在第 7 行到第 14 行里，定义了 JPA 的配置信息，其中通过第 9 行的配置指定了运行时输出 SQL 语句，通过第 14 行的代码指定了 JPA 所包含的 hibernate 里使用基于 MySQL 的方言。

在第 15 行到第 17 行里，指定了 Redis 缓存服务器的配置，具体是通过第 16 行的代码指定了该 Redis 服务器的工作地址，通过第 17 行的代码指定了该 Redis 的工作端口。

12.1.5 启动 Spring Boot，观察缓存效果

完成所有开发工作后，先确保本章里包含 MySQL 服务器的 mysqlForSpringBoot 容器处于可用状态，再通过 docker start myFirstRedis 命令启动之前章节定义的包含 Redis 的 Docker 容器。随后运行 SpringBootApp.java，以启动本 Spring Boot 项目，成功启动后再到浏览器里输入如下的 url：

```
http://localhost:8080/getStockById/1
```

其中，localhost 和 8080 是 IP 地址和端口，getStockById 之后的 1 是请求参数。根据在 StockController.java 里的定义，该 url 请求会被该类里的 getStockById 方法处理。运行后，能在浏览器里看到如下的输出结果。

```
{"id":1,"name":"Computer","num":10}
```

在控制台里能看到如下的输出，说明第一次请求是从 MySQL 里得到数据的。

```
01  Get Stock From MySQL
02  2020-10-30 22:06:13.064  INFO 1633 --- [nio-8080-exec-5]
    o.h.h.i.QueryTranslatorFactoryInitiator  : HHH000397: Using
    ASTQueryTranslatorFactory
03  Hibernate: select stock0_.id as id1_0_, stock0_.name as name2_0_,
    stock0_.num as num3_0_ from stock stock0_ where stock0_.id=?
```

```
04  Hibernate: select stock0_.id as id1_0_, stock0_.name as name2_0_,
    stock0_.num as num3_0_ from stock stock0_ where stock0_.id=?
```

如果再次在浏览器里输入 http://localhost:8080/getStockById/1，那么在控制台里就能看到如下的输出，说明本次请求没有访问数据库，而是直接从 Redis 缓存里得到结果。

```
Get Stock From Redis
```

12.2　Spring Boot 框架整合 Redis 哨兵集群

在 Redis 哨兵集群里，会有哨兵节点监控 Redis 节点，当有 Redis 节点失效时，会自动进行故障转移，所以此类集群的可用性比较高。

Redis 哨兵集群只有同应用代码有效整合才能最大限度地发挥高可用缓存的作用，在本节里将给出 Spring Boot 框架整合 Redis 哨兵集群的实现步骤。

12.2.1　搭建 Redis 哨兵集群

这里将按照 7.2 节介绍的步骤搭建如图 12.5 所示的 Redis 哨兵集群，其中有两个 Redis 哨兵节点监控 Redis 一主二从的集群。

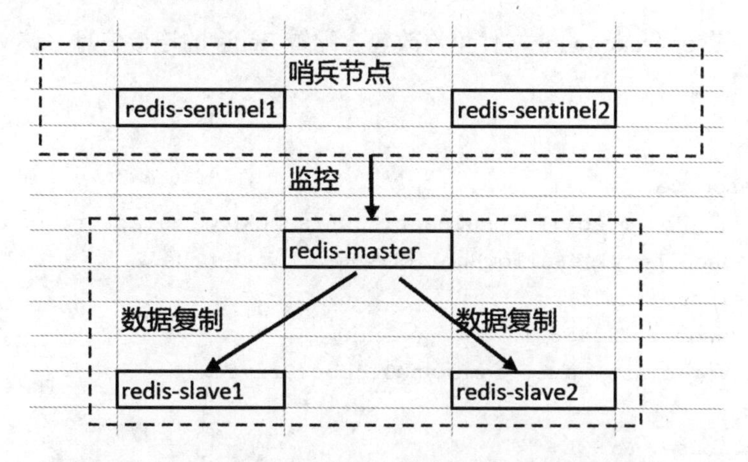

图 12.5　将要与 Spring Boot 框架整合的哨兵集群效果图

前文已经给出了搭建 Redis 哨兵集群的详细步骤，这里就不再重复说明了。搭建完成后，该集群里各节点的说明如表 12.4 所示。

表 12.4　Redis 哨兵集群各节点说明表

Docker 容器名	对外提供服务的 IP 地址和端口	在集群里的作用
redis-master	localhost:6379	Redis 主从集群里的主节点
redis-slave1	localhost:6380	Redis 主从集群里的从节点
redis-slave2	localhost:6381	Redis 主从集群里的从节点

（续表）

Docker 容器名	对外提供服务的 IP 地址和端口	在集群里的作用
redis-sentinel1	localhost:16379	监控主从集群的哨兵节点
redis-sentinel2	localhost:16380	监控主从集群的哨兵节点

由于在创建上述节点的 Docker 容器时均通过-p 参数实现了与宿主机(运行 Docker 容器的主机）的映射，因此通过 localhost 加端口号的方式可以访问到这些节点。在实际项目里，Redis 主从节点和哨兵节点一般会独立安装在服务器上，可以通过这些服务器的 IP 地址加端口号访问到对应的节点。

12.2.2 在 Spring Boot 框架里引入 Redis 哨兵集群

这里将新建一个 Maven 类型 Spring Boot 项目，名为 SpringBootForRedisSentinel，其中将整合哨兵集群。

该项目和之前的 SpringBootForRedis 项目很相似，主要的差异点如下所述。

差异点 1：在 pom.xml 文件里修改代码，以更改项目名，其他依赖项等要素不变。

```
01  <groupId>org.SpringBootForRedisSentienl</groupId>
02  <artifactId>SpringBootForRedisSentienl</artifactId>
03  <version>1.0-SNAPSHOT</version>
```

差异点 2：在 application.yml 文件里修改包含配置 Redis 的连接信息，该文件的代码如下所示。

```
01  spring:
02    datasource:
03      url: jdbc:mysql://localhost:3306/stockDB?characterEncoding=
    UTF-8&useSSL=false&allowPublicKeyRetrieval=true
04      username: root
05      password: 123456
06      driver-class-name: com.mysql.jdbc.Driver
07    jpa:
08      database: MYSQL
09      show-sql: true
10      hibernate:
11        ddl-auto: validate
12      properties:
13        hibernate:
14          dialect: org.hibernate.dialect.MySQL5Dialect
15    redis:
16      sentinel:
17        master: master
```

```
18        # 这里编写哨兵监控节点的 IP，用逗号分隔
19        nodes: localhost:16379,localhost:16380
```

其中，通过第1行到第14行的代码配置与My SQL数据库的连接信息，这段代码同之前SpringBootForRedis范例中的一样，这里就不做解释了。在第15行到第19行的代码里，配置了Redis哨兵集群的连接信息。

yml文件用缩进方式表示层次关系，所以第15行到第19行和Redis哨兵集群相关的配置参数其实如下所示。

```
01  spring.redis.sentinel.master=master
02  spring.redis.sentinel.nodes= localhost:16379,localhost:16380
```

在第1行里，指定哨兵节点监控Redis主从集群里的主节点id。根据第7章给出的步骤配置哨兵集群，在两个哨兵节点的配置文件里用如下代码指定了待监控的主机地址和 id，从中能看到待监控主机的id是master，所以在上文application.yml里spring.redis.sentinel.master配置项的值也是master。

```
sentinel monitor master localhost 6379 2
```

在application.yml里，需要用spring.redis.sentinel.nodes配置项指定哨兵节点，这里需要写上两个哨兵节点的IP地址和端口号，中间用逗号分隔。

12.2.3　观察整合效果

完成修改后，启动MySQL和Redis等Docker容器，并运行SpringBootApp.java程序启动当前Spring Boot项目，随后在浏览器里多次输入http://localhost:8080/getStockById/1，能在控制台里看到如下的输出信息。

```
01  Get Stock From MySQL
02  2020-11-01 20:02:30.801  INFO 1319 --- [nio-8080-exec-1]
    o.h.h.i.QueryTranslatorFactoryInitiator  : HHH000397: Using
    ASTQueryTranslatorFactory
03  Hibernate: select stock0_.id as id1_0_, stock0_.name as name2_0_,
    stock0_.num as num3_0_ from stock stock0_ where stock0_.id=?
04  Hibernate: select stock0_.id as id1_0_, stock0_.name as name2_0_,
    stock0_.num as num3_0_ from stock stock0_ where stock0_.id=?
05  Get Stock From Redis
```

第一次执行请求时，会从MySQL数据库里获取数据并放入Redis缓存，之后执行请求时直接从Redis缓存里得到数据。而且，进入redis-master、redis-slave1和redis-slave2这三个Docker容器对应的Redis命令行窗口，运行get stock_1命令，均能看到如下的结果。

```
01  root@4dafd3a95768:/data# redis-cli -h 127.0.0.1 -p 6380
02  127.0.0.1:6380> get stock_1
03  "{\"id\":1,\"name\":\"Computer\",\"num\":10}"
```

这说明缓存到 Redis 主节点里的数据被同步到另外两个从节点上。由此能进一步验证该 Spring Boot 项目成功地整合了基于哨兵节点的 Redis 主从集群。

12.3 Spring Boot 框架整合 Redis cluster 集群

这里将给出 Spring Boot 框架整合三主三从的 Redis cluster 集群的实现步骤。

12.3.1 搭建 Redis cluster 集群

搭建三主三从 Redis cluster 集群的步骤如前文 7.3.2 节所述，搭建完成后，该集群里各节点如表 12.5 所示。

表 12.5 Redis cluster 集群各节点说明表

节 点 名	IP 地 址	端 口	在集群里的作用
redisClusterMaster1	172.17.0.2	6379	主节点
redisClusterMaster2	172.17.0.3	6380	主节点
redisClusterMaster3	172.17.0.4	6381	主节点
redisClusterSlave1	172.17.0.5	16379	从节点
redisClusterSlave2	172.17.0.6	16380	从节点
redisClusterSlave3	172.17.0.7	16381	从节点

注意，搭建这些 Docker 容器时通过-p 参数映射到外部宿主机，所以在后继的 Spring Boot 项目里可以通过 localhost 加端口的方式访问这些节点。对应地，该集群的框架如图 12.6 所示。由于 16384 个虚拟槽被均摊到各主节点上，因此该集群能很好地实现负载均衡。

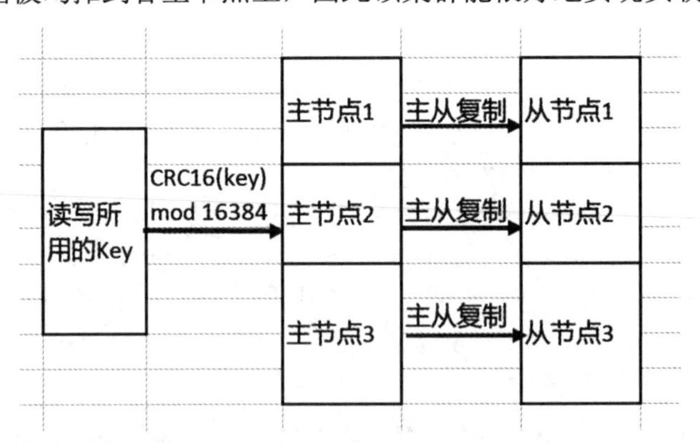

图 12.6 三主三从的 cluster 集群效果图

12.3.2 在 Spring Boot 里使用 Redis cluster 集群

在 Spring Boot 里整合 Redis cluster 集群的方式和整合哨兵集群的方式很像，差别在于 application.yml 文件里关于 Redis 的相关配置，具体代码如下。

```
01 spring:
02   redis:
03     cluster:
04       nodes:
05         localhost:6379,localhost:6380,localhost:6381
```

也就是说，需要在 spring.redis.cluster.nodes 参数后加入集群里各主节点的 IP 地址和端口号，由此可以整合 cluster 集群。

本集群是用 Docker 容器构建的，所以对应的主节点都是 localhost，并且还需要把这些节点对应的 Docker 容器的 IP 地址（比如 172.17.0.2 等），加入到本操作系统的 route 路由表里，否则该 Spring Boot 集群将无法访问到 Redis cluster 集群里的节点。在实际项目里，Redis 集群里的各节点一般都安装在真实的物理主机上，所以可以直接加入节点的 IP 地址和端口号，无须再执行添加路由的操作。

12.4 在 Spring Boot 里实现秒杀案例

秒杀（也叫限时秒杀），是商家在某特定时间段里大幅降低网络商品价格的一种营销活动。本节将用 Redis 整合 Spring Boot 框架的方法给出一个秒杀案例，从中让大家进一步掌握 Redis 语法和 lua 脚本的相关技能。

12.4.1 构建 Spring Boot 项目

这里需要搭建一个名为 QuickBuyDemo 的 Maven 项目，并在 pom.xml 里配置 Spring Boot 和 Redis 相关的依赖包，代码如下所示。

```
01 <?xml version="1.0" encoding="UTF-8"?>
02 <project xmlns="http://maven.apache.org/POM/4.0.0"
03         xmlns:xsi="http://www.w3.org/2001/XMLSchema-instance"
04         xsi:schemaLocation="http://maven.apache.org/POM/4.0.0
   http://maven.apache.org/xsd/maven-4.0.0.xsd">
05     <modelVersion>4.0.0</modelVersion>
06     <groupId>org.QuickBuyDemo</groupId>
07     <artifactId>QuickBuyDemo</artifactId>
08     <version>1.0-SNAPSHOT</version>
09     <parent>
10         <groupId>org.springframework.boot</groupId>
11         <artifactId>spring-boot-starter-parent</artifactId>
12         <version>2.1.3.RELEASE</version>
13         <relativePath/>
14     </parent>
```

```
15     <properties>
16      <project.build.sourceEncoding>UTF-8</project.build.sourceEncoding>
17         <project.reporting.outputEncoding>UTF-8</project.reporting.
outputEncoding>
18         <java.version>1.11</java.version>
19     </properties>
20     <dependencies>
21         <dependency>
22             <groupId>org.springframework.boot</groupId>
23             <artifactId>spring-boot-starter-data-redis</artifactId>
24         </dependency>
25         <dependency>
26             <groupId>org.springframework.boot</groupId>
27             <artifactId>spring-boot-starter-web</artifactId>
28         </dependency>
29         <dependency>
30             <groupId>org.apache.httpcomponents</groupId>
31             <artifactId>httpclient</artifactId>
32             <version>4.5.5</version>
33         </dependency>
34         <dependency>
35             <groupId>org.apache.httpcomponents</groupId>
36             <artifactId>httpcore</artifactId>
37             <version>4.4.10</version>
38         </dependency>
39     </dependencies>
40 </project>
```

在第 6 行到第 8 行的代码里，定义了本 Maven 项目的相关信息；在第 18 行里，指定了本项目需要运行在 JDK 11 的环境里。在第 21 行到第 24 行的代码里，引入了 Redis 依赖包；在第 25 行到第 28 行的代码里，引入了 Spring Boot 的依赖包。在第 29 行到第 39 行的代码里引入的 HttpClient 依赖包将会在编写秒杀客户端时用到。本项目的主要文件如图 12.7 所示。

表 12.6 给出了针对本项目主要文件的介绍。

表 12.6 Redis cluster 集群各节点说明表

文 件 名	作 用
pom.xml	包含了本 Maven 项目的依赖包
SpringBootApp.java	本 Spring Boot 项目的启动类
Controller.java	控制器类，在其中封装类秒杀接口
SellService.java	服务提供类，在其中封装了秒杀的实现代码
application.yml	配置文件，在其中包含了 Redis 的连接配置

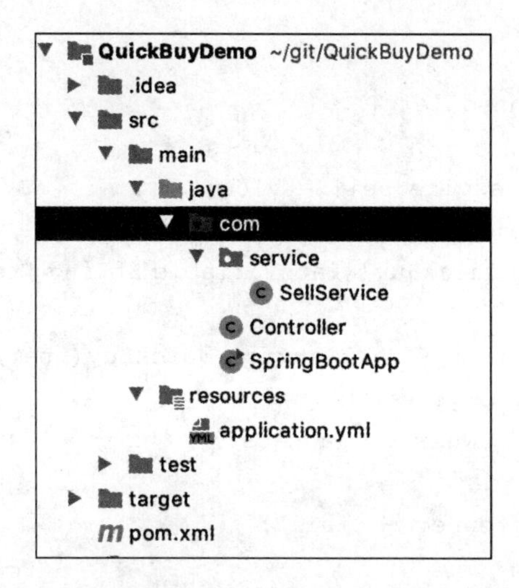

图 12.7　秒杀项目所包含的主要文件效果图

12.4.2　编写启动类

本 Spring Boot 的启动类 SpringBootApp.java 的代码如下所示。

```
01  package com;
02  import org.springframework.boot.SpringApplication;
03  import org.springframework.boot.autoconfigure.SpringBootApplication;
04  @SpringBootApplication
05  public class SpringBootApp {
06     public static void main(String[] args){
07        SpringApplication.run(SpringBootApp.class,args);
08     }
09  }
```

运行该类后，本 Spring Boot 项目就会启动并监听 8080 端口，一旦有请求到达，就会被本项目的 Controller 类处理。本范例的关键是第 4 行的@SpringBootApplication 注解，加入这个注解后，本类即可被认定为 Spring Boot 启动类。在 main 函数里，第 7 行 SpringApplication.run 方法的作用是启动本项目并监听 8080 端口。

12.4.3　在 Controller 层里定义秒杀接口

在控制器类 Controller.java 文件里包含了秒杀接口，代码如下所示。

```
01  package com;
02  import com.service.SellService;
03  import org.springframework.beans.factory.annotation.Autowired;
04  import org.springframework.web.bind.annotation.PathVariable;
05  import org.springframework.web.bind.annotation.RequestMapping;
06  import org.springframework.web.bind.annotation.RestController;
```

```
07  @RestController
08  public class Controller {
09      @Autowired
10      private SellService sellService;
11      @RequestMapping("/quickBuy/{item}/{owner}")
12      public String quickBuy(@PathVariable String item, @PathVariable String
    owner){
13          String result = sellService.quickBuy(item,owner);
14          if(!result.equals("0") ){
15             return owner + "success";
16          }else{
17             return owner + "fail";
18          }
19      }
20  }
```

在该类里，通过第 7 行的@RestController 注解说明这个类承担着“控制器”的角色。同时通过第 11 行的@RequestMapping 注解，可以把"/quickBuy/{item}/{owner}"格式的 url 映射到第 12 行的 quickBuy 方法上。

第 12 行定义的 quickBuy 即为秒杀接口，该接口包含的两个参数是 item 和 owner，分别表示待秒杀的商品名和发起秒杀请求的用户。这两个参数均被@PathVariable 注解修饰，说明来自于 url 里的{item}和{owner}部分。

在这个 quickBuy 秒杀接口的第 13 行代码里，调用 SellService 类里的 quickBuy 方法实现了秒杀功能，并根据 SellService 类 quickBuy 方法返回的结果，通过第 15 行或第 17 行的代码，向外部返回“秒杀成功”或“秒杀失败”的字符串语句。

12.4.4 在 Service 层里通过 lua 脚本实现秒杀效果

在提供服务类 SellService.java 的 quickBuy 方法里，整合 Redis 组件实现了秒杀功能，该方法会被控制器类 Controller.java 调用。具体 SellService.java 类的代码如下所示。

```
01  package com.service;
02  import org.springframework.data.redis.connection.RedisConnection;
03  import org.springframework.data.redis.connection.ReturnType;
04  import org.springframework.data.redis.core.RedisTemplate;
05  import org.springframework.data.redis.core.StringRedisTemplate;
06  import org.springframework.data.redis.core.script.DefaultRedisScript;
07  import org.springframework.data.redis.serializer.RedisSerializer;
08  import org.springframework.stereotype.Service;
09  import javax.annotation.Resource;
10  import java.util.ArrayList;
11  import java.util.List;
12  @Service
```

```
13 public class SellService {
14     @Resource
15     private RedisTemplate redisTemplate;
16     public String quickBuy(String item, String owner){
17     //用 lua 脚本实现秒杀
18         String luaScript = "local owner = ARGV[1]\n" +
19                 "local item = KEYS[1] \n" +
20                 "local leftNum = tonumber(redis.call('get',item)) \n" +
21                 "if (leftNum >= 1) \n" +
22                 "then redis.call('decrby',item,1) \n" +
23                 " redis.call('rpush','ownerList',owner) \n" +
24                 "return 1 \n" +
25                 "else \n" +
26                 "return 0\n" +
27                 "end\n" +
28                 "\n" ;
29         String key=item;
30         String args=owner;
31         DefaultRedisScript<String> redisScript = new
   DefaultRedisScript<String>();
32         redisScript.setScriptText(luaScript);
33          //调用 lua 脚本，请注意传入的参数
34         Object luaResult = redisTemplate.execute((RedisConnection
   connection) -> connection.eval(
35                 redisScript.getScriptAsString().getBytes(),
36                 ReturnType.INTEGER,
37                 1,
38                 key.getBytes(),
39                 args.getBytes()));
40         //根据 lua 脚本的执行情况返回结果
41         return luaResult.toString();
42     }
43 }
```

在讲解代码前，请大家先关注如下两个细节。

（1）通过第12行的@Service注解，把该类注册到Spring容器里，这样在Controller.java里就能通过@Autowired注解引入这个类。

（2）在第14行和第15行里，通过@Resource注解的方式定义了RedisTemplate类型的对象，这样在quickBuy方法里就能用Spring IOC（依赖注入）的方式使用redisTemplate对象。

lua脚本天然具有原子性和不可打断性，在本类的quickBuy方法里用如下的lua脚本来实现秒杀效果。

```
01 local owner = ARGV[1]
02 local item = KEYS[1]
03 local leftNum = tonumber(redis.call('get',item))
04 if (leftNum >= 1) then
05     redis.call('decrby',item,1)
06     redis.call('rpush','ownerList',owner)
07     return 1
08 else
09     return 0
10 end
```

其中，通过 ARGV[1]参数传入发起秒杀请求的用户，用 KEYS[1]参数传入待秒杀的商品。在第 3 行的语句里，调用 get item 命令判断 item 商品在 Redis 里还有多少库存。

如果通过第 4 行的 if 语句判定剩余库存大于等于 1，就会先执行第 5 行的 decrby 命令把库存数减 1，随后调用第 6 行的 rpush 命令，在 ownerList 里记录当前秒杀成功的用户，并通过第 7 行的 return 语句返回 1，表示秒杀成功。如果通过第 4 行的语句判断库存数已经小于 1，那么通过第 9 行的语句返回 0，表示秒杀失败。

在处理秒杀请求的 quickBuy 方法里，在第 32 行里把 lua 脚本赋予 redisScript 对象，并在第 34 行到第 39 行的代码里通过 redisTemplate.execute 方法执行 lua 脚本。

在调用 redisTemplate.execute 方法执行 lua 脚本时请注意如下的要点。

（1）如第 35 行所示，需要以 bytes 的方式传入脚本。

（2）如第 36 行所示，需要指定返回类型是 Integer。

（3）在第 37 行里，传入该 lua 脚本所包含的 KEYS 类型参数的个数是 1。

（4）传入的 KEYS 和 ARGV 类型的参数需要如第 38 行和第 39 行所示，转换成 bytes 类型。

根据第 34 行的代码，执行完 lua 脚本的结果会赋予 Object 类型的 luaResult 对象，在 quickBuy 方法最后的第 41 行代码里会用 return 语句向外返回 luaResult 对象，从而告诉秒杀请求的调用方本次秒杀的最终结果。

12.4.5 配置 Redis 连接参数

在本项目里，在 application.yml 文件里配置 Redis 的连接参数，具体代码如下所示。从中能看到，本项目用到的 Redis 是指向 localhost 的 6379 端口。由于本项目没有用到 MySQL 数据库，因此在该配置文件里无须编写指向 MySQL 的配置信息。

```
01 redis:
02   host: localhost
03   port: 6379
```

12.4.6　演示秒杀效果

编写完上述代码之后，可以通过如下的步骤观察秒杀效果。

步骤 01 准备 Redis 环境。先运行如下的命令，在本地的 6379 端口开启 Redis 服务。

```
docker start myFirstRedis
```

这里启动的包含 Redis 服务的 Docker 容器是第 1 章创建的，启动后，通过如下命令进入该 Docker 容器的命令行窗口和 Redis 客户端窗口。

```
01  docker exec -it myFirstRedis /bin/bash
02  redis-cli
```

进入 Redis 客户端的命令行窗口后，通过如下的 Redis 命令插入一条数据，以内存存储的方式记录有 10 个 "Computer" 商品。

```
01  127.0.0.1:6379> set Computer 10
02  OK
```

步骤 02 运行 12.4.2 节编写的启动类，启动本 Spring Boot 项目。

步骤 03 在浏览器里输入 "http://localhost:8080/quickBuy/Computer/abc"，以测试秒杀接口。该 url 里传入的商品名是 "Computer"，需要和第 2 步里设置的商品名一致，传入的发起秒杀请求的客户端名字为 abc。输入该 url 后，能看到如下表示秒杀成功的输出。

```
abc success
```

如果大家到 Redis 客户端运行 get Computer 命令，就能发现剩余的商品数变成 9，效果如下所示。

```
01  127.0.0.1:6379> get Computer
02  "9"
```

此时通过 lrange 命令观察记录秒杀成功客户的 ownerList 列表，能看到如下的数据，确认用户 abc 秒杀成功。

```
01  127.0.0.1:6379> lrange ownerList 0 9
02  1) "abc"
```

步骤 04 可以编写如下的 QuickBuyClients.java 代码，在其中以多线程的形式发起多个秒杀请求，从而模拟高并发秒杀的场景。

```
01  package com;
02  import org.apache.http.HttpEntity;
03  import org.apache.http.client.ClientProtocolException;
04  import org.apache.http.client.methods.CloseableHttpResponse;
05  import org.apache.http.impl.client.CloseableHttpClient;
06  import org.apache.http.impl.client.HttpClientBuilder;
```

```
07  import org.apache.http.util.EntityUtils;
08  import org.apache.http.client.methods.HttpGet;
09  //封装秒杀方法的工具类
10  class QuickBuyUtil {
11      //在这个方法里，用 HttpGet 对象发起秒杀请求
12      public static void quickBuy() {
13          String user = Thread.currentThread().getName();
14          CloseableHttpClient httpClient =
    HttpClientBuilder.create().build();
15          // 创建秒杀 Get 类型的 url 请求
16          HttpGet httpGet = new HttpGet("http://localhost:8080/quickBuy/
    Computer/" + user);
17          // 得到响应结果
18          CloseableHttpResponse res = null;
19          try {
20              res = httpClient.execute(httpGet);
21              HttpEntity responseEntity = res.getEntity();
22              if (res.getStatusLine().equals("200") && responseEntity !=
    null) {
23                  System.out.println("秒杀结果:" + EntityUtils.toString
    (responseEntity));
24              }
25          } catch (ClientProtocolException e) {
26              e.printStackTrace();
27          }  catch (Exception e) {
28              e.printStackTrace();
29          } finally {
30              try {
31                  // 回收 http 连接资源
32                  if (httpClient != null) {
33                      httpClient.close();
34                  }
35                  if (res != null) {
36                      res.close();
37                  }
38              } catch (Exception e) {
39                  e.printStackTrace();
40              }
41          }
42      }
43  }
```

在 quickBuy 方法里，首先用第 13 行的代码获取当前线程名，以此作为发起秒杀的用户，随后在第 14 行的代码里创建用于发起 HTTP 请求的 httpClient 对象，该对象将会发送第 16 行定义的包含秒杀 url 请求。

在第 20 行通过调用 httpClient.execute 方法发送秒杀 url 请求后，会用 res 对象接收返回结果，并在第 21 行里通过 res.getEntity 方法得到包含返回码和返回结果的 responseEntity 对象。

在得到 responseEntity 对象后，会先通过第 22 行的 if 语句判断返回码是否是 200，如果是，就通过第 23 行的语句打印秒杀结果。

```
44  public class QuickBuyClients extends Thread {
45      public void run() {
46          QuickBuyUtil.quickBuy();
47      }
48      //主方法
49      public static void main(String[] args) {
50          //开启 15 个线程，线程数多于秒杀商品数
51          for(int cnt = 0;cnt<15;cnt++) {
52              new QuickBuyClients().start();
53          }
54      }
55  }
```

第 44 行的 QuickBuyClients 类通过继承 Thread 类的方式实现了多线程的效果，在第 45 行包含线程主体逻辑的 run 方法里，通过第 46 行的 QuickBuyUtil.quickBuy 代码发起了秒杀请求。

在第 49 行的 main 函数里，通过第 51 行的 for 循环创建了 15 个线程，并通过第 52 行的代码让这 15 个线程模拟发出了秒杀请求。在每次运行该 QuickBuyClients.java 代码前，都需要通过如下第 2 行和第 4 行所示的两句 Redis 命令重置秒杀商品的个数，并清空秒杀成功的用户列表。

```
01  root@4353ab576217:/data# redis-cli
02  127.0.0.1:6379> set Computer 10
03  OK
04  127.0.0.1:6379> del ownerList
05  (integer) 1
```

运行该范例后，在控制台里能看到 10 句类似“Thread-线程编号 success”的语句，这说明有 10 个线程秒杀成功，同时能看到 5 句类似“Thread-线程编号 fail”的语句，这说明有 5 个线程秒杀失败，秒杀成功的线程数和之前设置的商品总数相符。并且，如果在 Redis 客户端里运行“lrange ownerList 0 9”命令观察秒杀成功的用户列表，就能看到如下的输出，这能进一步确认秒杀成功的用户数和之前设置的秒杀商品数相符。

```
01  127.0.0.1:6379> lrange ownerList 0 9
02   1) "Thread-8"
03   2) "Thread-13"
04   3) "Thread-12"
05   4) "Thread-3"
06   5) "Thread-0"
07   6) "Thread-1"
08   7) "Thread-6"
09   8) "Thread-5"
10   9) "Thread-10"
11  10) "Thread-7"
```

12.5 本章小结

本章首先以一个简单范例介绍了 Spring Boot 的重要组件以及在数据库层面整合 Redis 的做法，随后进一步给出了 Spring Boot 框架整合 Redis 哨兵集群和 cluster 集群的范例，最终以秒杀为例，全面介绍了 Redis 组件整合 Spring Boot 框架的实战要点。

通过本章的学习，大家不仅能进一步掌握 Redis 命令的语法和基于 Redis 的 lua 脚本的编写技巧，还能结合项目掌握 Redis 与当前主流的 Spring Boot 框架的整合技巧，进一步掌握在分布式环境下使用 Redis 缓存组件的技能。

第 13 章

Redis 整合 Spring Cloud 微服务

微服务是一种系统架构的设计风格，具体表现形式是，以功能划分，把一个业务项目拆分成若干个子系统（微服务模块），每个子系统各自维护自身的业务功能和数据存储。由于微服务项目能被高效地系统集群，因此能很好地实现基于高并发的业务需求。

同时，基于内存操作的 Redis 组件能通过缓存数据来应对高并发的挑战，所以当微服务系统整合 Redis 后，强强联手，能更好地提升系统应对高并发的能力。

微服务有很多种实现技术，本章将用到 Spring Cloud 里的 Eureka 和 Ribbon 等组件搭建具有负载均衡特性的微服务架构，并在此基础上给出整合 Redis 和 MySQL 等数据库组件的实践步骤。大家不仅能了解到 Redis 组件在微服务系统里的定位，还能掌握两者整合的实战技巧。

13.1 微服务和 Spring Cloud 相关概念

用 Spring Boot 可以搭建一个个实现特定业务功能的单体微服务模块，这些模块能独立开发并部署，并可以拥有属于自己的数据库和 Redis 缓存。用 Spring Cloud 组件整合这些单体模块，即可构建微服务架构。

这里大家先了解一下 Spring Boot、Spring Cloud 组件以及微服务等相关概念，并在基础上实现一个 Redis 整合微服务的简单范例。

13.1.1 传统架构与微服务的比较

微服务是一种架构设计的风格，它提倡把实现某一业务功能的系统（比如电商系统）拆分成若干个微型的服务模块，这些模块间用轻量级的通信机制（比如 Restful）进行交互，而每个微服务模块可以独立维护并发布部署，并可以拥有自己的资源体系，比如数据库或缓存组件。

在讲述微服务体系前先看一下传统的项目框架。从图 13.1 里，大家能看到基于传统框架的项目示意图。其中，前端页面会把各种请求转发到后端对应模块上，这些模块是集中部署的，所以耦合度会比较高，而数据库和缓存组件也是属于整个系统的，其中会存有所有模块的数据。

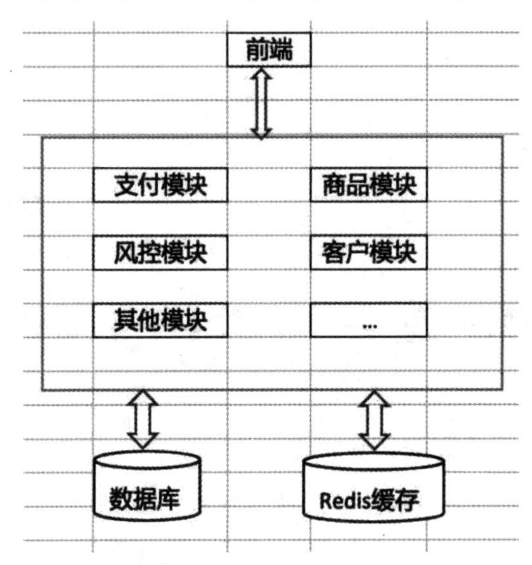

图 13.1　基于传统架构的项目示意图

在这种体系架构里，由于后端各模块间可能会直接调用对方的方法，而且当项目经过多个版本的功能迭代后会进一步加剧模块间的耦合度，这就会大大提升项目的维护成本和发布成本。

与之相比，微服务的体系结构一般如图 13.2 所示。从中大家能看到微服务模块间一般是用 Restful 格式的 url 请求来通信，这样功能模块之间的耦合度就会很低，每个模块都能独立开发、独立部署和独立运行。并且，每个微服务模块里都可以拥有自己的数据库和缓存，这样能做到数据隔离，从而能有效提升数据库和缓存层面承受高并发压力的能力。

而且，每个模块都具有自己的数据库，也就是说，每个模块都能独立运行，这就导致整个系统的扩展性比较强，比如能用比较小的代价来扩展新的功能模块。

从图 13.2 里大家可以看到，Redis 组件可以有效地整合到微服务体系的单体功能模块里。在实际项目里，Redis 组件依然起到缓存的作用，具体表现如下。

（1）可以缓存从数据库里读到的数据，从而避免大量请求都压到 Oracle 或 MySQL 等数据库，这样不仅能提升性能，还能有效防止过高的并发量压垮数据库。

（2）由于微服务模块间一般通过 Restful 格式的 url 来交互，因此还可以在 Redis 里缓存调用其他模块而得到的结果，从而有效降低对诸多模块的访问压力。

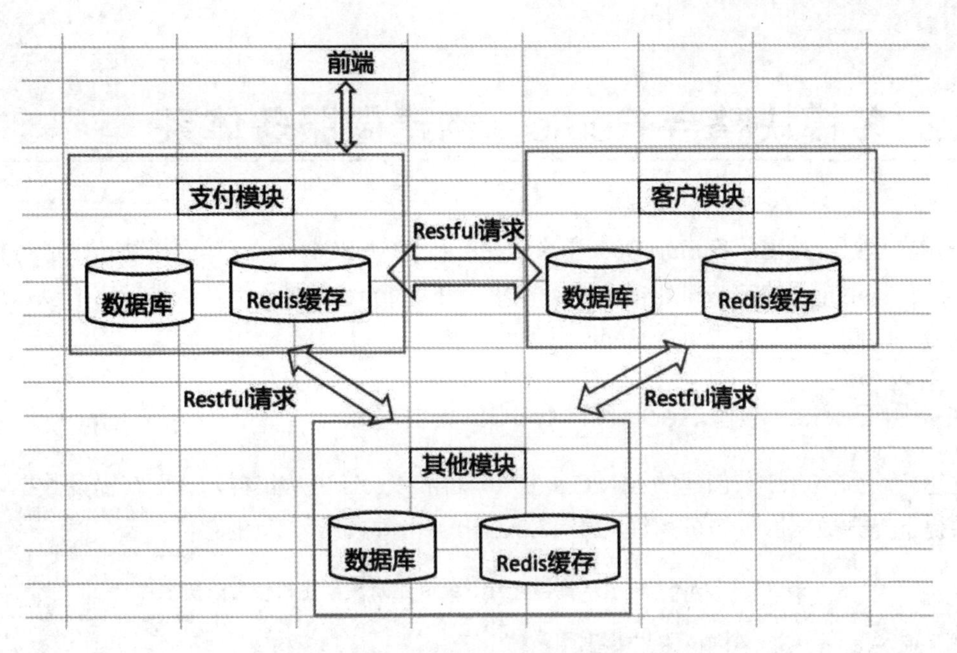

图 13.2　基于微服务架构的项目示意图

13.1.2　Spring Cloud 全家桶组件与微服务的关系

从上文里大家可以看到，微服务是一种设计风格，它有不同的实现方式，而 Spring Cloud 是一种比较流行的微服务实现方式。

在上个章节里，大家已经看到了通过 Spring Boot 在单台主机上构建单体业务模块的方式，Spring Cloud 全家桶组件不仅可以有效管理多个用 Spring Boot 构建而成的单体业务模块，还能从架构层面为这些业务模块提供“服务治理”“负载均衡”和“限流”等服务。

也就是说，Spring Cloud 全家桶里包含了各种支持微服务的组件，通过使用其中一个或多个组件，开发者能高效地使用“微服务”的方式整合多个业务模块，从而搭建出微服务系统。表 13.1 整理了 Spring Cloud 全家桶的常用组件。

表 13.1　Spring Cloud 常用组件归纳表

组　件　名	功　　能
JPA	用于连接数据库或 Redis 缓存
Eureka	服务治理组件，通过该组件，系统可以动态地实现微服务组件管理
Ribbon	负载均衡组件，能把请求均衡地分摊到各服务组件上
Hystrix	容错保护组件，能提供自动熔断和限流等方面的功能
Zuul	路由功能组件
Spring Cloud Config	服务配置管理组件，能有效地管理微服务体系里的配置文件

在本章里，将用 Eureka 和 Ribbon 等组件整合 Spring Boot 搭建模块，从而搭建出微服务体系架构；另外，还将在微服务体系架构里引入 Redis 缓存组件，进一步提升微服务架构的性能和承压能力。

13.2 多模块整合 Redis，构建微服务体系

在前文里已经给出了 Spring Boot 整合 Redis 乃至 MySQL 组件，从而搭建一个服务模块的案例。这里将用相同的方法搭建多个服务模块，并用 Eureka 服务治理组件把它们以微服务的方式整合到一起，并在其中引入 Redis 组件。

13.2.1 用 Docker 准备 Redis 和 MySQL 集群环境

这里将用到 10.1.5 节创建的 MySQL 主从集群和 Redis 主从集群，从而在提升数据访问性能的前提下提升数据服务的可用性。表 13.2 给出了相关数据节点的描述。

表 13.2 MySQL 主从集群整合 Redis 主从集群主机信息一览表

Docker 容器名	IP 地址和端口	说　明
myMasterMysql	localhost:3306	主 MySQL 数据库
mySlaveMysql	localhost:3316	从 MySQL 数据库
redis-master	localhost:6379	主 Redis 服务器
redis-slave	localhost:6380	从 Redis 服务器

用 docker exec -it myMasterMysql /bin/bash 命令进入 MySQL 主数据库所在的 Docker 命令行窗口，并用 mysql -u root -p 命令进入 MySQL 命令行窗口，在提示输入密码时，输入之前创建容器时设置的 123456，在其中用“create database RiskDB;”命令创建一个名为 RiskDB 的数据库，并用如下的命令进入该数据库，再创建名为 riskinfo 的数据表。

```
01  use riskDB;
02  create table riskinfo (id int not null primary key,level varchar(20), userid
    varchar(20));
```

记录风控信息的 riskinfo 数据表的字段含义如表 13.3 所示。

表 13.3 riskinfo 数据库字段一览表

字 段 名	含　义
id	主键
level	指定用户的风控级别
userid	用户 ID

建表完成后，通过如下的 insert 语句向该表里插入一条数据，表示 003 号用户的风控级别为高，不能下订单，而那些不存在于风控表里的用户则是正常用户，可以正常下订单。

```
insert into riskinfo (id,level, userid) values (1,'High','003');
```

13.2.2 含 Redis 和 Eureka 的微服务架构图

Eureka 是 Spring 全家桶里的“服务治理”组件，在微服务体系里可以用来注册、发现和调用服务。从功能上讲，Eureka 组件分为服务器和客户端，其中服务器里包含了注册中心，供各功能模块注册，而提供服务的功能模块为了能被其他模块发现和调用，一般以“Eureka 客户端”的角色工作在微服务体系里。

在本项目里，基于 Eureka 的微服务体系架构如图 13.3 所示。

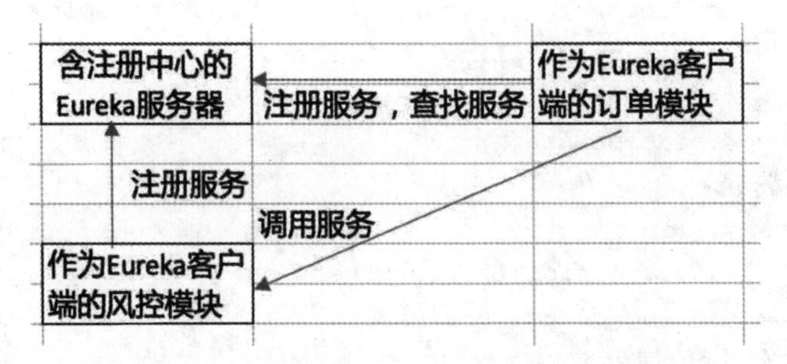

图 13.3 基于 Eureka 服务治理组件的微服务架构图

（1）含注册中心的 Eureka 服务器会单独部署，向本微服务体系里的所有功能模块组件提供服务注册、服务查找和服务调用等服务。

（2）提供功能服务的订单模块和风控模块均是 Eureka 客户端，均向 Eureka 服务器注册，这样其他模块就能通过 Eureka 服务器发现并调用其中的功能。

（3）订单模块会通过 Eureka 服务器找到风控模块，并调用其中的服务。

在本微服务系统里，Redis 组件和功能组件的关系如图 13.4 所示。

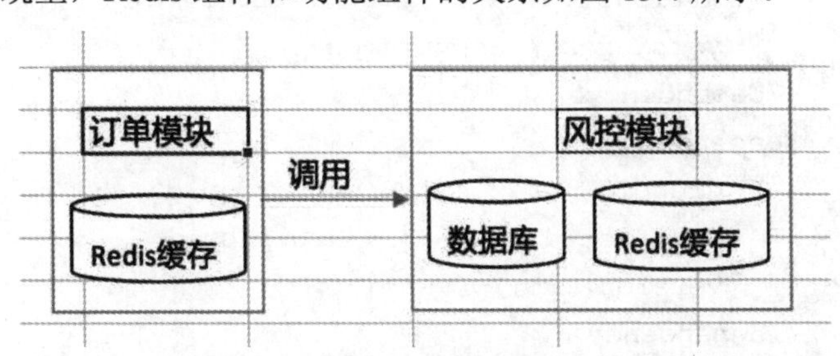

图 13.4 Redis 与功能模块的效果图

（1）在风控模块里，Redis 缓存组件将缓存风控数据库里的数据，从而能减轻数据库的访问压力。

（2）在订单模块里，Redis 缓存组件将缓存从风控模块得到的结果，从而能降低对风控模块的访问负载。

13.2.3 开发 Eureka 服务器

首先创建一个 maven 类型的 EurekaServer 项目，该项目将承担 Eureka 服务器的角色，具体开发步骤如下。

步骤 01 在 pom.xml 里加入 Spring Boot 和 Eureka 服务器的相关依赖包，相关代码如下。

```
01      <parent>
02          <groupId>org.springframework.boot</groupId>
03          <artifactId>spring-boot-starter-parent</artifactId>
04          <version>2.1.2.RELEASE</version>
05          <relativePath/>
06      </parent>
07      <properties>
08          <java.version>11</java.version>
09          <spring-cloud.version>Greenwich.RC2</spring-cloud.version>
10      </properties>
11      <dependencies>
12          <dependency>
13              <groupId>org.springframework.cloud</groupId>
14              <artifactId>spring-cloud-starter-netflix-eureka-server
    </artifactId>
15          </dependency>
16          <dependency>
17              <groupId>com.sun.xml.bind</groupId>
18              <artifactId>jaxb-impl</artifactId>
19              <version>2.1.2</version>
20          </dependency>
21          <dependency>
22              <groupId>javax.xml.bind</groupId>
23              <artifactId>jaxb-api</artifactId>
24              <version>2.3.1</version>
25          </dependency>
26      </dependencies>
```

这里仅列出了和 Eureka 服务器依赖包相关的代码，完整的 pom.xml 文件大家可以参考代码包里对应的文件。这里请大家注意如下要点。

（1）本项目用到的 JDK 版本是 11，Spring Cloud 依赖包对应的版本是 Greenwich.RC2，如第 8 行和第 9 行所示。

（2）在第 11 行到第 26 行里给出了本项目要用到的相关依赖包，其中通过第 12 行到第 15 行的代码指定了 Eureka 服务器相关的依赖包。

（3）本pom.xml里引用的依赖包和JDK版本有关，也就是说这里的依赖包只适用于JDK 11版本。如果上JDK的版本不是11，就需要更改JDK版本为11或者自行引入适用于其他版本的Eureka服务器的依赖包。

步骤02 编写Eureka服务器启动类EurekaServerApp.java，具体代码如下所示。

```
01  package com;
02  import org.springframework.boot.SpringApplication;
03  import
    org.springframework.boot.autoconfigure.SpringBootApplication;
04  import org.springframework.cloud.netflix.eureka.server.
    EnableEurekaServer;
05
06  @EnableEurekaServer
07  @SpringBootApplication
08  public class EurekaServerApp {
09        public static void main( String[] args ) {
10           SpringApplication.run(EurekaServerApp.class, args);
11        }
12  }
```

这里的关键是第6行和第7行的两个注解，通过第6行的@EnableEurekaServer注解说明本程序是Eureka服务器的启动类，通过第7行的@SpringBootApplication注解说明本程序将以Spring Boot的方式启动Eureka服务器。

在第9行的main函数里，通过第10行的SpringApplication.run方法启动本类，启动后本类将承担Eureka服务器的角色。

步骤03 在application.yml配置文件里，定义本Eureka服务器的相关配置，代码如下。

```
01  server:
02    port: 8888
03  eureka:
04    instance:
05      hostname: localhost
06    client:
07      register-with-eureka: false
08      fetch-registry: false
09      serviceUrl:
10        defaultZone: http://localhost:8888/eureka/
```

通过第1行和第2行的代码指定了本Eureka服务器工作在本机的8888端口，通过第3行到第5行的代码指定了本Eureka服务器工作在localhost主机上。在真实项目里，可以根据实际情况修改主机地址。

本机已经是 Eureka 服务器，所以需要通过第 7 行和第 8 行的代码指定本机无须注册到 Eureka 服务器，也无须从服务器获取其他服务的信息，同时通过第 10 行的代码指定本 Eureka 服务器的注册地址是 http://localhost:8888/eureka/。在该 Eureka 服务器所在的微服务系统里，其他模块将向这个地址注册服务。

本项目中的文件路径如图 13.5 所示。请大家留意文件路径，尤其是 application.yml 配置文件的路径，如果放错位置，就有可能导致本 Eureka 服务器无法启动。

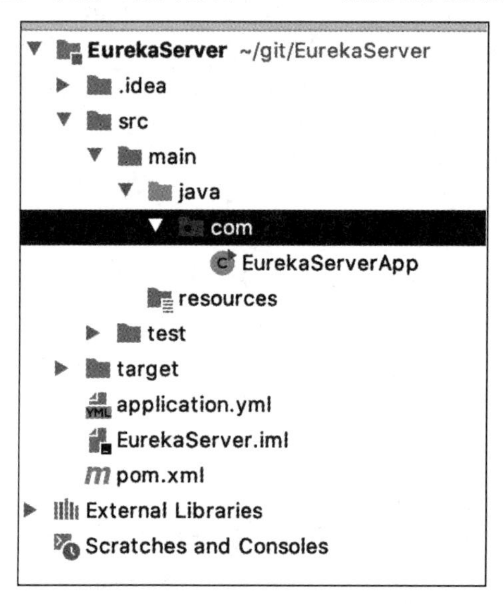

图 13.5　Eureka 服务器项目各文件路径示意图

导入本项目的依赖包并编写完上述代码后，运行 EurekaServerApp，即可启动 Eureka 服务器。启动后，在控制台里能看到如图 13.6 所示的表示启动成功的输出文字。

```
Run: EurekaServerApp
2020-11-19 20:45:19.191  INFO 1140 --- [           main] c.n.eureka.DefaultEurekaServerContext    : Initializing ...
2020-11-19 20:45:19.193  WARN 1140 --- [           main] c.n.eureka.cluster.PeerEurekaNodes       : The replica size seems to be empty. Check the route 53 DNS Registry
2020-11-19 20:45:19.205  INFO 1140 --- [           main] c.n.e.registry.AbstractInstanceRegistry  : Finished initializing remote region registries. All known remote regions: []
2020-11-19 20:45:19.206  INFO 1140 --- [           main] c.n.eureka.DefaultEurekaServerContext    : Initialized
2020-11-19 20:45:19.217  INFO 1140 --- [           main] o.s.b.a.e.web.EndpointLinksResolver      : Exposing 2 endpoint(s) beneath base path '/actuator'
2020-11-19 20:45:19.324  INFO 1140 --- [           main] o.s.c.n.e.s.EurekaServiceRegistry        : Registering application UNKNOWN with eureka with status UP
2020-11-19 20:45:19.327  INFO 1140 --- [      Thread-10] o.s.c.n.e.server.EurekaServerBootstrap   : Setting the eureka configuration..
2020-11-19 20:45:19.328  INFO 1140 --- [      Thread-10] o.s.c.n.e.server.EurekaServerBootstrap   : Eureka data center value eureka.datacenter is not set, defaulting to default
2020-11-19 20:45:19.329  INFO 1140 --- [      Thread-10] o.s.c.n.e.server.EurekaServerBootstrap   : Eureka environment value eureka.environment is not set, defaulting to test
2020-11-19 20:45:19.352  INFO 1140 --- [      Thread-10] o.s.c.n.e.server.EurekaServerBootstrap   : isAws returned false
2020-11-19 20:45:19.352  INFO 1140 --- [      Thread-10] o.s.c.n.e.server.EurekaServerBootstrap   : Initialized server context
2020-11-19 20:45:19.353  INFO 1140 --- [      Thread-10] c.n.e.r.PeerAwareInstanceRegistryImpl    : Got 1 instances from neighboring DS node
2020-11-19 20:45:19.353  INFO 1140 --- [      Thread-10] c.n.e.r.PeerAwareInstanceRegistryImpl    : Renew threshold is: 1
2020-11-19 20:45:19.353  INFO 1140 --- [      Thread-10] c.n.e.r.PeerAwareInstanceRegistryImpl    : Changing status to UP
2020-11-19 20:45:19.366  INFO 1140 --- [      Thread-10] e.s.EurekaServerInitializerConfiguration : Started Eureka Server
2020-11-19 20:45:19.389  INFO 1140 --- [           main] o.s.b.w.embedded.tomcat.TomcatWebServer  : Tomcat started on port(s): 8888 (http) with context path ''
2020-11-19 20:45:19.390  INFO 1140 --- [           main] .s.c.n.e.s.EurekaAutoServiceRegistration : Updating port to 8888
2020-11-19 20:45:19.395  INFO 1140 --- [           main] com.EurekaServerApp                      : Started EurekaServerApp in 6.941 seconds (JVM running for 7.5)
```

图 13.6　Eureka 服务器成功启动后的效果图

启动后，在浏览器里输入“http://localhost:8888/”，能看到如图 13.7 所示的效果，其中 8888 是本 Eureka 服务器的工作端口。

这其实是 Eureka 控制台页面，从中能看到该 Eureka 服务器的信息，而在“Instances currently registered with Eureka”部分更能看到注册到当前 Eureka 服务器的微服务模块信息。当前尚没有其他微服务注册，所以这部分展示“No instances available”信息。

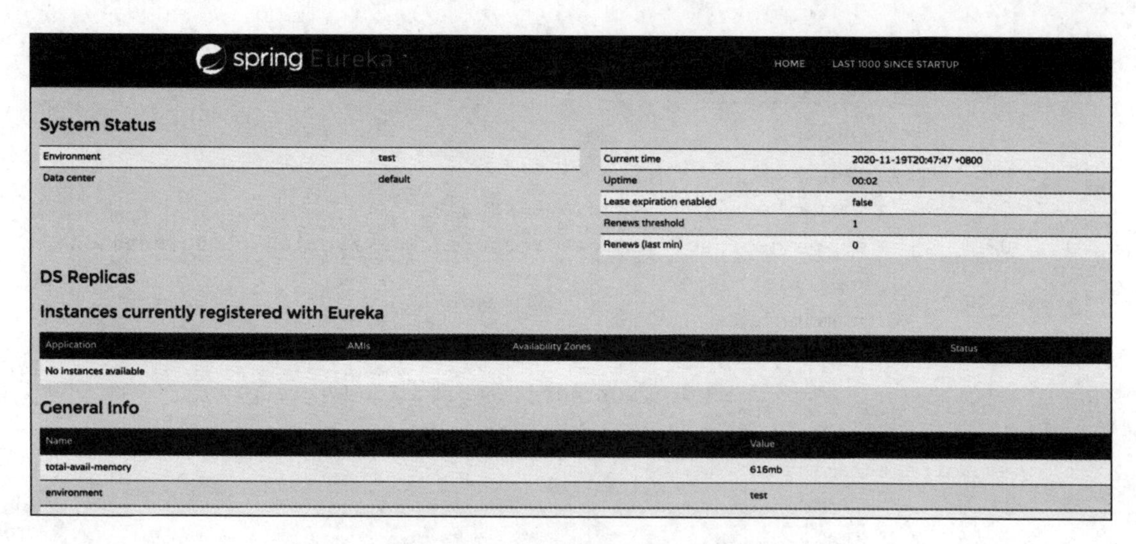

图 13.7　Eureka 服务器控制台效果图

Eureka 服务启动后，其他微服务能注册到该服务器上，而且一旦有注册过的微服务失去连接，该服务器就能动态去除失效模块，在微服务系统里承担“服务”治理的角色。

13.2.4　开发含 Redis 的风控模块（Eureka 客户端）

这里的风控模块是基于 Spring Boot 的微服务模块，它的角色是 Eureka 客户端，它将注册到 13.2.3 节中所创建的 Eureka 服务器上，在表 13.4 里，列出了该微服务项目的关键文件及其作用。

表 13.4　风控项目关键文件一览表

文 件 名	作　用
pom.xml	定义本 Maven 项目里的依赖包
EurekaClientForRiskApp.java	本 Eureka 客户端项目的启动类
Controller.java	控制层类
RiskService.java	封装了服务提供层的代码
RiskRepo.java	一个接口，封装了与 MySQL 交互的代码
RedisRiskRepo.java	一个接口，封装了与 Redis 交互的代码
Risk.java	映射 MySQL 数据库里 Stock 数据表的模型类
application.yml	包含 Eureka 客户端、MySQL 和 Redis 的配置信息

该风控模块的具体开发步骤如下所示。

步骤 01　新建一个名为 RiskProj 的 maven 项目，在其中的 pom.xml 文件里通过如下的关键代码引入 Redis、MySQL、Spring Boot 和 Eureka 客户端的相关依赖包。

```
01	<parent>
02	    <groupId>org.springframework.boot</groupId>
03	    <artifactId>spring-boot-starter-parent</artifactId>
```

```
04          <version>2.1.2.RELEASE</version>
05          <relativePath/>
06      </parent>
07      <properties>
08          <java.version>11</java.version>
09          <spring-cloud.version>Greenwich.RC2</spring-cloud.version>
10      </properties>
11      <dependencies>
12          <dependency>
13              <groupId>org.springframework.cloud</groupId>
14              <artifactId>spring-cloud-starter-netflix-eureka-
    client</artifactId>
15          </dependency>
16          <dependency>
17              <groupId>com.sun.xml.bind</groupId>
18              <artifactId>jaxb-impl</artifactId>
19              <version>2.1.2</version>
20          </dependency>
21          <dependency>
22              <groupId>javax.xml.bind</groupId>
23              <artifactId>jaxb-api</artifactId>
24              <version>2.3.1</version>
25          </dependency>
26          <dependency>
27              <groupId>org.springframework.boot</groupId>
28              <artifactId>spring-boot-starter-web</artifactId>
29          </dependency>
30          <dependency>
31              <groupId>mysql</groupId>
32              <artifactId>mysql-connector-java</artifactId>
33              <scope>runtime</scope>
34          </dependency>
35          <dependency>
36              <groupId>org.springframework.boot</groupId>
37              <artifactId>spring-boot-starter-data-jpa</artifactId>
38          </dependency>
39          <dependency>
40              <groupId>org.springframework.boot</groupId>
41              <artifactId>spring-boot-starter-data-redis</artifactId>
42          </dependency>
43          <dependency>
44              <groupId>com.google.code.gson</groupId>
45              <artifactId>gson</artifactId>
```

```
46              <version>2.8.0</version>
47          </dependency>
48      </dependencies>
```

这里依然是给出了pom.xml文件里和Redis与微服务等组件相关的部分代码，有如下几个注意点。

（1）本项目的JDK版本依然是11，Spring Cloud版本依然是Greenwich.RC2，这需要和Eureka服务器里的配置保持一致。

（2）在第12行到第15行的代码里引入Eureka客户端的依赖包spring-cloud-starter-netflix-eureka-client。

（3）在本项目里需要支持Restful格式的请求，所以在第26行到第29行里需要引入spring-boot-starter-web依赖包。

（4）在第30行到第38行的代码里引入了支持MySQL和JPA的依赖包。

（5）在第39行到第42行的代码里引入了支持Redis的依赖包。在使用Redis时还需要用到gson组件，所以在第43行到第47行的代码里引入了对应的依赖包。

步骤02 开发Eureka客户端项目的启动类EurekaClientForRiskApp，具体代码如下。

```
01  package com;
02  import org.springframework.boot.SpringApplication;
03  import
    org.springframework.boot.autoconfigure.SpringBootApplication;
04  import org.springframework.cloud.netflix.eureka.EnableEurekaClient;
05
06  @SpringBootApplication
07  @EnableEurekaClient
08  public class EurekaClientForRiskApp {
09          public static void main( String[] args ) {
10              SpringApplication.run(EurekaClientForRiskApp.class, args);
11          }
12  }
```

这个启动类和之前提到的Eureka服务器启动类很相似，区别是在第7行通过@EnableEurekaClient注解说明了本类是Eureka客户端的启动类。同时需要通过第6行的@SpringBootApplication注解指定本项目是基于Spring Boot的微服务。

步骤03 编写控制器类Controller.java，具体代码如下。

```
01  package com;
02
03  import com.service.RiskService;
04  import org.springframework.beans.factory.annotation.Autowired;
05  import org.springframework.web.bind.annotation.PathVariable;
```

```
06  import org.springframework.web.bind.annotation.RequestMapping;
07  import org.springframework.web.bind.annotation.RestController;
08  @RestController
09  public class Controller {
10      @Autowired
11      private RiskService riskService;
12      @RequestMapping("/getRiskByUserID/{userID}")
13      public String getRiskByUserID(@PathVariable String userID){
14         return riskService.getRiskByUserID(userID);
15      }
16  }
```

这里通过第 8 行的@RestController 注解说明本类承担着控制器的角色。在第 10 行和第 11 行里用到@Autowired 注解，以 Spring IOC 的方式引入了服务提供者类 riskService。通过第 12 行的@RequestMapping 注解声明 getRiskByUserID 方法支持/getRiskByUserID/{userID}格式的请求，其中{userID}是参数。该方法的作用是，根据参数 userID 查找用户对应的风控级别。通过第 14 行的代码能看到该方法其实是通过调用 riskService 类的 getRiskByUserID 方法得到结果的。

步骤 04 开发提供风控服务的 RiskService.java 类，具体代码如下。

```
01  package com.service;
02  import com.entity.Risk;
03  import com.repo.RedisRiskRepo;
04  import com.repo.RiskRepo;
05  import org.springframework.beans.factory.annotation.Autowired;
06  import org.springframework.stereotype.Service;
07
08  @Service
09  public class RiskService {
10      //定义在 Redis 里存储对象 Key 的前缀
11      private static final String REDISKEY_PREFIX = "Risk_";
12      //用 Autowired 的方式引入两个 Repo 对象
13      @Autowired
14      private RiskRepo riskRepo;
15      @Autowired
16      private RedisRiskRepo redisRiskRepo;
17      public String getRiskByUserID(String userID){
18         //定义 Redis 里对应的 key
19         String key = REDISKEY_PREFIX + userID;
20         Risk riskFromRedis = redisRiskRepo.getRiskByKey(key);
21         //如果在 Redis 里找到
22         if(riskFromRedis != null){
23            System.out.println("Get From Redis");
```

```
24              return riskFromRedis.getLevel();
25          }else {
26              System.out.println("Get From MySQL");
27              Risk riskFromDB = riskRepo.findRiskByUserID(userID);
28              //加入缓存
29              redisRiskRepo.addRisk(key,1000*60*10,riskFromDB);
30              return riskFromDB == null ? null : riskFromDB.getLevel();
31          }
32      }
33  }
```

本类需要加入第 8 行的@Service 注解，否则在控制器 Controller.java 类里无法通过@Autowired 注解使用该类。在第 13 行到第 16 行的代码里，通过@Autowired 注解以 Spring IOC 的方式引入了 MySQL 和 Redis 的两个 Repo 类。在第 17 行的 getRiskByUserID 方法里，定义了根据 userID 查找该用户风控级别的逻辑。

在 getRiskByUserID 方法里，首先通过第 20 行的代码用 redisRiskRepo 对象的 getRiskByKey 方法到 Redis 缓存里查看是否有该用户的风控信息。如果通过第 22 行的 if 语句判断出该用户以及对应的风控信息存在于 Redis，那么直接通过第 24 行的 return 语句返回风控信息；否则，先通过第 27 行的语句到 MySQL 数据库里查找，找到后再通过第 29 行的语句放入 Redis 缓存，并通过第 30 行的 return 语句返回风控信息。

这里和 Redis 缓存相关的有如下两点。

（1）向 Redis 里插入键值对以及从 Redis 里查找键值对时，对应的 Key 需要加入第 11 行所示的前缀，以区别于其他应用。

（2）在第 29 行向 Redis 缓存数据时，需要加入超时时间，以免插入的对象一直存在于内存里，从而造成内存 OOM 问题。

步骤05 编写和 MySQL 数据库 riskinfo 表映射的模型类 Risk.java，代码如下所示。

```
01  package com.entity;
02  import javax.persistence.*;
03  import java.io.Serializable;
04  
05  @Entity
06  @Table(name="riskinfo")
07  public class Risk implements Serializable {
08      @Id
09      @GeneratedValue(strategy = GenerationType.IDENTITY)
10      private int id;
11      @Column(name = "level")
12      private String level;
13      @Column(name = "userid")
```

```
14      private String userID;
15      //省略上述属性的 get 和 set 方法
16  }
```

在第 5 行和第 6 行里，通过@Entity 和@Table 这两个注解说明本模型类和 MySQL 里的 riskinfo 数据表关联。

在第 10 行 id 属性前，通过第 8 行的@Id 注解说明该 id 属性是数据表里的主键；在第 12 行和第 14 行的属性前，分别通过了第 11 行和第 13 行的@Column 注解说明本属性对应于 riskinfo 数据表里的哪个字段。

编写好这个映射类以后，从 riskinfo 数据表里获取到的数据将根据本类里的注解自动完成映射动作。

步骤 06 开发和 MySQL 数据表交互的 RiskRepo.java 类，代码如下所示。

```
01  package com.repo;
02  import com.entity.Risk;
03  import org.springframework.data.jpa.repository.JpaRepository;
04  import org.springframework.stereotype.Repository;
05  @Repository
06  public interface RiskRepo extends JpaRepository<Risk, Long> {
07      public Risk findRiskByUserID(String userID);
08  }
```

在这个类里，通过第 5 行的@Repository 注解说明该类其实是 JPA 类型，承担着和 MySQL 数据库交互的角色，并且通过第 6 行 extends JpaRepository<Risk, Long>的代码说明该类得到的结果将通过 Risk 类完成映射。

根据 JPA 的命名规则，在第 7 行的 findRiskByUserID 方法等价于如下的 SQL 语句，它会根据参数 userID 到 riskinfo 表里查找对应的数据，并把结果根据 Risk.java 里的定义映射成 Risk 类型并返回。

```
select * from riskinfo where UserID = #userID
```

步骤 07 开发和 Redis 缓存交互的 RedisRiskRepo.java 类，代码如下所示。

```
01  package com.repo;
02  import com.entity.Risk;
03  import com.google.gson.Gson;
04  import org.springframework.beans.factory.annotation.Autowired;
05  import org.springframework.data.redis.core.RedisTemplate;
06  import org.springframework.stereotype.Repository;
07  import java.util.concurrent.TimeUnit;
08
09  @Repository
10  public class RedisRiskRepo {
11      @Autowired
```

```
12      private RedisTemplate<String, String> redisTemplate;
13      //向Redis里缓存数据
14      public void addRisk(String id, int expireTime, Risk risk){
15          Gson gson = new Gson();
16          redisTemplate.opsForValue().set(id, gson.toJson(risk),
    expireTime, TimeUnit.SECONDS);
17      }
18      //从Redis缓存里读取数据
19      public Risk getRiskByKey(String id){
20          Gson gson = new Gson();
21          Risk risk = null;
22          String userJson = redisTemplate.opsForValue().get(id);
23          if(userJson != null && !userJson.equals("")){
24              risk =  gson.fromJson(userJson, Risk.class);
25          }
26          return risk;
27      }
28  }
```

该类依然是通过第9行的@Repository注解说明本类是JPA类型的，只不过本类是和Redis交互。在第12行里，通过@Autowired注解以Spring IOC的方式引入了与Redis组件交互的redisTemplate对象，通过定义该对象的泛型能看到该对象只能向Redis里缓存键与值都是String类型的对象。

在addRisk方法里，通过第16行的set方法向Redis里缓存风控数据。注意，这里是把Risk对象用gson对象的方法转换成String类型后再存入的。存入的同时设置了对象的失效时间，以免该对象长时间驻留在内存里，从而造成内存OOM问题。

在getRiskByKey方法里，通过第22行的get方法到Redis里获取指定id的Risk对象，不过得到的对象是String类型的，所以还需要在第24行的代码里通过gson对象转换成Risk类型的对象再返回。

步骤08 编写包含各种配置信息的application.yml文件，代码如下所示。

```
01  server:
02    port: 1111
03  spring:
04    application:
05      name: RiskServer
06    datasource:
07      url: jdbc:mysql://localhost:3306/RiskDB?characterEncoding=
    UTF-8&useSSL=false&allowPublicKeyRetrieval=true
08      username: root
09      password: 123456
10      driver-class-name: com.mysql.jdbc.Driver
11    jpa:
```

```
12      database: MYSQL
13      show-sql: true
14      hibernate:
15        ddl-auto: validate
16      properties:
17        hibernate:
18          dialect: org.hibernate.dialect.MySQL5Dialect
19  eureka:
20    client:
21      serviceUrl:
22        defaultZone: http://localhost:8888/eureka/
23      fetch-registry: true
24      register-with-eureka: true
25      instance:
26        prefer-ip-address: true
27  redis:
28    host: localhost
29    port: 6379
```

本配置文件有如下的看点。

（1）通过第 1 行和第 2 行的代码，指定本项目工作端口是 1111。

（2）通过第 3 行到第 5 行的代码，设置项目名为 RiskServer。在 Spring Cloud 的其他微服务组件里，通过这个项目名来调用本风控微服务模块里的功能。

（3）在第 6 行到第 10 行的代码里，设置了 MySQL 的相关连接配置。在第 11 行到第 18 行的代码里，设置了 JPA 的相关配置。在第 27 行到第 29 行的代码里，设置了 Redis 的相关连接配置。这部分代码在之前讲述 Redis 与 MySQL 整合时分析过，不再重复讲述。

（4）通过第 19 行到第 22 行的代码，设置本项目作为 Eureka 客户端，将向 http://localhost:8888/eureka/Eureka 所在的 Eureka 服务器注册，注册后其他模块就可以调用本风控模块的服务了。

（5）本项目是 Eureka 客户端，所以还要通过第 23 行和第 24 行的代码设置“本模块需要从 Eureka 服务器获取信息”以及“本模块需要向 Eureka 服务器注册”。

至此，完成风控微服务模块的开发。通过如下的步骤，能观察到相关的运行效果，以确保该模块能正确地和 Redis 组件整合。

步骤 01 通过 docker start 命令，启动表 13.4 里所述的相关 MySQL 和 Redis 容器，以确保 MySQL 和 Redis 处于运行状态。

步骤 02 确保 13.2.3 节给出的 Eureka 服务器处于运行状态，如果没有处于运行状态就通过运行 EurekaServerApp.java 程序启动该 Eureka 服务器。

步骤03 运行本项目的 EurekaClientForRiskApp.java 范例，启动风控微服务组件。本组件是 Eureka 客户端，会注册到 Eureka 服务器上，启动后在浏览器里输入“localhost:8888”，能在 Eureka 服务器控制台上的“Instances currently registered with Eureka”部分看到“RISKSERVER”内容，如图 13.8 所示，由此能确认本风控微服务模块成功地完成注册动作。

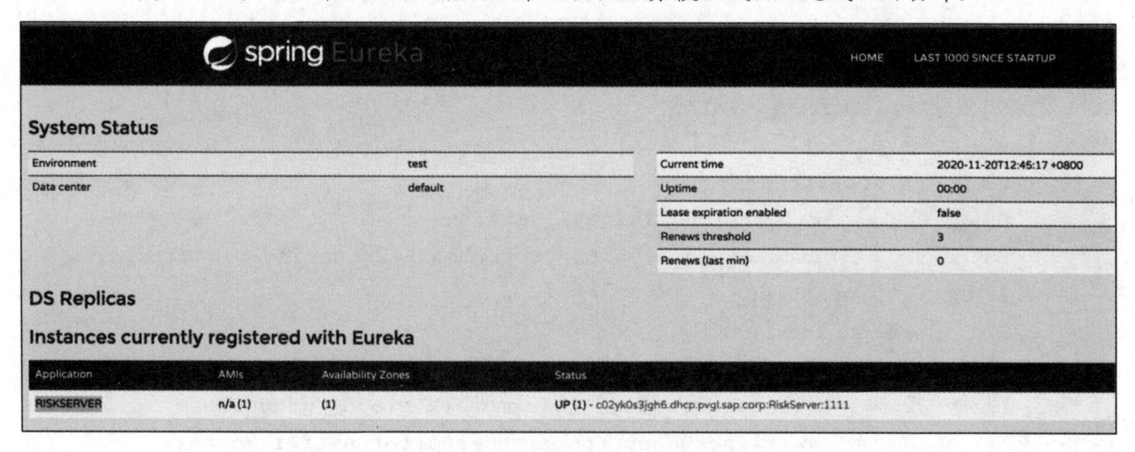

图 13.8　风控模块成功注册到 Eureka 服务器后的效果图

虽然本风控微服务模块会被其他模块调用，但是大家依然可以在浏览器里输入如下的 url 来观察本模块的运行效果。

```
http://localhost:1111/getRiskByUserID/003
```

其中，1111 是在 application.yml 里配置好的本模块的工作端口，getRiskByUserID 需要和 Controller.java 里定义的@RequestMapping 注解保持一致，003 则表示 userID 的参数。

运行后能在浏览器里看到“High”的字样，并且是第一次运行，所以能在 Java 程序的控制台里看到“Get From MySQL”，表示该次请求是从 MySQL 数据库里得到数据的。再次到浏览器里运行上述请求，Java 控制台里输出的语句将会变成“Get From Redis”，表示本次请求是从 Redis 缓存里得到数据的，从中能验证 Redis 缓存数据的效果。

通过 docker exec -it redis-master /bin/bash 命令进入对应的 Redis 容器命令行窗口，再运行 redis-cli 命令进入 Redis 客户端。可以通过 get Risk_003 命令看到 userID 是 003 的用户对应的风控信息，进一步确认 Redis 在风控微服务模块里缓存数据的效果，具体输出如下所示。

```
01  root@947591c634fe:/data# redis-cli
02  127.0.0.1:6379> get Risk_003
03  "{\"id\":1,\"level\":\"High\",\"userID\":\"003\"}"
```

13.2.5　开发含 Redis 的下单模块（Eureka 客户端）

这里将开发调用风控模块的下单模块，该模块同样是 Eureka 客户端，同样会用 Redis 缓存数据。

步骤01 创建名为 PaymentProj 的 Maven 项目，在其中的 pom.xml 里通过如下的关键代码引入 Redis 等相关的依赖包。

```
01      <parent>
02          <groupId>org.springframework.boot</groupId>
03          <artifactId>spring-boot-starter-parent</artifactId>
04          <version>2.1.2.RELEASE</version>
05          <relativePath/>
06      </parent>
07      <properties>
08          <java.version>11</java.version>
09          <spring-cloud.version>Greenwich.RC2</spring-cloud.version>
10      </properties>
11      <dependencies>
12          <dependency>
13              <groupId>org.springframework.cloud</groupId>
14              <artifactId>spring-cloud-starter-netflix-eureka-
    client</artifactId>
15          </dependency>
16          <dependency>
17              <groupId>com.sun.xml.bind</groupId>
18              <artifactId>jaxb-impl</artifactId>
19              <version>2.1.2</version>
20          </dependency>
21          <dependency>
22              <groupId>javax.xml.bind</groupId>
23              <artifactId>jaxb-api</artifactId>
24              <version>2.3.1</version>
25          </dependency>
26          <dependency>
27              <groupId>org.springframework.boot</groupId>
28              <artifactId>spring-boot-starter-web</artifactId>
29          </dependency>
30          <dependency>
31              <groupId>org.springframework.boot</groupId>
32              <artifactId>spring-boot-starter-data-redis</artifactId>
33          </dependency>
34      </dependencies>
```

上述 pom.xml 文件有如下要点。

（1）从第 8 行和第 9 行的代码里能看到，本项目的 JDK 版本依然是 11，Spring Cloud 版本依然是 Greenwich.RC2，这需要和 Eureka 服务器里的配置保持一致。

（2）在第 12 行到第 15 行的代码里引入 Eureka 客户端的依赖包 spring-cloud-starter-netflix-eureka-client。

（3）在本项目里同样需要支持 Restful 格式的请求，所以在第 26 行到第 29 行里引入 spring-boot-starter-web 依赖包。

（4）本项目只会用到 Redis 缓存，不会用到 MySQL 数据库，所以只在第 30 行到第 33 行的代码里引入支持 Redis 的依赖包。

步骤02 编写启动类 EurekaClientForPaymentApp.java，代码如下所示。

```
01  package com;
02  import org.springframework.boot.SpringApplication;
03  import org.springframework.boot.autoconfigure.
    SpringBootApplication;
04  import org.springframework.cloud.client.loadbalancer.LoadBalanced;
05  import org.springframework.cloud.netflix.eureka.EnableEurekaClient;
06  import org.springframework.context.annotation.Bean;
07  import org.springframework.web.client.RestTemplate;
08
09  @SpringBootApplication
10  @EnableEurekaClient
11  public class EurekaClientForPaymentApp {
12      //定义用以调用其他微服务模块的RestTemplate类型对象
13      @Bean
14      @LoadBalanced
15      public RestTemplate getRestTemplate() {
16          return new RestTemplate();
17      }
18      //启动类
19       public static void main( String[] args ) {
20          SpringApplication.run(EurekaClientForPaymentApp.class, args);
21       }
22  }
```

这里除了在第 9 行和第 10 行里通过注解说明本范例是 Spring Boot 类型的 Eureka 启动类之外，还在第 13 行到第 17 行的代码里用@Bean 和@LoadBalanced 这两个注解定义了返回 RestTemplate 类型对象的 getRestTemplate 方法。该 RestTemplate 类型的对象将用以调用风控微服务模块里的方法。

步骤03 编写控制器类 Controller.java，并在其中编写调用风控微服务模块的代码。

```
01  package com;
02  import org.springframework.beans.factory.annotation.Autowired;
03  import org.springframework.data.redis.core.RedisTemplate;
04  import org.springframework.web.bind.annotation.PathVariable;
05  import org.springframework.web.bind.annotation.RequestMapping;
```

```
06  import org.springframework.web.bind.annotation.RestController;
07  import org.springframework.web.client.RestTemplate;
08  import javax.annotation.Resource;
09  import java.util.concurrent.TimeUnit;
10
11  @RestController
12  public class Controller {
13      @Resource
14      private RedisTemplate<String,String> redisTemplate;
15      //定义在 Redis 里存储对象 Key 的前缀
16      private static final String PAYMENTKEY_PREFIX = "Payment_";
17      @Autowired
18      RestTemplate restTemplate;
19
20      @RequestMapping("/canPay/{userID}")
21      public String canPay(@PathVariable String userID){
22          return this.getRiskLevel(userID);
23      }
24      //在该方法里调用了风控微服务模块的方法
25      private String getRiskLevel(String userID){
26          String key = PAYMENTKEY_PREFIX + userID;
27          String riskLevel = redisTemplate.opsForValue().get(key);
28          if(riskLevel != null ){
29              System.out.println("Get From Redis");
30          }else {
31              System.out.println("Get From Risk Module.");
32              //到注册中心查找服务并调用
33              String result = restTemplate.getForObject
    ("http://RiskServer/getRiskByUserID/"+userID, String.class,userID);
34              //加入缓存
35              redisTemplate.opsForValue().set(key, result == null ?
    "null":result,1000*60*10, TimeUnit.SECONDS);
36          }
37          if(riskLevel != null && riskLevel.equals("High")){
38              return userID + " can not Pay due to High Risk.";
39          }
40          else{
41              return userID + " can Pay.";
42          }
43      }
44  }
```

根据第 20 行@RequestMapping 注解的定义，第 21 行的 canPay 方法可以被/canPay/{userID}格式的 url 请求触发，在该方法的第 22 行里调用了第 25 行的 getRiskLevel 方法。

在 getRiskLevel 方法里，首先通过第 27 行的代码用 get 命令到 Redis 里去查找指定 userID 的用户信息，如果没有找到，就执行第 30 行的 else 代码块，其中用第 33 行的代码以 http://RiskServer/getRiskByUserID/的形式调用风控模块里的方法查询该用户的风控级别。这里请注意，url 里的 RiskServer 是风控模块的服务名。正是因为风控模块乃至本下单模块已经注册到 Eureka 服务器里，这里才能用服务名的方式调用服务。

从风控模块得到该用户的风控信息后，再通过第 35 行的代码把用户 ID 和该用户对应的风控信息放入 Redis 缓存里，随后通过第 37 行的 if 判断语句根据该用户的风控级别决定能否执行下单动作。

这里请注意，在第 35 行向 Redis 缓存数据时依然需要设置该键值对的超时时间，而且在设置时哪怕 result 值是 null，依然需要设置值，通过这种缓存空数据的做法能有效地防止缓存穿透现象。

步骤 04 在 application.yml 文件里，编写 Redis 和微服务相关的配置信息，代码如下所示。

```
01 server:
02   port: 5555
03 spring:
04   application:
05     name: PaymentProj
06 eureka:
07   client:
08     serviceUrl:
09       defaultZone: http://localhost:8888/eureka/
10     fetch-registry: true
11     register-with-eureka: true
12
13 redis:
14   host: localhost
15   port: 6379
```

通过第 1 行和第 2 行的代码，指定了本下单微服务模块工作在 5555 端口；通过第 3 行和第 5 行的代码，指定了本项目的对外服务名。本项目是 Eureka 客户端，需要向 Eureka 服务器注册，所以需要编写从第 6 行到第 11 行的代码。通过第 13 行到第 15 行的代码，指定了本项目用到的 Redis 服务器地址和端口。

编写完上述代码后，可以通过如下的步骤观察运行效果，从而验证 Redis 缓存的效果。

步骤 01 通过 docker start 命令，启动表 13.4 里所述的相关 MySQL 和 Redis 容器，以确保 MySQL 和 Redis 处于运行状态。

步骤 02 启动 Eureka 服务器和风控模块的 Eureka 客户端，并运行本项目里的 EurekaClientForPaymentApp.java 程序，启动本下单微服务模块。启动后，在浏览器里输入“localhost:8888”，能在 Eureka 控制台的“Instances currently registered with Eureka”部

分里看到注册到 Eureka 服务器的两个微服务 Eureka 客户端。在此基础上，下单模块才能通过 Eureka 服务器找到风控模块并调用其中的方法，具体效果如图 13.9 所示。

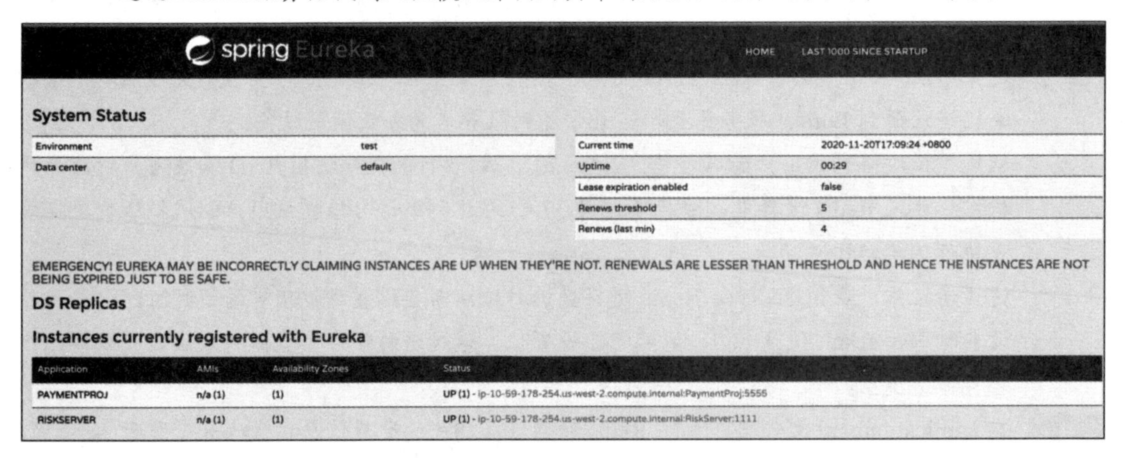

图 13.9　在 Eureka 服务器上观察到的微服务模块效果图

步骤 03 在浏览器里输入“http://localhost:5555/canPay/003”，能在页面上看到“003 can not Pay due to High Risk.”的字样。多次输入该 url，除了能看到相同的文字之外，还能在 Java 控制台里看到“Get From Redis”的字样，这说明本下单微服务模块也会用 Redis 缓存中风控模块的结果，以此有效降低风控模块的负载。

步骤 04 在浏览器里输入“http://localhost:5555/canPay/001”，则能看到输出的文字是“001 can Pay.”。多次输入该 url，同样能在 Java 控制台里看到“Get From Redis”的字样。

这里在风控数据表里没有记录 userID 为 001 的数据，所以下单模块向风控模块查询此用户的风控信息时得到的始终是空数据，但依然需要在 Redis 里缓存这些空数据。如果不缓存，那么遇到此类“在风控数据表里不存在的 userID”时，下单模块依然会一次又一次地向风控模块发请求。如果并发量很高，那么这些请求会压垮风控模块的数据库乃至整个风控模块，所以这种“在 Redis 里缓存空数据”的做法能在下单模块通过 Redis 缓存过滤掉部分请求，从而对风控模块起到一定的保护作用。

13.3　Redis 与 Ribbon 整合使用

在 Spring Cloud 全家桶组件里，可以用 Ribbon 组件来实现负载均衡。具体地，在微服务体系的项目里，可以把功能相同的组件部署在多个服务器上，用 Ribbon 把请求分摊到这些功能相同的模块上，并且这些模块一般情况下是共享 Redis 组件或者集群，从而用缓存的方式来提升数据访问性能。

13.3.1 Ribbon 负载均衡组件与 Redis 的整合效果

Ribbon 是 Spring Cloud 全家桶里负责负载均衡的组件，通过使用该组件，开发者可以在不用过多考虑细节的基础上实现负载均衡的效果。具体而言，在某包含 Ribbon 组件的微服务体系里，某服务（比如前文提到的风控模块）可以在多台服务器上部署，当服务使用者（比如下单模块）多次发起服务请求时，这些请求能被合理地均摊到多台服务器上。

Ribbon 组件支持如下两种常用的负载均衡策略。

（1）轮询策略，即把请求依次派发到多个服务器上。

（2）随机策略，即随机地把请求发送到多台服务器上。

事实上，在 13.2.5 节下单微服务的 EurekaClientForPaymentApp.java 程序里，通过如下的代码定义了 RestTemplate 类型的对象，其中加入了第 2 行的@LoadBalanced 注解，所以会用到 Ribbon 组件，以负载均衡的方式去请求数据。只不过当时风控模块只部署在一台服务器上，所以看不到负载均衡的效果。

```
01      @Bean
02      @LoadBalanced
03      public RestTemplate getRestTemplate() {
04          return new RestTemplate();
05      }
```

在本节里，将在本机不同的端口上运行两个风控模块，从而模拟在两台服务器上部署风控模块的效果。

在此基础上，如果根据评估发现单个 Redis 集群足以应对系统可能会遇到的并发量，就可以让这两个风控模块共享同一个 Redis 集群，具体效果如图 13.10 左边的子图所示。如果单个 Redis 不足以应对并发量，就可以让各风控微服务组件使用独立的 Redis 节点（或集群），从而降低缓存层面的压力，具体效果如图 13.10 右边的子图所示。

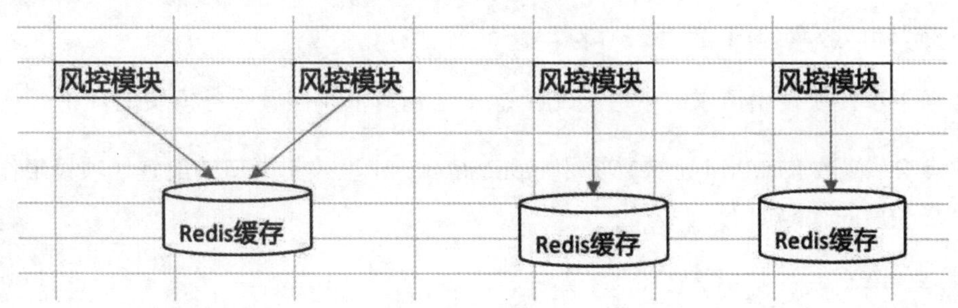

图 13.10　以两种方式整合 Redis 的效果图

13.3.2 引入多个风控组件分摊流量

根据上文的设计，这里用负载均衡的方式部署两个风控微服务组件，而下单模块发出的请求会通过 Ribbon 组件均摊到这两个风控模块上，同时这两个风控模块将共享 Redis 缓存组件。在表 13.5 里，大家能看到该 Redis 整合 Ribbon 微服务体系里的相关项目。

表 13.5　风控项目关键文件一览表

项目名	作用	说明
EurekaServer	Eureka 服务器	代码和 13.2.3 节里的同名项目完全一致
RiskProj-node1	风控微服务模块	和 13.2.4 节里的 RiskProj 项目很相似，工作在 1122 端口，服务名是 RiskServer，整合 Redis 组件作缓存
RiskProj-node2	风控微服务模块	和 13.2.4 节里的 RiskProj 项目很相似，工作在 1133 端口，服务名是 RiskServer，整合 Redis 组件作缓存
PaymentProj	下单微服务模块	代码和 13.2.5 节里的同名项目完全一致，通过 Ribbon 组件以负载均衡的方式访问两个风控模块，整合 Redis 组件作缓存

EurekaServer 和 PaymentProj 项目可以沿用之前的，RiskProj-node1 和 RiskProj-node2 项目与 RiskProj 很相似，但需要做如下两点修改。

修改点 1：在 RiskProj-node1 项目控制器类 Controller.java 里，如第 7 行所示，加入一句输出语句，以表示是由 RiskProj-node1 风控模块处理的请求。

```
01  @RestController
02  public class Controller {
03      @Autowired
04      private RiskService riskService;
05      @RequestMapping("/getRiskByUserID/{userID}")
06      public String getRiskByUserID(@PathVariable String userID){
07          System.out.println("From RiskProj-node1");
08          return riskService.getRiskByUserID(userID);
09      }
10  }
```

在 RiskProj-node2 项目控制器类 Controller.java 里，也需要在相同位置加入如下的输出语句。

```
System.out.println("From RiskProj-node1");
```

这样当下单模块发出请求时就会被均衡地发送到两个风控微服务模块上。

修改点 2：修改 RiskProj-node1 项目 application.yml 里关于端口的配置（项目工作在 1122 端口）。修改后的代码如下。

```
01  server:
02    port: 1122
```

同时也要修改 RiskProj-node2 项目 application.yml 里关于端口的配置（项目工作在 1133 端口），修改后的代码如下。

```
01  server:
02    port: 1133
```

注意，需要确保这两个项目依然用 RiskServer 对外提供服务。

```
01 spring:
02   application:
03     name: RiskServer
```

如果RiskProj-node1 和RiskProj-node2 共享Redis缓存，那么Redis相关配置在application.yml文件里维持原样。如果要通过增加 Redis 组件来减轻缓存压力，就可以在 RiskProj-node2 项目的application.yml 里做类似如下的修改，让它使用其他 Redis 服务器。

```
01 redis:
02   host: localhost
03     port: 6380
```

13.3.3 从缓存和负载均衡维度观察整合后的效果

完成代码修改后，能通过如下的步骤观察到在 Spring Cloud 微服务体系里 Redis 整合 Ribbon 的效果。

步骤 01 确保表 13.4 里所述的相关 MySQL 和 Redis 容器处于运行状态。

步骤 02 依次启动 EurekaServer、RiskProj-node1、RiskProj-node2 和 PaymentProj 这四个微服务项目。其中，EurekaServer 是 Eureka 服务器，另外三个是向 Eureka 服务器注册的 Eureka 客户端。同时，RiskProj-node1、RiskProj-node2 和 PaymentProj 这三个项目里都要整合 Redis 组件。启动完成后，在 localhost:8888 所在的 Eureka 服务器控制台的“Instances currently registered with Eureka”下面能看到三个 Eureka 客户端信息（见图 13.11），说明上述服务器正确启动。

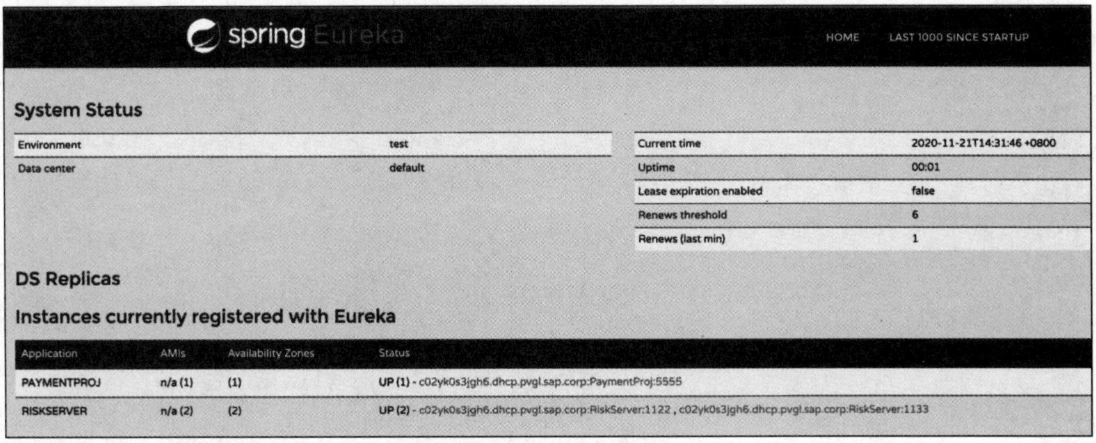

spring Eureka　HOME　LAST 1000 SINCE STARTUP

System Status

Environment	test
Data center	default

Current time	2020-11-21T14:31:46 +0800
Uptime	00:01
Lease expiration enabled	false
Renews threshold	6
Renews (last min)	1

DS Replicas

Instances currently registered with Eureka

Application	AMIs	Availability Zones	Status
PAYMENTPROJ	n/a (1)	(1)	UP (1) - c02yk0s3jgh6.dhcp.pvgl.sap.corp:PaymentProj:5555
RISKSERVER	n/a (2)	(2)	UP (2) - c02yk0s3jgh6.dhcp.pvgl.sap.corp:RiskServer:1122 , c02yk0s3jgh6.dhcp.pvgl.sap.corp:RiskServer:1133

图 13.11　Eureka 客户端效果图

步骤 03 在浏览器里依次输入“http://localhost:5555/canPay/020”和“http://localhost:5555/canPay/030”等请求，除了能在浏览器里正确地看到返回结果以外，还能在相关的 Java 控制台里看到“From RiskProj-node1”和“From RiskProj-node2”字样，说明下单模块对风控的请求被

Ribbon 组件均摊到两个风控微服务模块上。由此大家能看到“负载均衡”的效果。

步骤04 在第三步的基础上继续在浏览器里输入“http://localhost:5555/canPay/020”和“http://localhost:5555/canPay/030”请求，发现在 Payment_Proj 项目的 Java 控制台里有“Get From Redis”的输出，说明下单模块向风控模块发出的请求被 Redis 组件很好地缓存起来，之后的请求可以直接从 Redis 缓存里得到结果，而无须再向风控微服务模块请求数据。

也就是说，当 Redis 和 Spring Cloud 全家桶里 Ribbon 和 Eureka 等组件整合以后，能从“缓存”和“负载均衡”这两个维度应对高并发的压力，可以有效地降低高并发对数据库和相关微服务组件的负载压力。

13.4 本章小结

本章在介绍微服务体系架构的基础上给出了 Redis 整合微服务的多个案例，具体地讲就是给出了 Redis 整合 Spring Cloud 全家桶里 Eureka 和 Ribbon 等组件的案例。

通过这些案例，大家可以知道 Redis 组件在微服务体系架构中能更好地发挥缓存的作用、能和其他微服务组件一起更好地应对高并发的挑战。